바리스타 자격시험 예상문제집

타임 NCS 바리스타연구소

바리스타 **허태욱**

자격증

한국커피협회 바리스타 1급
한국커피협회 바리스타 2급
홈카페마스터
커피지도사 2급
SCA Barista Skills Foundation
SCA Barista Skills Intermediate
SCA Barista Skills Professional
Kofa 한국관광음식문화협회 바리스타 심사위원

이력

現 성남 한국음식문화직업전문학교 바리스타 교육 강사
現 퍼스트요리아카데미 건대점 바리스타 교육 강사
現 바리스타파크학원 바리스타 교육 강사
前 강남커피바리스타학원 바리스타 교육 강사
前 강남장애인복지관 바리스타 교육 강사
前 동서울아카데미 바리스타 교육 강사
前 Akkaf 카페 운영
前 이탈리아 PECK 카페 매니저

바리스타 자격시험 예상문제집

인쇄일 2022년 1월 5일 초판 1쇄 인쇄
발행일 2022년 1월 10일 초판 1쇄 발행
등 록 제17-269호
판 권 시스컴2022

ISBN 979-11-6215-947-7 13590
정 가 16,000원

발행처 시스컴 출판사
발행인 송인식
지은이 타임 NCS 바리스타연구소

주소 서울시 금천구 가산디지털1로 225, 514호(가산포휴) | **홈페이지** www.siscom.co.kr
E-mail master@siscom.co.kr | **전화** 02)866-9311 | **Fax** 02)866-9312

발간 이후 발견된 정오 사항은 시스컴 홈페이지 도서정오표에서 알려드립니다(홈페이지 → 자격증 → 도서정오표).

최근 우리나라의 외식산업 분야가 꾸준히 성장하면서 식음료부문의 자격 중 하나인 바리스타 자격이 주목받는 전문직업 분야로 자리 잡고 있다. 그리고 이러한 추세에 따라 바리스타 자격 취득을 위한 다양한 교육 과정이 대학이나 자치단체의 문화센터, 각종 사설학원 및 전문 교육시설 등에서 제공되고 있다. 또한 정부 차원에서도 바리스타 자격을 국가직무능력표준(NCS, National Competency Standards)의 하나로 체계화하여, 식음료서비스 부분의 하위 항목 중 하나로 바리스타를 지정해 운영하고 있다. 여기서 바리스타의 직무를 '커피에 대한 지식과 이해를 바탕으로, 다양한 기법으로 커피를 제조하여, 고객에게 서비스하고, 커피매장을 관리 · 운용하는 일'로 정하고 있다.

그러나 이러한 많은 관심과 관련 기관의 지원 및 운영에도 불구하고 일반인이 바리스타 자격을 취득해 그 전문성을 키워나가는 데는 여러 가지 현실적인 어려움이 있다. 이는 무엇보다 바리스타 자격이 국가에서 공인하는 자격증이 아니라 여러 단체가 주관하는 민간자격에 그치고 있어, 그 전문성이나 역량, 진로 설정 등에 많은 제약이 따른다는 것에 근본적으로 기인한다. 그러나 이는 보다 장기적으로 개선해나가야 할 문제이므로, 바리스타를 준비하는 사람은 커피와 관련된 자신의 전문적 소양과 실력 향상에 매진하는 것이 우선적 과제이며 그 첫 걸음은 커피 바리스타 자격을 취득하는 것이 될 것이다.

현재 몇몇 기관에서 바리스타 혹은 커피조리사라는 명칭으로 시험을 실시하고 있다. 본 교재는 주요 기관의 바리스타 시험 출제 유형과 관련된 중요 내용을 빠짐없이 분석 · 정리하였다. 이를 통해 바리스타 자격의 취득뿐만 아니라 전문가로서의 역량을 쌓기 위한 든든한 디딤돌이 될 수 있도록 하였다. 또한 이론을 쉽게 이해할 수 있도록 도표와 그림을 적절히 배치하였고, 정리한 내용을 문제를 통해 확인할 수 있도록 구성하였다. 무엇보다 이론과 문제의 연결성을 높이는데 주력하였는데, 주요 이론 내용을 빠짐없이 문제에 반영하였고, 모든 문제는 이론 파트의 정리를 통해 해결될 수 있도록 하였다.

이 책과 함께 하는 수험생 모두가 좋은 결과를 얻고 나아가 우리나라 커피 산업의 전문가로서 성장할 수 있기를 바란다.

한국커피협회 주관 바리스타 1급 시행규정

1. 시험의 목적

① 전문 직업인으로서의 위상 제고
② 커피 전문가로서의 자부심 함양
③ 커피산업 발전에 공헌
④ 커피 산업체와의 산학협력을 통한 발전적 방향 제시
⑤ 커피문화 발전과 서비스의 질 향상

2. 시험의 명칭

① '(사)한국커피협회 주관 바리스타(1급)시험'이라 칭한다.
② 시행년도와 시험 회차는 따로 명기한다.

3. 응시자격

협회 주관 바리스타(2급) 자격인증 취득 후, 필기시험에 응시 가능하다.

4. 전형방법

(1) 일반전형

① 필기시험(50문항)

㉠ **출제위원** : 정회원 중 회장이 위촉
㉡ **출제범위** : 커피학 개론, 커피 로스팅과 향미 평가, 커피 추출, 우리 차(녹차) 등 바리스타(1급) 자격시험 예상문제집 포함
㉢ **출제형태** : 객관식(사지선다형), 영어 평가 커피문제(사지선다형, 10% 내외 포함)
㉣ **시험시간** : 60분
㉤ **시험감독** : 고사장별 책임교수 1인과 감독을 회장이 배정하며, 책임교수 및 감독은 확인서 약서를 제출한다.

② 실기시험

㉠ **평가위원** : 바리스타 실기 1급 위원장이 능력을 인정하여 추천하는 자를 회장이 위촉하며

위촉된 평가위원은 서약서를 제출해야 함.

㉡ **시험의 범주** : 사전준비자세, 에스프레소 평가, 카푸치노 평가

㉢ **시험방식**

- **사전준비 과정** : 응시자는 제공되는 커피 원두와 그라인더 중 각각 1가지씩을 선택 후 시험에 응한다. 응시자는 자신이 선택한 원두에 알맞은 그라인더 분쇄도를 설정하고 향미를 체크한다.
- **에스프레소 4잔 평가** : 응시자는 선택한 원두로 에스프레소 4잔을 완성 후 제공한다. 응시자는 자신이 추출한 에스프레소의 향미에 대해 정확히 설명한다.
- **카푸치노 4잔 평가** : 라떼아트로 시각적으로 동일한 로제타 2잔과 3단튤립 2잔 총 4잔을 각각 같은 패턴끼리 제공한다. 단, 도구를 사용한 에칭은 허용하지 않는다.

㉣ **평가방식** : 기술적 평가와 감각적 평가로 구분하며, 테크니컬 심사위원 1명과 센서리 심사위원 2명이 심사한다.

㉤ **시험시간** : 사전 준비시간 10분, 시연시간 10분

㉥ **시험준비** : 고사장별 책임교수는 원활한 시험이 진행될 수 있도록 비품 및 소모품 준비에 최선을 다해야 한다.

(2) 특별전형

특별전형에 응시하고자 하는 자는 시험 접수 전, 기간 내에 구비서류를 사전 제출하여야 하며, 검정의 면제심사에 통과한 경우 특별전형으로 접수 가능하다. 사전심사 서류 제출기간과 제출방법은 별도 공지한 내용에 따른다.

① **필기시험(전공특별전형)** : (사)한국커피협회 주관, 바리스타(2급) 자격증 취득자로 필기시험 무시험 검정

㉠ **대학교전공학과 성적우수자** : 협회에서 인증한 대학교 교육기관(학점은행 제도를 시행하는 대학교부설 평생교육원, 직업전문학교 및 평생교육시설 포함)에서 커피교과목 15학점 이상을 취득하고, 이수학기 평균 70점 이상(교양과목 포함)인 자

㉡ 바리스타사관학교 수료자

㉢ WCCK 심사위원

② **실기시험** : 필기시험에 통과한 자로 실기시험 무시험 검정

㉠ 협회 주관 WBC 국가대표 선발전 입상자 (1위~6위)

(3) 시험 응시 편의 제공

일반전형으로 응시하는 장애인은 온라인 접수 시, 본인이 필요로 하는 다음의 항목을 선택하여 요청할 수 있다. 그러한 경우, 응시자는 반드시 접수기간 내에 증빙서류를 제출하여야 하며, 만약 제출하지 아니한 경우에는 시험 응시 편의를 제공하지 아니한다.

① 필기시험

㉠ **확대시험지(A3사이즈)** : 약시자(시각장애인)

㉡ **특별관리 답안카드(A3사이즈)** : 약시자, 정신장애, 뇌병변장애 및 지체장애(손부위장애)

㉢ **대리마킹** : 정신장애자, 뇌병변장애자 및 지체장애자(손부위장애) 중, 장애의 정도가 중하여 OMR답안카드 및 특별관리 답안카드 작성이 불가능할 경우

㉣ **필기고사장 특별배치** : 지체장애인(하지부위)이 장애의 정도가 중하여 필기고사장 특별배치를 요청할 경우 최대한 접근이 용이한 고사장으로 배치

② 실기시험

㉠ 장애인 수험자는 온라인 접수 시, 실기시험 추가시간 제공을 요청할 수 있다.

㉡ 장애종류 및 장애등급에 따른 추가시간은 실기평가규정집에 따른다.

5. 사정원칙

① 필기시험, 실기시험 공히 60점 이상을 합격으로 하며, 항목 간 과락은 없다.

② 필기시험 합격자에 한하여 실기시험 응시자격을 부여하며, 필기시험 합격자는 합격일로부터 2년간 실기시험 응시 자격을 갖는다.

6. 제출서류

시험에 필요한 자격 증명을 위한 제출서류는 다음 각 호의 내용을 원칙으로 한다.

(1) 일반전형

① 온라인 접수

② 본인사진(jpg 파일 첨부)

(2) 특별전형

① 필기시험 무시험검정(전공특별전형)

㉠ 사전서류심사(응시자격 서류심사 접수신청서, 성적증명서 1부)

㉡ 온라인 접수

㉢ 본인사진(jpg 파일 첨부)

㉣ 제출방법 : 사전 서류심사 통과 시, 온라인 접수(특별전형)

② 실기시험 무시험검정

㉠ 온라인 접수

㉡ 본인사진(jpg 파일 첨부)

㉢ 경력증명 서류

㉣ 제출방법 : 온라인 접수 후, 접수 기간 내에 팩스 또는 이메일 발송

7. 전형료

전형료는 별도로 정하여 공지한다.

8. 접수 취소 및 전형료 환불

(1) 접수 취소

온라인 접수기간 내에 접수를 취소한 경우, 동일 회차로는 재 접수가 불가능하다.

(2) 환불

① 시험 전형료가 과오납된 경우에는 그 금액을 전액 환불한다.

② 다음 각 호에 해당하는 경우에는 이미 납부한 시험전형료 전액을 환불한다.

㉠ 천재지변으로 인하여 시험에 응시하지 못하는 경우

㉡ 시험 접수 마감 전 부득이한 사유로 접수를 취소하고자 하는 경우

③ 온라인 접수기간 내에 접수를 취소하고자 하는 경우 전형료는 전액 환불함을 원칙으로 하며, 온라인 접수 마감 이후에 접수를 취소하고자 하는 경우 다음 각 호에 따라 단계별로 차등 환불할 수 있다. 응시자의 환불 신청 방법에 대한 구체적인 사항은 사전 공지된 방법에 따르며, 응시자가 이

를 확인하지 못하여 발생하는 사항에 대하여는 환불하지 아니할 수 있다.

㉠ 1차–접수기간 포함, 접수마감 후 7일 이내 취소 요청(전형료 100% 환불)

㉡ 2차–1차 기간 이후 시험일(또는 시작일) 4일 전까지 취소 요청(전형료의 50% 환불)

④ 시험일(또는 시작일) 3일전부터 또는 그 이후에 접수를 취소하고자 하는 경우에는 환불하지 아니한다.

㉠ 1차 또는 2차 기간보다 우선

㉡ 1차 또는 2차 기간이 취소환불 불가 기간에 포함될 경우, 포함일은 제외된다. 취소불가

9. 기타사항

① 서류 위 · 변조, 자격 미달 등 기타 부정한 방법으로 합격한 사실이 확인된 경우는 합격을 취소하며, 부정행위자는 2회에 한하여 응시자격을 제한한다.

② 기타 명기되지 않은 사항은 협회 이사회의 결정에 따라 처리한다.

(사)한국커피바리스타협회 주관 커피 바리스타 1급 시행규정

1. 자격소개

노동부와 한국산업인력관리공단이 개발하고 있는 국가직무능력표준(NCS)에 따라 산업현장이 필요로 하는 직무능력에 근거하여 객관적인 자격 기준을 권위있는 심사위원의 평가로 인정받은 자격자를 양성/배출하는 자격.

2. 자격정보

① **자격명** : 커피바리스타 1급

② **자격의 종류** : 등록 민간자격

③ **등록번호** : 제 2016-004415호

④ **자격발급기관** : (사)한국커피바리스타협회

3. 검정과정

신규 회원가입, 커피관련 경력자 및 자격 취득자는 본원 인증 필수입니다.
본원바리스타 2급 자격 취득자는 인증없이 접수 가능합니다.

① 약관 동의
② 필기 접수
③ 필기 검정
④ 실기 접수(필기합격자)
⑤ 실기 검정
⑥ 자격증 취득

4. 응시자격

① 커피관련 학과(또는 전공) 3학기(재학) 이상인자. 단, 관련학과란 식품, 호텔, 관광, 외식, 제과제빵, 식음료서비스 등을 말함
② 커피관련 교육기관 또는 산업체 실무경력 18개월 이상인자
③ 등급이 없는 커피바리스타, 바리스타, 홈바리스타 등 커피분야 자격 소지자
④ 등급이 있는 커피바리스타, 바리스타 2급 등 커피분야 자격 소지자. 단, 위 사항은 자격기본법에 의거 등록된 자격임을 요함.

5. 자격검정

구분	검정과목	검정방법	합격기준
필기	– 커피학 일반 – 커피머신관리학 – 커피추출 일반 – 핸드드립과 라떼아트 이론 – 커피매장관리 및 창업	– 시간 60분, 60문항 출제 – 객관식 5지선다형	100점 만점 기준, 60점 이상 합격 (36문제 이상)
실기	– 핸드드립 2잔 – 라떼아트/메뉴조리 총 4잔 [카푸치노(하트), 카푸치노(로제타), 카페마끼아또, 라떼마끼아또]	– 핸드드립 2잔(준비 3분, 조리 5분, 정리 2분) – 라떼아트 2잔, 메뉴조리 2잔(준비 3분, 조리 6분, 정리 2분)	100점 만점 기준(핸드드립 40점, 라떼아트/메뉴조리 60점), 60점 이상 합격

6. 실기 심사과정

실기 검정 : 필기 검정에 합격한 자에 한하여 응시할 수 있다.

7. 응시자 유의사항

(1) 필기시험

검정전 온라인 필기검정 시행과 방법 확인 후 시험을 진행하기 바랍니다.

(2) 실기시험

① 실기검정 당일 오전응시자는 9시(오후응시자 13시30분)까지 도착하여 당일 부여번호를 추첨하여 순번을 배정받아야 한다.

② 실기검정 당일 9시 30분(14시) 이후 도착하는 경우 실기검정에 응시할 수 없다. 단, 실기검정 시작시간(오전응시자 9시 30분, 오후응시자 14시) 이전 도착의 경우 배정된 부여번호의 마지막 이후 번호를 배정받고 응시할 수 있다.

③ 실기검정 응시자는 신분증과 수검표, 행주를 본인이 준비하는 것을 원칙으로 한다. 단, 수검표를 지참하지 못한 경우 검정장에서 준비된 예비 수검표를 받아서 사용할 수 있다.

④ 실기검정 응시자가 접수한 검정 일자 또는 검정장을 변경하는 경우 : 한국커피바리스타협회 홈페이지로 본인이 직접 변경 신청하여야 하며, 평가원은 환불 규정에 의거 처리한다.

⑤ 응시자가 검정장에서 소란을 피우거나 불미스러운 행동을 하는 경우 1차로 경고가 주어지며, 2차로 불합격 처리된다.

⑥ 응시자는 실기검정 진행과정에서 커피기계 또는 커피 그라인더 등을 파손시키는 경우에 장비사용 미숙으로 불합격 처리되며, 장비수리에 발생되는 실비를 본인이 배상하여야 한다.

⑦ 실기검정 채점표는 비공개를 원칙으로 한다.

8. 원서접수 방법

인터넷 접수

9. 합격자 조회 및 자격증 수령 방법

① **필기 :** 당일 오후 14시 이후 인터넷을 통해 확인할 수 있습니다.

② **실기 :** 검정일 이후 한주 지난 돌아오는 월요일 14시 전후에 확인 바랍니다.

③ **자격증 수령 :** 합격자 조회시 최종 합격자에 한해서만 자격증 신청이 가능합니다.

한국음료직업교육개발원 주관 커피조리사 1급 시행규정

제1조 (자격등급)

1항. 2단계 등급(중간등급)

제2조 (전형기준)

1항. 커피 추출 조건에 따른 맛의 평가 능력과 숙련도를 평가 한다.

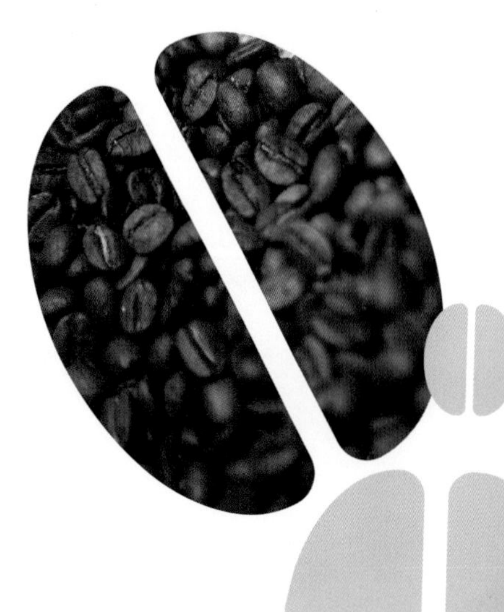

제3조 (응시자격)

1항. Advanced Barista(커피조리사2급) 자격증을 취득한 후 응시
(합격자 발표 후 자격증은 미 발급된 경우에도 인정)

제4조 (시험 과목)

1항. 교육위원회 지정 과목

① 커피조리학

② 커피학개론

③ 커피기계 관리학

④ 커피조리사실무

⑤ 바리스타실무

제5조 (전형방법)

1항. 실기시험으로 진행

① Expert Barista(1급)실기 평가 규정

② Expert Barista(1급)실기 평가 채점표

2항. 실기시험 중 구술평가 2개 문항 진행

3항. 이 규정 제29장 〈커피조리사 1급 실기평가규정〉 참고

4항. [별지 6] – 〈구술평가 예상문제〉 (해당 사이트내 별첨)

제6조 (전형료)

1항. 전형료 9만원

2항. 환불은 시험시행일 전일까지 가능하며, 시험시행 후는 환불되지 않음

제7조 (전형일정)

1항. 수시시험

① 시험공고일 : 각 시험장별 시험 일정 공고

② 공고 방법 : 각 시험장별 공고, 공문(요청시)

제8조 (전형 장소)

1항. 지정 교육장 & 자격시험장

Expert Barista / 커피조리사1급 실기평가규정

제1조 (심사위원구성)

1항. 심사위원 2인으로 구성한다.

제2조 (실기 평가 채점)

1항. 심사위원 2인 평가 소계 200점×2=400점 만점

2항. 합계점수 총 400점 중 240점 이상 합격

제3조 (전형 내용)

1항. 실기 시험 평가 기준

2항. 준비 10분 / 조리 10분 / 정리 5분

① 준비 평가 : 그라인더 조정(필수), 조리 준비

② 조리 평가 : Caffe Espresso 4잔 / Caffe Cappuccino 4잔

③ 구술평가 : 2문항(조리동작과 함께 답변)

④ 정리 평가 : 마감 정리(해당 사이트내 별첨)

제4조 (감점 사항)

1항. 준비, 조리, 정리 각 시간초과 1분당 1점 감점

2항. 밀크피처에 50ml 이상 우유가 남았을 때 1점 감점

3항. 시간초과 규정

커피학개론

커피 로스팅과 향미 평가

PART 03

커피 추출

실전모의고사

정답 및 해설

부록

PART 01

커피학개론

CHAPTER 01

커피의 의의와 역사

1. 커피의 의의

(1) 커피의 의미와 맛

① 커피의 의미

- 커피는 커피나무 열매를 가공하여(볶아서) 만든 가루로, 독특한 맛과 향을 지녀 기호음료로 평가받고 있으며, 널리 애음(愛飮)되고 있다.
- 커피나무의 씨를 원료로 하여 이를 볶아 원두를 만든 후, 원두를 갈아 추출한다.
- 커피(아라비카 커피)는 6세기경 에티오피아 고원지대인 카파(Kaffa) 지역에서 발견되었고, '커피'라는 명칭은 1650년 경부터 사용하였다.

② 커피의 맛

- 일반적으로 커피의 맛은 쓴맛과 신맛, 단맛으로 되어 있다.
- 쓴맛은 카페인 성분에서 비롯된 것이며, 신맛은 지방산, 단맛은 당질에서 비롯된 맛이다.

(2) 커피의 어원과 명칭

① 커피의 어원

- '커피'라는 단어는 아랍어가 어원인 카와(Khawah, Qahwa)라는 견해와 에티오피아어 카파(Kaffa)라는 견해 등이 있다.
- 일반적으로 커피의 어원은 와인을 의미하는 고대 아랍어 '카와(Qahwah)'에서 유래했다고 본다.
- 커피의 원산지로 알려진 에티오피아의 카파(Kaffa)는 에티오피아어로 '힘'을 뜻한다.

② 커피의 명칭

- 커피의 아랍어 명칭인 'Kauhi'가 터키로 건너가 'Kahve(Kahweh)'로 불리었다.
- 커피는 '분컴(Bunchum)' 또는 '차우베(Chaube)'로 불리기도 하였다.
- '커피(Coffee)'라는 명칭은 고대 아랍어인 '카와(Qahwa, Qahwah)'에서 유래하여 터키어 '카흐베(Kahve)'를 거쳐 탄생한 명칭이라 할 수 있다.
- 구한말 우리나라에 처음 들어왔을 때는 한자식 표기인 '가배(珈琲)' 또는 '가비(加菲)'로 불리거나 서양에서 들어온 탕이라는 의미의 '양탕국'으로 불리기도 했다.
- 고종의 승하 후 독립신문의 기사에서는 '카피차'라는 한글식 표현으로 지칭하기도 했다.

2. 커피의 역사

(1) 커피에 관한 전설

① 칼디(Kaldi)의 전설

- 에티오피아의 목동 칼디가 염소들이 빨간 열매를 따먹고 흥분하는 모습을 목격하고 이를 수도승에게 알리게 되면서 발견되었다고 한다.
- 이후 수도승들의 애용하게 되면서 이슬람 사원을 중심으로 커피 소비가 급속히 확대되었다.

② 오마르(Omar)의 전설

- 1,200년경 아라비아의 사제 오마르(S. Omar)가 산에서 배가 고파 새가 쪼아 먹던 빨간 열매를 먹게 되었는데, 이때 활력을 되찾게 되면서 열매의 효능을 알게 되었다.
- 이후 오마르가 이 열매를 사람들의 치료에 이용하게 되면서 열매가 널리 알려지게 되었다.

③ 마호메트(Mohammed)의 전설(가브리엘의 전설)

- 기도로 지친 마호메트를 위해 천사 가브리엘이 커피를 하사하였다는 전설이 있다.
- 이스라엘의 한 도시 사람들이 역병으로 고생하고 있을 때 가브리엘이 솔로몬 왕에게 커피를 주며 병든 사람들에게 먹여 보라고 했다는 전설 등이 있다.

(2) 커피의 경작과 발전

① 커피의 경작

- 에티오피아에서 발견된 이후 아라비아 전역으로 전파되었고, 전파 후 열매를 채취하던 형태에서 커피나무의 경작으로 발전하였다.
- 본격적인 경작은 7세기 초반 예멘 지역에서 처음으로 시작되었다.

② 커피의 발전

- 아라비아 지방의 커피가 전파된 지역에서 재배된 커피는 아라비카(Arabica)종으로, 콩고로 건너가 풍토에 따라 품종이 변한 커피는 로부스타(Robusta)종으로, 리베리아 지방으로 전파되어 현지에 적응한 커피는 리베리카(Liberica)종으로 발전하였다.
- 초기에는 식용이나 약용의 용도로 주로 사용되다가 이슬람 문화권에 의해 음료로 발전되었는데, 이로 인해 커피를 '이슬람의 와인'이라 부르기도 한다.

예멘의 '모카'

커피를 최초로 수출한 예멘의 항구 명칭이자, 예멘과 에티오피아에서 생산되는 최상급의 커피의 총칭에 해당한다. 초콜릿이 들어간 음료에 붙이는 명칭이기도 하다.

(3) 커피의 전파 지역별 특징

① 커피의 전파

- 커피는 아라비아 상인들과 무역을 하던 베니스 무역상들에 의해 유럽에 최초로 소개되었다.
- 전파 초기에는 이슬람교도들이 즐겨 마신다는 이유로 배척되기도 하였으나, 교황 클레멘트 8세가 1605년 커피에 세례를 해 준 이후 유럽에서 널리 퍼지게 되었다.

② 이탈리아

- 1616년 베니스 무역상들에 의해 커피가 베네치아에 소개되었고, 1645년 베네치아에 최초의 커피하우스가 문을 열었다.
- 1720년에는 산 마르코 광장에 '카페 플로리안(Caffe Florian)'이 문을 열었는데, 현존하는 가장 오래된 카페로 기록되어 있다.

③ 영국

- 1650년 옥스퍼드에 유태인 야곱에 의해 최초의 커피하우스가 개장하였고, 1652년에 런던에 커피하우스가 개장하였다.
- 영국의 커피하우스는 우체국의 역할과 증권거래소, 상품거래소, 공론의 장의 기능을 수행하였다.
- 로열 소사이어티(왕립학회)가 옥스퍼드 타운의 커피하우스에서 결성되어 현존 최고의 사교클럽으로 발전하였다.

17~18세기 영국의 커피하우스의 풍경

④ 프랑스

- 1669년 파리에 커피가 소개되었고, 프랑스 최초의 커피하우스가 1671년 마르세유에 문을 열었다.
- 진정한 의미의 커피하우스는 프로코프 콜델리에 의해 1686년 파리에 오픈한 '카페 프로코프(café de Procope)'였으며, 저명 시인과 극작가, 배우, 음악가들이 출입하는 지식인들의 살롱으로 자리 잡았다.

오노레 드 발자크

발자크는 프랑스의 사실주의 문학의 거장으로, 커피를 평생 동안 5만 잔 이상, 하루에만 50잔 이상을 마신 커피애호가로 알려져 있다. 하루 14~15시간 이상씩 글쓰기에 매달리며 평생 100여 편의 장편소설과 다수의 단편소설, 여섯 편의 희곡과 수많은 콩트를 남겼다. 비교적 짧은 시간 안에 엄청난 작품 수와 희대의 걸작을 탄생시킨 배경에는 커피도 빼 놓을 수 없는 원동력이 되었다.

⑤ 미국

- 1691년 미국 최초의 커피숍 '거트리지 커피하우스(Gutteridge coffeehouse)'가 보스턴에 문을 열었다.
- 1696년에는 뉴욕 최초의 커피숍 '더 킹스 암스(The King's Arms)'가 문을 열었다.
- 영국의 영향으로 주로 차를 소비하였으나 1773년 '보스턴 차 사건' 이후 차가 식민지배의 상징으로 인식되면서 인기가 떨어졌고, 미국 독립운동의 일환으로 커피가 권장되면서 큰 호응을 얻기 시작했다.

⑥ 브라질

- 1727년 브라질의 장교 팔레타(F. Palheta)가 기아나에서 커피를 들여왔고, 포르투칼에서 독립한 1822년 이후 본격적으로 생산하였다.
- 1930년대에는 전 세계 커피 생산량의 70% 정도를 생산하기도 했으며, 현재까지도 커피생산량이 가장 많은 국가의 위치를 유지하고 있다.

⑦ 우리나라

- 1896년 아관파천 당시 고종이 러시아 공사 베베르로부터 커피를 대접받게 되면서 처음으로 접하게 되었고, 환궁 후 덕수궁 안에 정관헌(靜觀軒)이라는 서양식 정자를 짓고 그곳에서 커피를 즐겼다고 한다.
- 당시 민간에서는 커피를 서양에서 들어온 국물(탕)이라 하여 '양탕국(洋湯麴)'이라 불렀으며, 손탁 여사가 운영하던 우리나라 최초의 커피하우스로 손탁 호텔(Sontag Hotel)이 있었다.
- 1898년 자신의 유배형에 앙심을 품은 역관이 몇몇 관료를 매수해 고종과 순종을 독살하고자 커피 독살사건을 기도하기도 하였다.

바흐의 '커피 칸타타(Coffee Cantata)'

음악의 아버지라 불리는 독일의 작곡가 바흐는 1732년에 커피에 대한 사랑을 '커피 칸타타'란 곡으로 만들어 노래하였다. 바흐의 칸타타 211번 '조용히! 잡담은 그치시오'는 일명 '커피 칸타타'로 알려져 있는데, 세 명의 독창자가 등장해 소규모 오페라처럼 진행되는 세속 칸타타로 바흐 당시의 커피 문화가 반영되어 있는 재미있는 작품이다.

(4) 커피 재배 지역의 확대

① 아시아 지역

- 커피는 이슬람 수도승의 필수 음료로 외부 반출이 엄격히 통제되었으나, 1600년경 인도 출신의 이슬람 승려 바바 부단(Baba Budan)은 메카에서 커피 씨앗을 행랑에 숨겨와 인도의 마이소어(Mysore) 지역에 심어 커피의 외부 반출이 이루어졌다.

• 네덜란드는 1616년 예멘의 모카에서 커피 묘목을 밀반출하여 암스테르담 식물원에서 재배했으며, 1696년에는 인도네시아 자바 지역에 옮겨 재배함으로써 유럽 국가 중 최초의 커피 수출국가가 되기도 했다.

② 카리브해 지역

• 카리브해 지역에서 커피가 처음 재배된 곳은 마르티니크(Martinique) 섬인데, 프랑스의 해군 장교 클리외(G. Clieu)가 1723년경 프랑스 왕립 식물원에서 커피 묘목을 구해와 자기가 근무하는 마르티니크 섬에 심었다고 전해진다.
• 이후 마르티니크 지역을 통해 카리브해와 중남미 지역에 커피가 전파되었다.

(5) 커피연표

연대	내용설명
10세기경	아라비아 라제스(Rhazes)가 최초로 커피를 언급
11세기경	아비센나(Avicenna)가 커피의 약리 효과에 대하여 최초로 기술
1511	메카(Mecca)에 커피하우스 탄생
1517	오스만투르크제국의 셀림 1세가 이집트를 정복한 후 커피를 콘스탄티노플로 가져옴
1554	콘스탄티노플 최초의 커피하우스 오픈
1605	교황 클레멘트 8세가 커피에 세례를 해 줌
1615	이탈리아 무역상에 의해 커피가 유럽에 최초로 소개
1616	예멘 모카 커피가 네덜란드로 유입
1650	야곱(Jacob)에 의해 영국에 최초의 커피하우스 오픈
1652	파스카 로제가 런던에 최초의 커피하우스 오픈
1658	네덜란드에 의해 실론에 처음 커피 경작
1663	예멘의 모카에서 암스테르담으로 정기적인 커피 무역 시작
1683	콜취스키(Kolschitzky)가 오스트리아 비엔나에 커피하우스 오픈
1686	프랑스 최초 커피하우스 프로코프 오픈
1691	보스턴 거트리지 커피하우스 오픈
1696	뉴욕 최초 커피하우스 더 킹스 암스 오픈
1699	네덜란드가 인도 말라바에서 인도네시아 자바섬으로 커피묘목 이식
1714	네덜란드 식물원에서 프랑스 루이 14세에게 커피묘목 선물
1715	부르봉(Bourbon) 섬에서 커피 재배, 아이티와 산토도밍고에도 커피나무 이식

1720	이탈리아 베니스에 카페플로리안 오픈
1723	프랑스 장교 클리외가 카리브해의 마르티니크 섬에 커피 이식
1727	멜로 팔레타에 의해 프랑스령 기아나에서 브라질 파라 지역으로 커피 이식
1730	영국이 자메이카에 커피나무 이식
1732	바흐(Bach)가 커피 칸타타(Coffee Cantata) 작곡
1750	자바에서 셀레베스로 커피나무 이식
1755	마르티니크 섬에서 푸에르토리코로 커피나무 이식
1760	예수회가 과테말라에 커피나무 이식
1770	브라질 상파울로, 리오, 미나스에서 커피 재배 시작
1779	스페인 나바로에 의해 쿠바에서 코스타리카로 커피나무 이식
1784	마르티니크 섬에서 베네수엘라로 커피나무 이식
1808	콜롬비아 쿠쿠타 지역에서 커피 재배 시작
1825	브라질 리우데자네이루에서 하와이로 커피나무 이식
1835	최초의 민간 커피 농장이 인도네시아 자바와 수마트라 섬에 생김
1869	커피녹병(Coffee Leaf Rust)이 스리랑카 실론에 처음 발생
1878	영국령 중앙아프리카에 커피나무 이식
1882	뉴욕 커피거래소 업무 개시
1885	벨기에령 콩고에 커피나무 이식
1896	호주 퀸즈랜드에 커피나무 이식
1900	케냐에서 상업적으로 커피나무 재배
1901	루이지 베제라(Luigi Bezzera)가 한 개의 보일러와 네 개의 그룹으로 된 에스프레소 머신에 관한 특허 출원, 레위니옹 섬에서 영국령 동아프리카로 커피나무 이식
1902	로부스타가 브뤼셀 식물원에서 자바 섬으로 이식
1903	독일의 로셀리우스(Roselius)가 카페인 제거 공정 성공
1923	이탈리아가 아프리카 에리트레아로 커피나무 이식
1940	미국이 전 세계 커피 생산량의 70% 수입
1946	이탈리아 가지아(Gaggia)가 피스톤식 에스프레소 머신을 개발하여 크레마를 처음 선보임
1962	커피공급량 조절을 위한 국제커피협정(ICA) 체결
1975	브라질의 서리 피해로 인한 커피 가격 폭등
1989	국제커피협정 체제 붕괴로 인한 커피 가격 폭락
1999	브라질에서 처음으로 CoE(Cup of Excellence) 시작

예상문제(OX, 단답형)

01 커피는 6세기경 에티오피아의 카파 지역에서 발견되었으며, '커피'라는 명칭은 1650년경부터 사용되었다.

( )

02 커피의 쓴맛은 지방산, 신맛은 카페인 성분, 단맛은 당질에서 비롯된다.

( )

03 일반적으로 커피의 어원은 와인을 의미하는 고대 아랍어 '카와(Qahwah)'에서 유래하였다고 본다.

( )

04 구한말 우리나라에 커피가 처음 들어왔을 때 독립신문의 기사에서 '카피차'라는 한글식 표현으로 나타내었다.

( )

05 커피의 원산지로 알려진 에티오피아의 카파(kaffa)는 에티오피아어로 (　　　　)이라는 뜻이다.

06 염소들이 빨간 열매를 따먹고 흥분하는 모습을 목격한 후 수도승들이 그 열매를 애용하게 되며 이슬람 사원을 중심으로 커피의 소비가 확대된 것과 관련 있는 전설은 오마르(Omar)의 전설이다.

( )

07 마호메트의 전설에서 밤낮으로 기도하느라 지친 마호메트를 위해 커피를 하사한 천사는 (　　　　)이다.

08 커피는 에티오피아에서의 커피나무 경작으로 시작하여 이후 7세기 초반 예멘 지역에서 커피나무에서 열매만을 채취하는 형태로 변화하였다.

( )

09 콩고로 건너가 현지 풍토에 적응하며 품종이 새롭게 변한 커피는 (　　　　)종으로 발전하였다.

10 초콜릿이 들어간 음료에 붙이는 명칭이기도 한 (　　　　)는 커피를 최초로 수출한 예멘의 항구 명칭이다.

11 커피는 아라비아 상인들과 무역을 하던 베니스 무역상들에 의해 유럽에 최초로 소개되었는데, 전파 초기부터 널리 퍼졌다.

( )

12 산 마르코 광장에 있는 이탈리아에 현존하는 가장 오래된 카페는 ( )이다.

13 최초의 커피하우스는 1650년 영국 옥스퍼드에서 유태인 야곱에 의해 개장되었다.

( )

14 1773년 '보스턴 차 사건' 이후 미국에서 커피의 인기는 떨어지고 차가 큰 호응을 얻기 시작했다.

( )

15 1686년 파리에서 오픈한 '카페 프로코프'는 저명 시인과 극작가, 배우, 음악가들이 출입하는 지식인들의 살롱으로 자리 잡았다.

( )

16 20세기 초에 전 세계 커피 생산량의 70% 정도를 생산하였으며 현재까지도 커피 생산량이 가장 많은 국가는 브라질이다.

( )

17 고종은 아관파천 당시 러시아 공사 베베르로부터 커피를 대접받고 환궁 후 덕수궁 안에 ( ) 이라는 서양식 정자를 짓고 거기서 커피를 즐겼다.

18 손탁 여사가 운영하던 우리나라 최초의 커피 하우스는 ( )이다.

19 이슬람 수도승들은 커피의 외부 반출을 적극 장려하였다.

( )

20 이탈리아는 1616년 예멘의 모카에서 커피 묘목을 밀반출하여 재배하였으며, 1696년에는 인도네시아 자바 지역에 옮겨 재배함으로써 유럽 국가 중 최초의 커피 수출국이 되기도 했다.

( )

21 카리브해 지역에서 커피가 처음으로 재배된 곳은 마이소어(Mysore) 지역이다.

( )

예상문제 정답

01 ○

02 ×

03 ○

04 ×

05 힘

06 ×

07 가브리엘

08 ×

09 로부스타

10 모카

11 ×

12 카페 플로리안

13 ○

14 ×

15 ○

16 ○

17 정관헌

18 손탁 호텔

19 ×

20 ×

21 ×

CHAPTER 02

커피나무와 품종

1. 커피나무

(1) 커피나무의 특성

① 커피나무의 분류

- 커피나무는 1753년 식물학자 칼 폰 린네(C. Linnaeus)에 의해 아프리카 원산의 꼭두서니과 코페아속으로 분류되었고, 다년생 쌍떡잎식물로 사시사철 푸른 열대성 상록수에 해당한다(식물계 → 속씨식물 → 쌍떡잎식물감 → 용담목 → 꼭두서니과 → 코페아속).
- 코페아속 중 유코페아에 해당하는 커피나무는, 크게 아라비카 · 카네포라 · 리베리카의 3대 품종으로 분류된다.
- 흔히 아라비카와 로부스타(카네포라의 대표 품종)로 구분해 부른다.

② 커피나무의 생장 특성

- 대부분 고온다습한 열대성 · 아열대성 지역에서 재배되며, 주로 북위 28도~남위 30도 지역의 커피 벨트(커피존)에서 생산되고 있다.
- 자연 상태에서는 10m 이상으로 자랄 수 있지만, 통상 재배에 용이하도록 2~2.5m 정도의 관목식물 행태를 유지해 주며, 뿌리는 대부분 30cm 이내에 분포한다.

③ 커피나무의 재배과정

- 심은 후 약 1개월 후 떡잎이 나오고, 10~12주 후에 본잎이 나온다.
- 본잎이 나온 뒤 못자리에서 직사광선을 피해 6개월 정도 재배해 나무가 30~50cm 정도까지 자라도록 한 후, 경작지로 옮겨 심는다.
- 커피나무는 심은 지 약 3년 후부터 수확할 수 있지만, 안정적 수확은 5년 후부터 가능하다.
- 6~10년째 수확량이 가장 많으며, 대략 50~70년까지는 수확이 가능하나 경제적 수명은 20~30년 정도이므로, 실제로 재배되는 기간도 20~30년 정도가 된다.

④ 커피나무의 잎과 꽃잎

- 커피나무의 잎은 타원형의 두꺼운 형태이며, 잎의 앞면은 짙은 녹색이고 광택이 있다.
- 꽃잎의 색깔은 흰색이며, 품종에 따라 아라비카와 로부스타는 꽃잎 수가 5장 정도이며, 리베리카는 7~9장이다.

• 꽃잎의 향은 재스민향과 오렌지꽃향이 난다고 알려져 있지만 오렌지꽃향에 가깝다.
• 통상 개화한 후 2일 정도 후에 꽃이 지고 녹색의 작은 열매가 맺힌다.

(2) 커피나무의 열매

커피열매

① 커피열매의 특성

• 커피꽃이 떨어진 후 열매 맺는데, 커피나무 열매는 처음에 녹색에서 점차 노란색, 붉은색으로 변한다.
• 다 익은 붉은색의 열매는 체리와 비슷하다고 하여 커피체리(Coffee Cherry)라 부르기도 하며, 열매의 길이는 15~18mm 정도이다.

② 커피열매(커피체리)의 구조

구분	설명
겉껍질(외과피, outer skin)	커피체리를 감싸고 있는 맨 바깥의 껍질을 말하며, 외과피 또는 외피(exocarp)라고도 함
펄프(과육, pulp)	단맛이 나는 과육부분으로, 중과피(mesocarp)라고도 함
파치먼트(Parchment)(내과피)	생두를 감싸고 있는 딱딱한 껍질로 점액질로 싸여 있으며, 내과피 또는 내피(endocarp)라고도 함
실버스킨(Silver skin)(은피 · 종피)	파치먼트 내부에서 생두에 부착되어 있는 얇은 반투명의 껍질(막)을 말함
생두(Bean)	커피콩을 말하며, 그린빈(Green bean) 또는 그린커피(Green coffee)라고 함
센터컷(center cut)	생두 가운데 있는 S자 형태의 홈을 말함

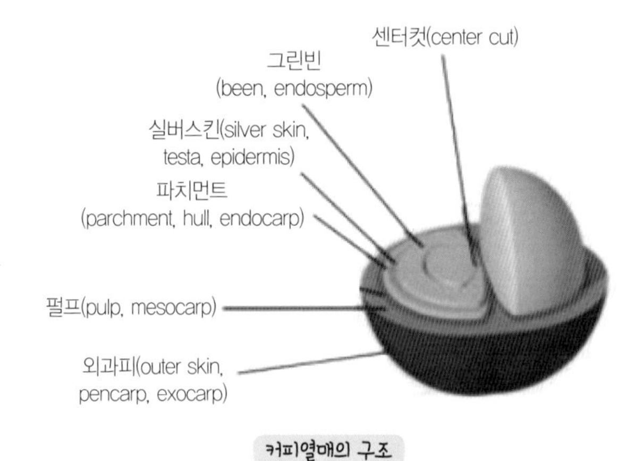

커피열매의 구조

그린빈, 홀빈, 그라운드 커피

- 그린빈(Green bean)은 커피열매(커피체리)의 정제된 씨앗인 생두(커피콩)를 말하며, 그린커피(Green coffee)라고도 한다.
- 홀빈(Whole bean)은 주로 분쇄하지 않은 상태의 원두(Roasted bean)을 의미한다.
- 그라운드 커피(Ground coffee)는 원두를 분쇄한 것을 말한다.

(3) 피베리(Peaberry)

① 피베리의 의미

- 피베리는 커피체리 안에 한 개의 생두가 자리 잡고 있는 것을 말한다.
- 보통의 커피체리 안에는 생두(한 면이 납작하고 반대면이 둥근 형태의 생두) 두 개가 납작한 면을 마주하여 자리 잡고 있는 형태를 띠며, 여기서 한 면이 납작한 형태의 생두를 플랫 빈(Flat bean)이라 한다.
- 피베리는 생두 모양이 둥근 형태를 띠는데, 이를 카라콜(caracol, 달팽이) 또는 카라콜리(caracoli)라고도 한다.

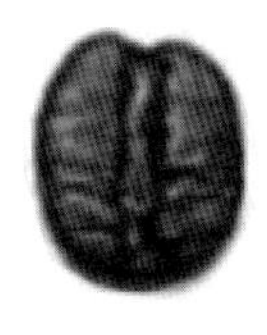

일반콩(Flat bean)

피베리(Peaberry)

② 피베리의 발생원인 및 특성

- 유전적 결함이나 수정자체가 불완전하게 이루어진 경우, 영양 불균형, 기타 환경적 조건 등이 발생원인이며, 이로 인해 한때는 미성숙두 또는 결점두로 취급되기도 했다.
- 피베리는 보통 커피나무 끝에서 자라며, 크기가 다른 것보다 작아 구별이 가능하다.
- 대개 커피나무 끝에서 자라 전체 수확량의 4~7% 정도를 차지하고 있다.
- 오늘날에는 희소성으로 일반 생두보다 더 비싼 가격에 거래된다.

2. 커피의 품종

(1) 커피의 3대 원종

① 커피 3대 원종의 분류

- 커피나무는 쌍떡잎식물로 꼭두서니과 코페아속에 속한다.
- 커피나무의 3대 원종에는 코페아 아라비카(Arabica), 카네포라(Canephora), 리베리카(Liberica)가 있으며, 현재는 아라비카와 카네포라의 대표 품종인 로부스타의 두 종류만 주로 재배되고 있다.

커피의 3대 원종의 계통

과(family)	속(genus)	아속(sub-genus)	종(species)	품종(variety)
Rubiaceae (꼭두서니과)	Coffea (코페아속)	Eucoffea (유코페아아속)	Arabica	Typica(티피카)
			Canephora	Robusta(로부스타)
			Liberica	Liberica(리베리카)

② 아라비카와 로부스타의 특성

- 아라비카는 로부스타 등 다른 품종에 비해 향이 뛰어나며, 단맛과 신맛 등을 특징적으로 지니고 있다.
- 로부스타는 향이 거의 없고 쓴맛이 더 강하며, 카페인 함량도 많은 편이다.
- 재배하기는 로부스타가 아라비카종보다 더 쉬운 편이다.
- 현재 커피 전체 품종의 최대 생산국은 브라질인데, 개별 품종 중 아라비카 커피는 브라질, 로부스타 커피는 베트남이 최대 생산국의 지위를 보유하고 있다.

Tip

카네포라와 로부스타의 명칭

통상 카네포라(Canephora)라는 명칭보다는 대표 품종인 로부스타를 더 많이 사용하므로, 일반적으로 '로부스타'라고 하면 카네포라종을 대표하거나 혹은 대체하는 명칭으로 본다.

③ 대표 원종(품종)인 아라비카와 로부스타의 비교

구분	아라비카	로부스타(카네포라)
발견	에티오피아, 6~7세기	콩고, 1895년
번식	자가수분	타가수분(비나 바람)
적정 기온	15~24℃	24~36℃
재배 고도	800m 이상(주로 800~2,000m)	700~800m 이하

적정 강수량	1,500~2,000mm(1,000mm 이하는 재배 곤란), 가뭄기간은 최대 6개월 이하	2,000~3,000mm(1,500mm 이하는 재배 곤란), 가뭄기간은 최대 4개월 이하
재배 습도	60%	70~80%
재배 지역	열대 지방의 비교적 서늘한 고원지대	고온 다습 지역
주요 생산지	브라질, 콜롬비아, 멕시코, 과테말라, 코스타리카 등의 중남미와 에티오피아, 케냐, 탄자니아 등의 동부 아프리카, 인도 등	브라질, 인도네시아, 베트남, 필리핀 등의 동남아시아, 가나, 콩고, 우간다 등
생산량 분포	전체 생산량의 65~70%	전체 생산량의 30~35%
체리 성숙 기간	6~9개월	9~11개월
병충해 및 서리	약함	비교적 강함(재배가 용이)
유전자 염색체 수	44(4배체)	22(2배체)
생두 형태	평평하고 타원형	둥근형태
지방 함량	카네포라의 2배	아라비카의 절반 수준
당분 함량	6~9%	3~7%
카페인 함량	평균 1.2~1.4%	평균 2.2%(1.7~4.0%)
소비 용도	원두커피용	인스턴트 및 블렌딩용
가격	가격이 비쌈	저렴함
기타 특성	향미가 우수하며(고급 향), 신맛이 풍부함	향미가 다소 약하며, 쓴맛이 강함

아라비카(Arabica)

로부스타(Robusta)

(2) 아라비카의 주요 품종

① 아라비카 품종의 특성

- 대표적인 아라비카 품종은 티피카(Typica)와 버번(Bourbon)종이다.
- 티피카는 라틴아메리카와 아시아에서 주로 재배되며, 버번은 남아메리카에서 주로 재배되고 있다.
- 아라비카 커피나무는 5~6m 정도까지 자라며, 평균 기온 20℃ 전후, 해발 1,500m 정도의 고지대에서도 잘 자란다.

• 아라비카 커피나무는 로부스타에 비해 나무 성격이 예민해 기온이나 기후, 토양에 제약이 따르며, 질병이나 병충해에도 약하므로 더 많은 보살핌을 필요로 한다.
• 해발고도가 높은 곳에서 생산된 커피일수록 열매의 밀도가 단단해지고 더욱 풍부한 향을 가지기 때문에, 고지대 커피를 최우수 품종으로 분류하기도 한다.

② 티피카(Typica)

• 아라비카 원종에 가장 가까운 품종이다.
• 네덜란드에 의해 예멘에서 아시아로 유입된 후, 1720년대 카리브해 지역과 라틴아메리카 지역으로 전파되었으며, 현재는 중남미와 아시아에서 주로 재배되고 있다.
• 대표적인 티피카 계통의 품종으로는 블루마운틴, 하와이 코나 등이 있다.
• 티파카는 생두 길이가 긴 편이고 작은 타원형 모양을 하고 있으며, 좋은 향과 신맛을 가지고 있다.
• 녹병 등 병충해에 약한 편이며 격년으로 생산이 이루어져 생산성이 낮은 품종이다.

커피 녹병(Coffee Leaf Rust)

커피 녹병은 잎에 오렌지색의 곰팡이포자에 의해 곰팡이가 번식하는 병으로, 현재까지 알려진 커피 질병 중 가장 피해가 큰 병으로 보고되고 있다. 녹병에 걸린 커피나무는 광합성을 원활히 하지 못해 열매가 제대로 맺히지 못하여 수확량이 감소하며, 나무의 성장을 방해하여 나무가 죽게 될 수도 있다.

③ 버번(부르봉, Bourbon)

• 인도양의 부르봉 섬(현재의 레위니옹섬)에서 발견된 티피카의 돌연변이종이다.
• 생두 크기가 작고 둥글며 향미가 우수한 편이다.
• 수확량이 티피카보다 20~30% 많지만 점차 수확량이 감소하고 있다.
• 중미, 브라질, 케냐, 탄자니아 등지에서 주로 재배된다.

④ 문도노보(Mundo Novo)

• 버번과 티피카 계열의 자연교배종(브라질의 레드 버번과 티피카 계열의 수마트라종의 자연교배종)으로, 버번과 티피카의 중간적 특성을 보인다.
• 1950년대 브라질에서 재배되기 시작하였으며, 환경적응력이 좋고 신맛과 쓴맛이 균형을 이루는 장점이 있다.
• 나무의 키가 크다는 단점도 지니고 있다.

⑤ 카투라(Caturra)

• 브라질에서 발견된 버번의 돌연변이종으로, 브라질보다는 콜롬비아, 코스타리카에서 적응하여 생산되고 있다.

- 콩 크기가 작고 녹병에 강하며, 나무의 키가 작고 수확량이 많아 생산성이 높은 품종이다.
- 맛은 신맛이 좋고 품질이 대체로 우수하다.

⑥ 카투아이(Catuai)

- 문도노보와 카투라의 인공교배종으로, 나무의 키가 작고 생산성이 높다는 장점이 있다.
- 병충해와 강풍에도 강해 매년 생산이 가능하나, 경제적 수명(생산 기간)이 타 품종보다 10년 정도 짧다.

⑦ 카티모르(Catimor)

- HdT(티모르, Hibrido de Timor)와 카투라의 인공교배종이다.
- 생두의 크기가 크고, 나무의 크기가 비교적 작아 다수확과 조기수확이 가능한 품종이다.

⑧ 마라고지페(Maragogype)

- 티피카의 돌연변이종으로, 생두와 잎의 크기가 타 품종에 비해 커서 '코끼리 콩(Elephant bean)'으로 불리기도 한다.
- 생산성이 낮은 품종으로 많이 재배되지 않는 편이며, 브라질, 멕시코, 니카라과에서 주로 재배된다.

⑨ 켄트(Kent)

- 1911년 켄트(Kent)에 의해 인도에서 발견되었다.
- S288과 교배하여 S795종으로 개량되어 생산량이 많다.
- 커피 나뭇잎 병(Coffee Leaf Rust)에 저항력이 강하다.

⑩ 게이샤(Geisha)

- 1931년 에티오피아에서 발견되어 케냐로 보내졌다가 코스타리카, 탄자니아 등으로 이동해 파나마로 유입되었다.
- 달콤함과 독특한 향미, 균형잡힌 바디감으로 현재 최고의 커피로 불리우고 있으며 희소성으로 인해 최고가로 거래된다.

⑪ 파카스(Pacas)

- 1949년 엘살바도르에서 발견된 부르봉종의 돌연변이종이다.
- 마라고지페와의 교배종인 파카마라(Pacamara)종은 엘살바도르에서 재배된다.

⑫ 아라부스타(Arabusta)

- 염색체가 2배체인 로부스타를 4배체 염색체를 갖도록 변이시킨 후 다시 아라비카와 결합시켜 탄생시킨 교배종이다.
- 수확량이 높으며 아라비카와 로부스타의 장점만을 모아 만들었다.
- 커피 나뭇잎 병에 대한 저항력과 가뭄에 대한 저항력을 가지고 있다.

몬순 커피(Monsooned coffee)

건식가공 커피를 습한 몬순 계절풍에 약 2~3주 정도 노출시켜 숙성하여 만든 인도산 커피로, 바디가 강하고 신맛이 약하며, 원목향이나 짚풀향 같은 독특한 향을 가지고 있다. 잘 알려진 몬순 커피로는 인도 몬순 말라바르(Malabar) AA가 대표적이다.

(3) 카네포라와 리베리카의 품종

① 카네포라

- 카네포라의 대표 품종으로는 로부스타가 있으며, 코닐론(Conilon), HdT(아라비카와 로부스타의 자연 교배종) 등이 주요 품종이다.
- 로부스타는 아라비카에 비해 병충해, 기후, 질병 등에 강해 열대의 덥고 습한 기후나 브라질의 폭염 아래에서도 튼튼하게 잘 자란다.
- 아라비카 커피에 비해 카페인 함량이 많고, 쓴맛이 강해 주로 인스턴트커피 제조용으로 사용되고 있다.

② 리베리카

- 아프리카의 라이베리아 등 서부지역에서 주로 생산되며, 생산량이 아주 적은 편이다.
- 열매가 다른 품종보다 크고 기후나 토양 등에도 잘 적응하며, 저지대에서도 잘 자란다.
- 생산량이 미미해 해외로 수출되기보다는 자국에서 주로 소비되는 편이다.

세계커피기구(ICO)의 기준에 따른 커피의 4가지 품질그룹

Arabicas	Colombian mild arabicas
	Other mild arabicas
	Brazilian naturals
Robusta	Robusta

(4) 기타품종

① SL28/SL34

- SL28은 1935년 케냐에서 개발된 품종이고, SL34 역시 케냐에서 발견된 품종이다.
- 두 종 모두 향미와 품질이 우수하지만 병충해에 저항력이 약한 단점이 있다.

② S795

- 콩고의 카네포라 종이다.
- 아라비카와 리베리카의 자연교배종을 아라비카에 역교배시켜 만들었다.
- 인도와 인도네시아에서 재배되며 커피녹병에 강하고 조기 수확이 가능하다.

③ 비야 사르치(Villa Sarchi)

- 코스타리카에서 처음 발견되었으며, 부르봉 계통의 카투라와 유사한 품종이다.
- 나무의 형태와 수확량이 카투라와 유사하여 면적당 생산량이 많고 컵퀄리티가 우수하다.

④ 루이루 11(Ruiru 11)

- 1985년 케냐 루이루에 있는 연구소에서 만든 카티모르와 SL28종의 교배종이다.
- 키가 작고 일반 커피나무에 비해 면적당 2배 정도의 커피나무를 더 심을 수 있어 생산성이 높다.
- 커피녹병과 커피베리병을 비롯한 병충해에 강하다.

품종 개량의 목적

커피의 맛과 향 등의 품질 개선, 재배 환경 적응력, 병충해에 대한 저항력 증가, 생산성 증대 등을 위하여 품종 개량을 한다.

예상문제(OX, 단답형)

01 식물학자 칼 폰 린네는 커피나무를 아프리카 원산의 꼭두서니과 코페아속에 속하는 다년생 쌍떡잎식물로 분류하였다.

( )

02 코페아속 중 유코페아에 해당하는 커피나무는 크게 아라비카, 카네포라, (　　　)의 3대 품종으로 분류된다.

03 커피나무는 대부분 온난건조한 지역에서 재배된다.

( )

04 커피나무는 '식물계 → (　　　) → 쌍떡잎식물강 → (　　　) → 꼭두서니과 → 코페아속'으로 분류된다.

05 커피나무는 심은 지 약 3~5년째에 수확량이 가장 많다.

( )

06 커피나무 잎은 얇은 타원형이며 광택은 없다.

( )

07 커피나무의 꽃잎 색깔은 흰색이며, 품종에 따라 꽃잎의 수가 다르다.

( )

08 다 익은 커피나무의 열매는 붉은색이며 커피체리(Coffee Cherry)라 부르기도 한다.

( )

09 커피의 열매는 바깥쪽부터 '겉껍질(외과피) – 펄프(과육) – 파치먼트(내과피) – (　　　) – 생두(그린빈)' 형태로 구성되어 있다.

10 생두를 감싸고 있는 딱딱한 껍질을 파치먼트라고 한다.

( )

11 생두 가운데에 있는 S자 형태의 홈을 (   )이라 한다.

12 그린빈은 커피열매의 정제된 씨앗인 생두를 말하며, 그라운드 커피는 주로 분쇄하지 않은 상태의 원두를, 홀빈은 원두를 분쇄한 것을 의미한다.

( )

13 보통의 커피체리 안에는 네 개의 생두가 마주하여 자리 잡고 있다.

( )

14 커피체리 안에 한 개의 생두만이 자리 잡고 있는 것을 피베리라 하며, 생두 모양이 둥근 형태를 띤다.

( )

15 피베리는 보통 커피나무 안쪽 가지에서 자라며 크기가 다른 것보다 커 구별이 가능하다.

( )

16 피베리는 한때 미성숙두 또는 결점두로 취급되기도 하였으나, 오늘날에는 수확량이 전체 수확량의 4~7%밖에 안 되는 희소성으로 인해 일반 생두보다 비싼 가격에 거래되고 있다.

( )

17 일반적인 커피체리의 생두 모양은 둥근 형태이며, 이를 카라콜(caracaol) 또는 카라콜리(caracoli)라고 한다.

( )

18 보통의 커리체리 안에 있는 생두 중에서 납작한 형태의 생두를 (   )이라고 한다.

19 현재 주로 재배되는 커피나무 원종은 아라비카와 로부스타이다.

( )

20 로부스타는 아라비카 등 다른 품종에 비해 향이 뛰어나고 단맛, 신맛 등을 특징적으로 지니고 있다.

( )

21 아라비카와 로부스타 중에서 쓴맛이 강하며 카페인 함량이 더 많은 품종은 아라비카이다.

( )

22 로부스타가 아라비카종보다 재배하기가 더 쉬운 편이다.

( )

23 아라비카는 6~7세기에 (   )에서 발견되었고, 로부스타는 1895년 (   )에서 발견되었다.

24 현재 아라비카 커피의 최대 생산국은 브라질이고, 로부스타 커피의 최대 생산국은 베트남이다.

( )

25 아라비카의 생두 형태는 둥근 형태이고, 로부스타의 생두 형태는 평평하고 타원형이다.

( )

26 아라비카는 주로 인스턴트 및 블렌딩용으로 쓰이고, 로부스타는 주로 원두커피용으로 쓰인다.

( )

27 아라비카는 열대 지방의 비교적 서늘한 고원지대에서 주로 재배되며 적정 강수량은 1,500~2,000mm이고 재배 습도는 60%가 적당하다.

( )

28 로부스타는 비나 바람에 의한 타가수분으로 번식하며 체리 성숙 기간은 9~11개월이다.

( )

29 아라비카의 대표 품종인 티피카는 라틴아메리카와 아시아에서 주로 재배되며, 버번은 남아메리카에서 주로 재배된다.

( )

30 해발고도가 낮은 곳에서 생산된 커피일수록 열매의 밀도가 단단하고 풍부한 향을 가지기 때문에 저지대 커피를 최우수 품종으로 분류하기도 한다.

( )

31 티피카(Typica)는 아라비카 원종에 가까운 품종으로, 녹병 등 병충해에 약하며 격년으로 생산이 이루어져 생산성은 낮은 품종이나 생두 길이가 긴 편이고 작은 타원형 모양을 하고 있으며 좋은 향과 신맛을 가지고 있다.

( )

32 커피 녹병에 걸린 커피나무는 광합성을 원활히 하지 못해 열매가 제대로 맺히지 못하여 수확량이 감소하며, 나무가 죽게 될 수도 있다.

( )

33 (   )은 인도양의 부르봉 섬에서 발견된 티피카의 돌연변이종이며 생두 크기가 작고 둥글며 향미가 우수한 편이다.

34 문도노보(Mundo Novo)는 브라질의 레드 버번과 티피카 계열의 수마트라종의 자연교배종이다.

(   )

35 마라고지페(Maragogype)는 브라질에서 발견된 버번의 돌연변이종으로, 콩 크기가 작고 녹병에 강하며 나무의 키가 작고 수확량이 많아 생산성이 높은 품종이다.

(   )

36 카투아이는 (   )와 (   )의 인공교배종이다.

37 아라부스타(Arabusta)는 브라질의 한 농장에서 발견된 티피카의 돌연변이종으로, 생두와 잎의 크기가 타 품종에 비해 매우 커 '코끼리 콩(Elephant bean)'이라고도 불린다.

(   )

38 몬순 커피(Monsooned coffee)는 바디가 강하고 신맛이 약하며, 원목향이나 짚풀향 같은 독특한 향을 가지고 있다.

(   )

39 리베리카의 대표 품종으로는 로부스타가 있으며, 주요 품종으로는 코닐론(Conilon), HdT 등이 있다.

(   )

40 케냐에서 발견된 품종인 SL28과 SL34는 모두 향미와 품질도 우수하고 병충해에도 강하다.

(   )

예상문제 정답

01 ○
02 리베리카
03 ×
04 속씨식물, 용담목
05 ×
06 ×
07 ○
08 ○
09 실버스킨(은피 · 종피)
10 ○
11 센터컷(center cut)
12 ×
13 ×
14 ○
15 ×
16 ○
17 ×
18 플랫 빈(flat bean)
19 ○
20 ×
21 ×
22 ○
23 에티오피아, 콩고
24 ○
25 ×
26 ×
27 ○
28 ○
29 ○
30 ×
31 ○
32 ○
33 버번(부르봉)
34 ○
35 ×
36 문도노보, 카투라
37 ×
38 ○
39 ×
40 ×

CHAPTER 03

커피의 재배

1. 커피 재배 지역과 재배 조건

(1) 재배 지역

- 커피는 적도를 기준으로 대략 남위 25도에서 북위 25도 사이의 열대와 아열대 지역에서 대부분 생산되고 있다(주요 생산지역은 남위 18도에서 북위 18도 사이에 위치).
- 커피 생산 국가를 세계지도상에 표시할 때 나타나는 벨트 모양을 이루며 가로로 펼쳐져 있는 것을 커피 벨트(Coffee belt) 또는 커피 존(Coffee zone) 이라 한다.

(2) 재배 조건

① 기후(기온)

아라비카종	• 에티오피아 고원 지대에서 생산되었기 때문에 너무 덥거나 추운 기후에서는 잘 자라지 못하는 까다로운 기후 조건을 가지고 있음 • 재배 지역의 연 평균기온은 15~24℃ 정도이며, 기온이 5℃ 이하로 내려가거나 30℃를 넘지 않아야 함(주간 평균기온은 22℃, 야간 평균기온은 18℃ 정도) • 강한 바람이 불지 않아야 하고 서리도 내리지 않아야 하며, 건기와 우기의 구분이 뚜렷해야 함
로부스타종	아프리카 저지대 지역에서 생장하였으므로 아라비카종보다 다소 기온이 높은 지역에 잘 적응하는데, 적절한 기온은 대략 22~29℃ 정도임

② 강수량

- 아라비카종은 연 1,500~2,000mm, 로부스타종은 연 2,000~3,000mm 정도가 적절하다.
- 열매가 맺기 전에는 우기가 적합하지만, 꽃이 피고 열매를 맺은 후에는 짧은 기간의 건기가 필요하다.
- 일반적으로 아라비카종이 로부스타종보다 가뭄을 더 잘 견디는 편이다.

③ 토양

- 커피 재배에 적합한 토양은 일반적으로 유기물과 미네랄이 풍부한 화산성 토양의 충적토로서, 약산성(pH5~5.5)을 띠는 것이 좋다.
- 투과성이 높아 배수능력이 좋고 뿌리를 쉽게 뻗을 수 있는 다공성 토양이 적합하다.
- 검은색과 붉은색 등 짙은 색 흙이 커피 재배에 적합하다(유기물 풍부).

- 브라질 고원 지대에서는 현무암의 적색 풍화토인 테라록사(Terra roxa) 토양에서 커피 생산이 주로 이루어진다.

④ 지형과 고도

- 커피 재배에 적합한 지형은 표토층이 깊고 물 저장 능력이 좋으며, 기계화가 용이한 평지나 약간 경사진 언덕이다.
- 고도의 경우 아라비카종은 고지대(800~2,000m), 로부스타종은 저지대(700m 이하)에서 주로 재배가 이루어진다.
- 고지대에서 생산된 커피일수록 단단하고 밀도가 높아 향이 풍부하고 맛이 좋으며, 색깔도 더 진한 청록색을 띤다.

⑤ 햇볕(일조량)

- 커피 재배를 위해 적절한 일조량은 연 2,000~2,200시간 정도이다.
- 커피나무는 강한 햇볕과 열에 약하므로 이를 차단해 주기 위해 다른 나무를 커피나무 주위에 심어야 하는데, 이러한 나무를 '셰이드 트리(Shade tree)'라고 하고, 이런 방식으로 재배된 커피를 '셰이드 그로운 커피(Shade-grown coffee)'라고 한다.
- 셰이딩을 하지 않고 재배한 커피를 '선 그로운 커피(Sun grown coffee)' 또는 '선 커피(Sun coffee)'라고 한다.
- 셰이딩(Shading) 방식의 장점과 단점은 다음과 같다.

구분	내용
장점	• 일교차를 완화하고, 수분 증발과 토양 침식 방지 및 잡초 성장을 억제 • 토양을 더 비옥하게 해주며, 나무나 체리 손상을 방지 • 커피열매가 천천히 안정적으로 성숙되어 품질을 향상 • 수분 함량을 증가시켜 건기에도 수분 공급이 가능 • 화학비료나 제초제 사용량의 감소가 가능한 친환경적 재배 방식
단점(문제점)	• 햇볕 차단으로 커피 녹병 등이 증가할 수 있음 • 셰이드 트리가 수분과 영양분을 두고 커피나무와 경쟁할 수 있음 • 가지치기 시 커피나무에도 피해를 줄 수 있음 • 광합성 저하로 나무 마디 사이가 길어져 수확량을 감소시킬 수 있음

지속가능 커피(Sustainable coffee)

지속가능 커피란 커피 재배농가의 삶의 질을 개선하고 수질과 토양, 생물의 다양성을 보호하며, 장기적인 관점에서 안정적으로 커피를 생산하도록 돕기 위한 커피 인증프로그램을 지칭하는 용어이다. 여기에는 공정무역 커피(Fair-trade coffee), 유기농 커피(Organic coffee), 버드 프렌들리 커피(Bird-friendly coffee) 등의 인증이 있으며, 이를 인증하는 기관으로는 레인포레스트 얼라이언스(Rainforest Alliance), UTZ, 페어트레이드 인터내셔널(Fairtrade International), SMBC(Smithsonian Migratory Bird Center) 등이 있다.

2. 커피의 번식과 개화

(1) 커피의 번식

① 번식 방법

- 씨앗에 의한 파종 번식, 즉 묘포(Nursery)에서 묘목을 기르고 어느 정도 자라면 재배지에 이식하는 방법이 적절하고 비용도 저렴해 가장 널리 사용된다.
- 직파는 구덩이에 3~5개의 씨앗을 직접 심는 방식을 말하는데, 잘 사용되지는 않는다.
- 씨앗에 의한 번식 외에도 접목이나 꺾꽂이, 시험관 등의 무성 생식 방식도 있다.

커피 묘목

② 파종

- 생두를 감싸고 있는 딱딱한 파치먼트 상태의 생두를 묘판에 심고 40~60일 정도 후에 발아하는데, 발아 후 적절한 시기에 용기에 옮겨 심는다.
- 용기에서 묘목이 될 때까지 키우다가 어느 정도 자라면 재배지에 이식한다.
- 파종부터 묘목이 될 때까지의 과정이 이루어지는 곳을 '묘포(Nursery)'라고 한다.

③ 이식

- 이식은 습도가 높고 흐린 날(우기가 시작될 무렵)에 이식하는 것이 좋으므로, 보통 우기 중 비가 많이 온 다음 날에 진행한다.
- 이식 준비가 된 경우 손이나 칼을 사용하여 커피 묘목을 심을 작은 구멍을 만들어 준다.
- 묘포에서 이식할 묘목을 뽑아내기 몇 시간 전에 충분히 물을 주어야 하고, 뿌리가 다치지 않도록 조심스럽게 묘목을 캐낸 후 이식해야 한다.
- 이식은 발아 후 6~18개월이 경과한 시점에 건강 상태가 양호한 나무부터 시행한다.

(2) 커피의 개화

① 개화

- 커피나무는 나무를 심은 지 2년 정도 후 1.5~2m 정도까지 성장하여 꽃을 피운다.
- 통상 꽃봉오리 상태에서 2~3개월 정도의 휴면기를 보내는데, 이후 건기가 끝나고 비가 내리면 개화 자극이 발생해 비가 그친 후 5~12일이 지나면 개화한다.
- 개화 기간은 2~3일 정도로 짧으며, 심은 지 3년 정도가 지나면 수확이 가능하다.

② 수분과 열매

- 아라비카종은 대부분(90% 이상) 자가수분을 하고, 로부스타종은 타가수분을 한다.
- 커피가루는 꽃가루가 매우 가벼워 타가수분의 경우 90% 이상 바람에 의해 수분이 이루어지며, 곤충에 의한 수분은 5~10% 정도이다.
- 수정이 되면 커피체리로 자라는데, 개화에서 체리의 성숙까지 걸리는 기간은 품종과 기후 조건, 경작 방법, 고도 등에 따라 차이가 있다.

③ 수확

- 커피체리는 익은 지 10~14일 정도 지나면 나무에서 떨어지므로, 그 안에 수확해야 한다.
- 수확 방법은 손으로 직접 수확하는 방법과 기계로 수확하는 방법으로 크게 구분된다.

Tip

컵 오브 엑셀런스(Cup of Excellence, COE)

1999년 브라질에서 처음 시작된 대회로, 국제무역기구 산하 단체인 국제커피기구에서 품질 좋은 커피를 생산하는 나라들이 제대로 보상 받을 수 있도록 하기 위해 만들어졌다. 2020년 기준 브라질, 콜롬비아, 페루, 엘살바도르, 코스타리카, 니카라과, 과테말라, 온두라스, 멕시코, 부룬디, 에티오피아, 르완다 등 12개 국가의 생두를 국제 커핑 심사위원들이 평가하고 국제옥션을 통해 판매한다. 소비자에게 품질 좋은 커피를 구매할 수 있는 기회를 제공하고, 생산자들에게는 적절한 보상을 받을 수 있는 기회를 제공한다.

구분	평가항목
신맛(Acidity)	신맛의 강도와 질을 평가
단맛(Sweetness)	커피에서 느껴지는 단맛을 평가
향미(Flavor)	맛과 향을 평가
후미(Aftertaste)	커피를 시음하고 후에 남는 향을 평가
밸런스(Balance)	전체적인 향과 맛의 조화로움을 평가
바디감(Mouthfeel)	커피의 바디감과 질감을 평가
깔끔함(Clean cup)	잡미가 없이 깔끔한지를 평가
결점(Defect)	결점두에 의해 느껴지는 맛이 있는지를 평가
종합(Overall)	커퍼의 주관적인 평가
최종(Final Point)	최종스코어에 따라 CoE 등급 부여

예상문제(OX, 단답형)

01 커피는 기후나 지형에 상관없이 전세계의 모든 지역에서 고르게 생산된다.

( )

02 커피 벨트(커피 존)는 하나의 벨트 모양을 이루며 세로로 펼쳐져 있다.

( )

03 커피의 주요 생산 지역은 ( )에서 ( ) 사이에 위치하고 있다.

04 아라비카종은 다소 기온이 높은 지역에 잘 적응하여 약 22~29℃ 정도가 적절한 기온이며, 로부스타종은 너무 덥거나 추운 기후에서는 잘 자라지 못해 15~24℃ 정도가 적절한 기온이다.

( )

05 아라비카종의 재배 지역은 건기와 우기의 구분이 뚜렷하며 강한 바람이 불지 않고 서리도 내리지 않는다.

( )

06 일반적으로 아라비카종이 로부스타종보다 가뭄을 더 잘 견디는 편이다.

( )

07 커피열매가 맺기 전에는 건기가 적합하지만 꽃이 피고 열매를 맺은 후에는 짧은 기간의 우기가 필요하다.

( )

08 커피 재배에 적합한 토양은 유기물과 미네랄이 풍부한 화산성 토양의 충적토로서, 중성을 띠는 것이 좋다.

( )

09 토양의 색이 짙을수록 유기물이 풍부하여 커피 재배에 더 적합하다고 할 수 있다.

( )

10 아라비카종의 경우 저지대에서, 로부스타종의 경우 고지대에서 주로 재배가 이루어진다.

( )

11 커피 재배에 적합한 지형은 표토층이 얕고 물을 많이 머금지 않는 급하게 경사진 언덕이다.

( )

12 일반적으로 고지대에서 생산된 커피일수록 밀도가 높아 향이 풍부하고 맛이 좋으며, 색깔도 더 진한 청록색을 띤다.

( )

13 커피 재배를 위한 적절한 일조량은 연 2,000~2,200시간 정도이다.

( )

14 커피나무는 강한 햇볕과 열에 약하기 때문에, 이를 적절히 차단해 주기 위하여 다른 나무를 커피나무 주위에 심곤 하는데, 이러한 나무를 ( )라고 하고, 이러한 방식으로 재배된 커피를 ( )라고 한다.

15 커피 최대 생산국은 대부분 셰이딩 방식보다는 선 그로운 방식을 사용하여 대량 재배를 한다.

( )

16 일반적으로 선 그로운 재배 방식을 이용하면 커피열매가 천천히 안정적으로 성숙되어 품질을 향상시킬 수 있고 수분 함량을 증가시켜 건기에도 수분 공급이 이루어질 수 있게 하는 등의 장점을 가지고 있다.

( )

17 셰이딩 방식은 커피 녹병 등을 더 많이 발생시킬 수 있다는 단점을 가지고 있다.

( )

18 지속가능 커피란 커피 재배농가의 삶의 질을 개선하고 수질과 토양, 생물의 다양성을 보호하며, 단기적인 관점에서 저비용 최대효율로 커피를 생산하도록 돕기 위한 커피 인증프로그램을 지칭하는 용어이다. 여기에는 공정무역 커피(Fair-trade coffee), 유기농 커피(Organic coffee), 버드 프렌들리 커피(Bird-friendly coffee) 등의 인증이 있다.

( )

19 묘포(Nursery)에서 묘목을 기르고 어느 정도 자라면 재배지에 이식하는 파종 방식보다는 구덩이에 3~5개의 커피 씨앗을 직접 심는 직파 방식이 비용이 저렴하여 더 널리 사용된다.

( )

20 파종 방식은 생두를 감싸고 있는 딱딱한 파치먼트 상태의 생두를 묘판에 심고 40~60일 정도 후에 발아하고 나면 적절한 시기에 용기에 옮겨 심고, 묘목이 될 때까지 키우다가 어느 정도 자라면 재배지에 이식하는 방법이다. 이때 파종부터 묘목이 될 때까지의 과정이 이루어지는 곳을 (   )라고 한다.

21 커피 묘목의 이식은 습도가 높고 흐린 날에 하는 것이 좋으므로 보통 우기 중 비가 많이 온 다음 날에 진행한다.

(   )

22 커피나무는 나무를 심은 지 2년 정도가 지나면 첫 번째 꽃을 피우는데, 개화한 상태에서 약 1개월 정도의 휴면기를 보낸 후 꽃이 지고 나면 바로 수확이 가능하다.

(   )

23 아라비카종은 대부분 타가수분을 하고, 로부스타종은 대부분 자가수분을 한다.

(   )

24 개화에서 체리의 성숙까지 걸리는 기간은 품종이나 기후 조건, 경작 방법, 고도 등과는 관계없이 거의 비슷하다.

(   )

25 커피나무는 보통 심은 지 3년 정도가 지나면 수확이 가능하다.

(   )

26 커피가루는 90% 이상이 바람에 의해 수분이 이루어지고, 곤충에 의한 수분은 5~10% 정도밖에 안 된다.

(   )

27 커피체리는 익은 지 (   ) 정도 지나면 나무에서 떨어지므로 그 안에 수확해야 한다.

28 컵 오브 엑설런스(Cup of Excellence, COE)는 1999년 에티오피아에서 처음 시작된 것으로, 품질 좋은 커피를 생산하는 국가의 농장이나 농민들이 제대로 된 보상을 받고 소비자는 질 좋은 커피를 구매할 수 있는 시스템을 말한다. 매년 참가국의 커피 농장에서 출품한 커피를 국제 심사위원들이 5차례 이상 평가하고 그 결과에 따라 상위 등급을 받은 커피들은 인터넷 경매를 통해 전 세계 회원들에게 판매된다.

(   )

예상문제 정답

01 ×

02 ×

03 남위 18도, 북위 18도

04 ×

05 ○

06 ○

07 ×

08 ×

09 ○

10 ×

11 ×

12 ○

13 ○

14 셰이드 트리, 셰이드 그로운 커피

15 ○

16 ×

17 ○

18 ×

19 ×

20 묘포(Nursery)

21 ○

22 ×

23 ×

24 ×

25 ○

26 ○

27 10~14일

28 ×

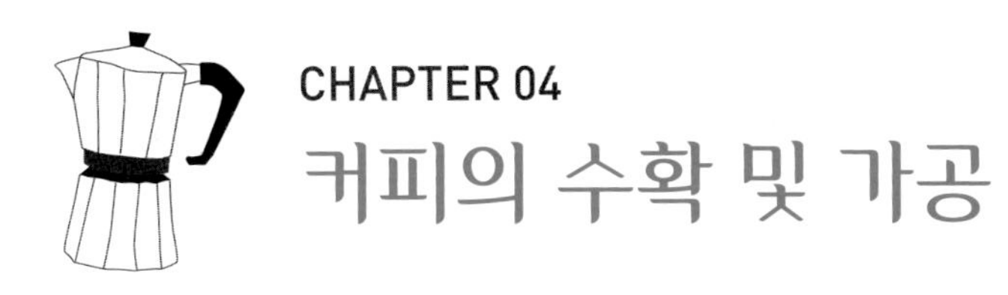

CHAPTER 04

커피의 수확 및 가공

1. 커피의 수확

(1) 커피의 수확 시기 및 수확 시간

- 커피체리는 씨앗을 심은 후 3년, 늦어도 5년 뒤 열매를 맺기 시작해 수확할 수 있다.
- 통상 6년~15년 정도에 가장 많은 수확량을 보인다.
- 커피의 수확은 북반부의 경우 9월에서 3월에 이루어지며, 남반구에서는 4월에서 8월 또는 9월까지 이루어지며, 이른 아침이나 늦은 오후 시간에 주로 수확한다.

(2) 사람에 의한 수확(Manual Harvesting)

① 핸드 피킹(Hand Picking)

방법	여러 번에 걸쳐 잘 익은 커피체리만을 골라 수확하는 방법으로, 셀렉티브 피킹(Selective Picking)이라고도 함
특징	• 여러 번에 걸쳐 선별적으로 수확하므로 인건비 부담이 큼 • 커피 품질이 좋고 균일한 커피 생산이 가능함
이용 지역	습식 가공 커피 생산국에서 주로 이용

② 스트리핑(Stripping)

방법	나무 밑에 천을 깔고 가지에 달린 커피체리를 한 번에 훑어 수확하는 방법으로, 스트립 피킹(Strip Picking)이라고도 함
특징	• 일시에 수확하므로 비용을 절감할 수 있음 • 커피나무에 손상을 줄 수 있음 • 품질이 균일하지 않음(미성숙두 등이 포함될 수 있음)
이용 지역	건식 가공 커피 생산국과 대부분의 로부스타 생산국에서 주로 이용

핸드 피킹(Hand Picking)에 의한 커피 수확

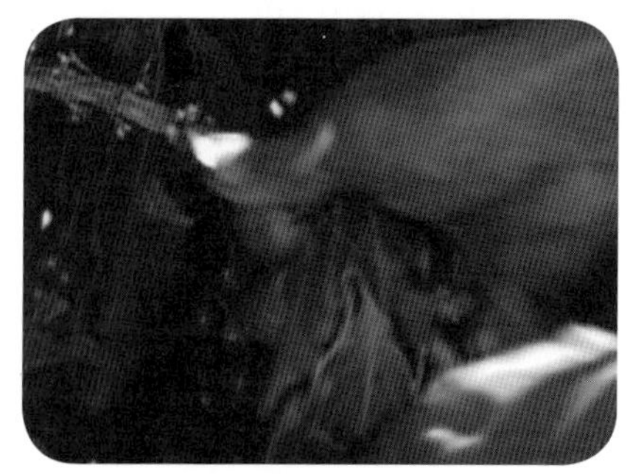
스트리핑(Stripping)에 의한 커피 수확

(3) 기계에 의한 수확(Mechanical Harvesting)

① 의미

- 나무의 키와 폭에 따라 조절이 가능한 기계를 사용해 나무를 감싸 열매를 털어 자동적으로 수확하는 방법이다.
- 브라질에서 처음 개발되었으며, 경작지가 편평하고 커피나무 줄 간 간격이 넓은 대규모 농장 지역이나 노동력이 부족하고 임금은 비싼 지역(하와이 등)에서 주로 시행되는 방법이다.

② 장단점

스트리핑 방법과 마찬가지로 품질이 균일하지 않으나, 인건비가 절약되는 장점이 있다.

2. 커피의 가공법

(1) 커피 가공법의 구분

- 커피 가공법은 지역의 습도나 일조량, 물 공급 상황 등에 따라 크게 건식법과 습식법으로 구분된다.
- 가공 방법에 따라 가공 과정의 차이가 있으며, 커피의 품질에도 큰 영향을 미치고 커피의 맛과 향도 달라진다.

(2) 건식법(Dry Method, Unwashed Natural Processing)

① 건식법의 의미

- 커피체리를 수확한 후에 펄프를 제거하지 않고 자연 그대로 건조시키는 방법을 말한다.
- 물을 사용하지 않는 친환경적 가공 방법으로, 물이 부족하고 햇볕이 좋은 지역에서 주로 이용하는 전통적인 방법이다.

- 건식법으로 생산된 커피를 '내추럴 커피(Natural coffee)' 또는 '언워시드 커피(Unwashed coffee)'라고 한다.

건식법의 구분

수확한 체리를 별도의 과정을 거치지 않고 바로 건조시키는 자연 건조법(Natural Dry Process)과, 수확 후 키질이나 체질을 통해 각종 이물질을 제거한 다음 물에 띄워 무거운 체리인 싱커(Sinker)와 가벼운 체리인 플로터(Floater)를 분리하여 세척 한 후 각기 건조시키는 세척 건조법(Washed Wet Process)으로 구분하기도 한다.

② 건식법의 특성

- 건식법에서는 수확한 체리를 수분이 10~13% 정도 될 때까지 건조시키는데, 통상 체리를 건조하는 데는 12~21일이 소요되며, 파치먼트 건조에는 7~15일 정도가 소요된다.
- 건조 후에는 과육이 생두에 흡수되어 습식법에 비해 달콤함과 풍부한 바디감을 느낄 수 있다.

③ 건식법 사용 지역

건식법을 사용하는 나라는 브라질, 에티오피아, 예멘, 인도네시아 등이 있으며, 대부분의 로부스타 종도 이러한 건조법을 사용한다.

(3) 습식법(Wet Method, Washed Processing)

① 습식법의 의미

- 체리 수확 후 무거운 체리(싱커)와 가벼운 체리(플로터)로 분리한 다음 펄프를 벗겨내 제거하는 펄핑(Pulping)을 하고, 파치먼트에 붙어 있는 점액질을 발효 과정을 통해 제거한 뒤에 파치먼트 상태로 건조시키는 가공법이다.
- 습식법으로 가공된 커피를 '워시드 커피(Washed coffee)' 또는 '마일드 커피(Mild coffee)'라고 한다.

펄핑(Pulping)

② 습식법의 세부적 과정

구분	내용
분리	수확한 체리를 물에 띄워 분리하며, 체리 상태에 따른 비중의 차이로 분리 가능함
펄핑 (Pulping)	• 체리에서 펄프(과육)를 벗겨 제거하는 과정으로, 최대한 신속히 작업해야 품질 하락 방지가 가능함 • 펄프는 커피체리 무게의 40% 정도를 차지하며, 수분과 당분 함량이 많아 썩기 쉽고 해충이 번식할 가능성도 많아 빨리 제거하는 것이 좋음
발효	• 펄프를 벗기고 난 뒤에도 깨끗하게 떨어지지 않고 파치먼트에 끈적끈적하게 남은 점액질을 건조 전 발효 과정을 통해 제거해야만 파치먼트가 손상되는 것을 막을 수 있음 • 발효 탱크 안에 물과 파치먼트를 담아 두면 효소에 의해 자연스럽게 파치먼트가 분리 · 제거됨

세척	• 점액질 제거 후 파치먼트에 남아 있는 찌꺼기를 물로 충분히 세척해 줌 • 세척을 통해 커피의 쓴맛을 감소시킬 수 있으며, 부패 과정에서 발생할 수 있는 냄새나 미생물 발생으로 인한 오염을 방지할 수 있음

③ 습식법의 특성

- 물과 일정한 설비가 확보된 상태에서 가능한 방법이다.
- 건식법에 비해 상대적으로 신맛과 밝고 깨끗한 맛이 뛰어나며, 상태가 균일하고 양호한 품질의 생두를 얻을 수 있다.

펄핑(Pulping)에 사용되는 펄퍼(Pulper)의 종류

커피체리를 수확한 후 과육(펄프)을 제거하는 과정을 '펄핑(Pulping)'이라 하며, 펄핑에 사용되는 설비나 기기(기계 장치)를 펄퍼(Pulper)라 한다. 펄퍼의 종류에는 '디스크 펄퍼(Disc Pulper)', '스크린 펄퍼(Screen Pulper)', '드럼 펄퍼(Drum Pulper)'가 있다.

④ 습식법 사용 지역

습식법은 콜롬비아, 케냐, 탄자니아, 코스타리카 등 대부분의 아라비카 커피 생산국가에서 사용되며, 인도네시아에서 로부스타를 가공할 때 사용되기도 한다.

건식법과 습식법의 비교

구분	건식법	습식법
과정	이물질 제거 – 분리 – 건조	분리 – 펄핑 – 점액질 제거(발효) – 세척 – 건조
장점	싸고(생산단가 낮음) 친환경적임	품질이 높고 균일함
단점	품질이 낮고(미성숙두와 결점두가 섞일 수 있음) 균일하지 않음	물을 많이 사용하므로 환경오염의 문제가 존재함
특성	단맛과 강한 바디, 콩이 전체적으로 노르스름하고 센터컷은 노란색을 띰	신맛과 좋은 향, 콩이 녹색 빛을 띠고 센터컷은 하얀색에 가까움
이용 국가	브라질, 에티오피아, 예멘, 인도네시아 등과 대부분의 로부스타종 생산국가	콜롬비아, 케냐, 탄자니아, 에티오피아, 코스타리카 등과 물이 풍부한 대부분의 아라비카 커피 생산국가

(4) 펄프드 내추럴과 세미 워시드, 허니 프로세스 방법

① 펄프드 내추럴(Pulped natural)

- 체리 수확 후 펄핑을 한 다음 점액질이 묻어 있는 파치먼트 상태로 건조시키는 방법으로, 건식법과 습식법의 중간적인 방식에 해당한다.
- 점액질이 생두에 흡수되어 풍부한 단맛을 형성하게 하는 가공 방법으로 현재 브라질에서 주로 사용하는데, 브라질은 습도가 낮아 점액질이 있는 상태에서 건조하여도 파치먼트가 손상

될 위험이 적다.

- 건식법에 비해 건조 시간과 발효 위험이 감소하며 점액질이 파치먼트에 붙은 채로 건조되어 독특한 맛과 향을 지니게 되는 장점이 있어, 브라질 외의 다른 국가에서도 종종 사용된다.

② 세미 워시드(Semi washed)

체리 수확 후 펄프를 제거하고 점액질까지 물에 씻거나 기계로 제거해 건조시키는 방법으로, 전통적인 발효 과정은 거치지 않는 가공법이다.

③ 허니 프로세스(Honey Process)

- 당도를 측정하여 잘 익은 커피체리만을 선별하여 수확한 후 펄핑을 하고 건조 테이블 위에서 햇볕 건조시키는 방법으로, 펄프드 내추럴 가공과 유사하지만 파치먼트의 점액질을 일부 제거한다는 차이가 있으며 이 방법으로 생산된 커피를 '허니 커피(Honey coffee)'라고 한다.
- 니카라과, 에티오피아, 엘살바도르 등에서 시행된다.

3. 커피의 건조, 탈곡, 선별, 포장 및 보관

(1) 커피의 건조

① 커피 건조의 필요성

파치먼트 상태의 생두는 수분함유율이 60~65% 정도인데, 수분함유율을 12% 정도로 낮춤으로써 미생물의 증식을 막고 안전하게 보관할 수 있도록 하기 위해 건조 과정을 진행한다.

② 커피 건조시의 주의사항

- 수분함유율이 10~11% 정도로 낮은 경우 탈곡 시 커피가 깨지기 쉬우며, 12%를 초과할 경우 커피 품질 하락과 중량 손실을 초래할 수 있으므로 주의해야 한다.
- 균일한 건조를 위해서는 커피체리나 파치먼트를 자주 뒤집어 주는 것이 필요하다.

③ 햇볕 건조 방식

구분	파티오(Patio) 건조	건조대(Table) 건조
방법	콘크리트나 아스팔트, 타일로 된 건조장에 파치먼트나 커피체리를 펼쳐 놓은 후 뒤집어 주며 골고루 건조시키는 방법이다.	대나무 등의 나무나 철사로 된 틀의 그물망에 파치먼트를 펼쳐서 건조하는 방법으로, 파치먼트 건조에 주로 사용되는 방법이다.
특성	• 파치먼트 건조 : 7~15일 • 커피체리 건조 : 12~21일	• 파치먼트 건조는 5~10일 정도 소요됨 • 건조시간이 단축되고 흙을 통한 오염을 방지할 수 있는 반면, 많은 노동력을 필요로 함

파티오 건조

건조대 건조

④ 기계 건조 방식

- 건조 중인 커피의 수분함유율이 20% 정도가 되어 커피가 딱딱해지고 검은색으로 변하면, 수평의 큰 드럼으로 된 로터리 건조기나 타워 건조기를 이용하여 수분함유율을 12%로 낮추어 준다.
- 기계 건조기의 내부 건조 온도는 40℃ 정도이며, 내추럴 커피보다 워시드 커피에 더 많이 사용된다.
- 일반적으로 기계 건조는 햇볕 건조보다 균일한 건조가 가능하다는 장점을 지닌다.

Tip

클리닝(Cleaning)

건조가 끝난 파치먼트나 커피체리에 있는 돌, 이물질, 먼지 등을 탈곡하기 전에 제거하는 과정이다. 클리닝은 이물질과 먼지를 제거하는 프리클리닝(Precleaning)과 돌 제거(Destoning) 과정을 거친다.

(2) 탈곡(Milling)

① 탈곡의 의미

- 탈곡은 껍질이나 파치먼트, 실버스킨(은피)을 제거하는 과정을 말한다.
- 내추럴 커피의 체리 껍질(또는 껍질과 파치먼트)을 제거하는 것을 '허스킹(Husking)'이라고 하며, 워시드 커피의 파치먼트를 벗겨내는 것을 '헐링(Hulling)', 실버스킨을 제거하는 것을 '폴리싱(Polishing)'(광택작업)이라 한다.

② 폴리싱의 특성

- 생두 표면의 실버스킨을 제거하여 생두에 윤기를 띠게 하는 폴리싱의 경우, 생두의 외관을 좋게 하고 쓴맛을 줄여주어 상품 가치를 높여주는 효과가 있다.
- 폴리싱은 중량 손실을 가져오는 등의 단점도 있으므로, 주문자의 요청이 있을 때에 시행하는 과정에 해당한다.
- 하와이안 코나 커피, 자메이카 블루마운틴 등의 고급 커피가 폴리싱을 하는 대표적인 커피에 해당한다.

New Crop, Past Crop, Old Crop

- New Crop(새 커피) : 수확 후 1년 이내의 생두를 말하며, 적정 수분함유율(12% 내외)을 유지한다.
- Past Crop(오래된 커피) : 수확 후 1~2년 이내의 생두를 말하며, 적정 수분함유율에 미달하는 커피이다.
- Old Crop(아주 오래된 커피) : 수확 후 2년 이상이 지난 생두를 말하며, 적정 수분함유율에서 많이 벗어난 커피이다.

(3) 선별(Grading)

- 건조가 끝난 생두는 크기와 밀도, 수분함유율, 색깔에 따라 등급을 나누는 선별 과정을 거친 후 포장된다.
- 생두가 균일하지 않은 경우 로스팅이 제대로 되지 않기 때문에, 이를 감안한 구매자의 요구에 따라 선별 과정이 이루어진다.

(4) 포장 및 보관

① 보장과 보관의 의미

- 탈곡을 마친 후 분류된 커피는 무게를 측정하여 통기성이 좋은 포대(bag)에 담아 포장한 후, 통풍이 잘되며 햇볕이 잘 들지 않고 너무 밝지 않은 창고에 보관한다.
- 적정한 수분함량 유지를 위해서는 보관하는 곳의 습도와 온도가 적정해야 한다.
- 일반적으로 워시드 커피는 내추럴 커피보다 보관 기간이 더 짧다.

② 포장 단위

생두의 포장 단위는 국제적인 표준 단위에 따르면 1포대 당 60kg이나, 국가마다 포장 단위가 조금씩 차이가 있다(ex. 콜롬비아의 포장 단위는 '70kg/bag').

생두의 보관 환경

- 보관 온도 : 20℃ 이하(고온에서는 부패, 저온에서는 백화현상 발생)
- 보관 습도 : 상대습도는 60% 정도
- 보관 고도 : 고지대에 보관하는 것이 저지대 보관의 경우보다 저장 수명이 더 길어짐
- 보관 장소의 대기성분 : 이산화탄소일 때 저장 수명이 더 길어짐

예상문제(OX, 단답형)

01 커피체리는 씨앗을 심은 후 보통 6~15년 정도에 가장 많은 수확량을 보인다.

( )

02 커피의 수확은 북반부의 경우 ( )에 이루어지며, 남반구의 경우 4월에서 8월 또는 9월까지 이루어지며 이 시기의 이른 아침이나 늦은 오후 시간에 주로 수확된다.

03 습식 가공 커피 생산국에서는 주로 스트리핑(Stripping) 방법을 이용하여 커피체리를 수확한다.

( )

04 여러 번에 걸쳐 잘 익은 커피체리만을 골라 수확하는 방법을 ( )이라고 한다.

05 핸드 피킹 방법이 스트리핑 방법보다 인건비 부담이 크다.

( )

06 커피나무에 손상을 줄 수도 있고 미성숙두 등이 포함되거나 품질이 균일하지 않은 수확 방법은 스트리핑이다.

( )

07 핸드 피킹(Hand Picking)은 스트립 피킹(Strip Picking)이라고도 하고, 스트피링(Stripping)은 셀렉티브 피킹(Selective Picking)이라고도 한다.

( )

08 기계에 의한 수확은 베트남에서 처음 개발되어 사용되기 시작하였다.

( )

09 기계에 의한 수확은 품질이 균일하지는 않으나 인건비가 절약되는 장점이 있으므로 하와이와 같은 노동력이 부족하고 임금은 비싼 지역에서 주로 시행되는 방법이다.

( )

10 습식법으로 생산된 커피를 '내추럴 커피(Natural coffee)' 또는 '언워시드 커피(Unwashed coffee)'라고 한다.

( )

11 건식법은 커피체리의 펄프를 제거하지 않고 자연 그대로 건조시키는 방법이고, 습식법은 펄프를 벗겨내 제거하는 펄핑작업을 한 후 건조시키는 방법이다.

( )

12 건식법은 물을 사용하지 않는 친환경적 공법으로, 물이 부족하여 건조하고 햇볕이 좋은 지역에서 주로 이용하는 전통적인 방법이다.

( )

13 세척 건조법에서는 수확한 체리의 이물질을 제거한 후 물에 띄워 무거운 체리와 가벼운 체리를 분리하여 세척하는데, 이때 무거운 체리를 (　　　　)라 하고, 가벼운 체리를 (　　　　)라고 한다.

14 건식법에서는 수확한 체리를 수분이 10~13% 정도가 될 때까지 건조시키는데, 통상 체리를 건조하는 데는 7~15일 정도가, 파치먼트를 건조하는 데는 12~21일 정도가 소요된다.

( )

15 건식법을 이용하면 건조 후에 과육이 생두에 흡수되지 않아 습식법에 비해 달콤함은 적고 가벼운 바디감을 느낄 수 있다.

( )

16 습식법은 '분리–발효–펄핑(Pulping)–세척–건조'의 과정을 거친다.

( )

17 펄프는 커피체리 무게의 40% 정도를 차지하며 수분과 당분이 많아 썩기 쉽고 해충이 번식할 가능성도 많으므로, 체리에서 펄프를 벗겨내는 펄핑 과정은 최대한 신속하게 작업해야 한다.

( )

18 건조법과 습식법 중에서 품질이 높고 균일한 상태의 생두를 얻을 수 있는 방식은 습식법이다.

( )

19 건식법은 콜롬비아, 케냐, 탄자니아 등과 같이 물이 풍부한 대부분의 아라비아 커피 생산국가에서 사용하며 습식법은 브라질, 에티오피아, 예멘, 인도네시아 등과 대부분의 로부스타종 생산국가에서 사용한다.

( )

20 건식법을 사용하면 콩이 전체적으로 노르스름하며 센터컷은 ( )색을 띤다. 습식법을 사용하면 콩이 녹색 빛을 띠고 센터컷은 ( )색에 가깝다.

21 체리 수확 후 펄핑을 한 다음 점액질이 묻어 있는 파치먼트 상태로 건조시키는 방법인 펄프드 내추럴 가공법은 건식법에 비해 건조 시간과 발효 위험이 증가한다는 단점이 있으나, 점액질이 파치먼트에 붙은 채로 건조되어 독특한 맛과 향을 지니게 되는 장점이 있다.

( )

22 세미 워시드는 체리 수확 후 펄프를 제거하고 점액질까지 물에 씻거나 기계로 제거해 건조시키는 방법으로, 전통적인 발효 과정은 거치지 않는 가공법이다.

( )

23 ( )는 주로 니카라과, 에티오피아, 엘살바도르 등에서 시행되는 가공법으로, 커피체리의 당도를 측정하여 잘 익은 커피체리만을 선별하여 수확한 후 펄핑을 한 다음 건조 테이블 위에서 햇볕 건조하는 방법이다.

24 커피체리에서 분리된 파치먼트 상태의 생두를 건조시키는 이유는 수분함유율을 12%로 낮춰 미생물의 증식을 막고 안전하게 보관할 수 있도록 하기 위해서이다.

( )

25 커피의 건조 시에 수분함유율이 10~11% 정도로 낮은 경우에는 커피 품질 하락과 중량 손실을 초래할 수 있고, 12%를 초과할 경우에는 탈곡 시 커피가 깨지기 쉽다.

( )

26 파치먼트 건조 시 파티오(Patio) 건조를 이용하면 7~15일 정도 소요되고, 건조대(Table) 건조를 이용하면 5~10일 정도 소요된다.

( )

27 건조대를 사용하여 건조하면 건조시간은 단축되나, 많은 노동력을 필요로 한다.

( )

28 기계 건조는 커피의 수분함유율이 20% 정도가 되면 로터리 건조기나 타워 건조기를 이용하여 수분 함유율을 낮추어 주는 방법인데, 워시드 커피보다는 내추럴 커피에 더 많이 사용된다.

( )

29 내추럴 커피의 체리 껍질 또는 껍질과 파치먼트를 제거하는 것을 헐링(Hulling)이라 하고, 워시드 커피의 파치먼트를 벗겨내는 것을 허스킹(Husking)이라고 한다.

( )

30 생두 표면에 붙은 실버스킨을 제거하여 생두에 윤기를 띠게 하는 폴리싱은 중량 손실을 가져온다는 단점이 있긴 하나, 생두의 외관을 좋게 하고 쓴맛을 줄여주어 상품 가치를 높여주는 효과가 있으므로 필수적인 과정이다.

( )

31 탈곡 후 분류된 커피는 포대(bag)에 담아 재봉하여 포장한 후, 통풍이 잘되며 햇볕이 잘 들지 않는 창고에 보관한다.

( )

32 생두의 포장 단위는 국제적인 표준 단위인 1포대당 60kg으로 모든 국가가 통일되어 있다.

( )

33 생두의 저장 수명을 늘리기 위해서는 저지대 보관보다는 고지대에 보관하는 것이 좋고, 보관 장소의 대기성분이 이산화탄소인 것이 좋다.

( )

34 일반적으로 워시드 커피가 내추럴 커피보다 보관 기간이 더 짧다.

( )

예상문제 정답

01 ○

02 9월~3월

03 ×

04 핸드 피킹

05 ○

06 ○

07 ×

08 ×

09 ○

10 ×

11 ○

12 ○

13 싱커(Sinker), 플로터(Floater)

14 ×

15 ×

16 ×

17 ○

18 ○

19 ×

20 노란, 하얀

21 ×

22 ○

23 허니 프로세스

24 ○

25 ×

26 ○

27 ○

28 ×

29 ×

30 ×

31 ○

32 ×

33 ○

34 ○

CHAPTER 05

커피의 분류 및 평가

1. 커피의 분류

(1) 생두의 등급 분류

① 크기에 따른 분류(스크린 분류, Screen Size)

- 생두의 크기에 따라 분류하는 것으로, 생두의 크기는 스크린 사이즈(Screen Size)로 결정된다.
- 1 스크린 사이즈는 '1/64인치'로, 대략 0.4mm이다(예를 들어 'Screen Size 18'은 18/64인치 구멍의 체를 통과하지 않는 콩을 의미하며, 크기는 대략 '7.2mm'가 됨).
- 일반적으로 생두의 크기가 클수록 등급이 높다.

② 분류표

- 다양한 크기의 생두를 체에 통과시켜서 20번에서 8번까지로 분류하는데, 20번은 대략 8mm(7.94mm), 8번은 대략 3mm(3.17mm)가 된다.
- 분류표는 다음과 같다.

<table>
<tr><th>스크린 No.</th><th>크기 (mm)</th><th>English</th><th>Spanish</th><th>Colombia</th><th>Africa, India</th><th>Hawaii, Jamaica</th></tr>
<tr><td>20</td><td>7.94</td><td>Very Large Bean</td><td rowspan="2">–</td><td rowspan="2">–</td><td>–</td><td rowspan="2">Extra Fancy</td></tr>
<tr><td>19</td><td>7.54</td><td>Extra Large Bean</td><td>AA</td></tr>
<tr><td>18</td><td>7.14</td><td>Large Bean</td><td rowspan="2">Superior</td><td rowspan="2">Supremo</td><td rowspan="2">A</td><td rowspan="2">Fancy, Blue Mountain No.1</td></tr>
<tr><td>17</td><td>6.75</td><td>Bold Bean</td></tr>
<tr><td>16</td><td>6.35</td><td>Good Bean</td><td rowspan="2">Segunda</td><td rowspan="2">Excelso</td><td rowspan="2">B</td><td>Blue Mountain No.2</td></tr>
<tr><td>15</td><td>5.95</td><td>Medium Bean</td><td>Blue Mountain No.3</td></tr>
<tr><td>14</td><td>5.55</td><td>Small Bean</td><td>Tercera</td><td>–</td><td>C</td><td>–</td></tr>
</table>

13	5.16	Peaberry	Caracol	–	PB	–
12	4.76					
11	4.30		Caracoli			
10	3.97					
9	3.57		Caracolillo			
8	3.17					

③ 재배 고도에 따른 분류

- 생두가 생산된 지역의 고도에 따라 분류하는 것을 말한다.
- 코스타리카와 과테말라는 최상급이 SHB(Strictly Hard Bean)이며, 멕시코와 온두라스, 엘살바도르는 최상급이 SHG(Strictly High Grown)이다.
- SHB와 SHG는 해발 고도가 1,500m 이상에서 생산된 커피 생두이며, HB와 HG는 1,000m~1,500m에서 생산된 커피 생두에 해당한다.

④ 결점두에 의한 분류

- 결점두는 생두가 비었거나, 곰팡이에 의해 발효된 경우, 벌레 먹은 경우 등 여러 이유로 손상된 것을 말한다.
- 생산국들은 샘플(300g)에 섞여 있는 결점두를 점수로 환산하여 분류한다(브라질은 No.2~6 등급으로 분류하며, 인도네시아는 Grade 1~6으로, 에티오피아는 Grade 1~8로 각각 분류함).

⑤ 국가별 분류

등급 기호	구체적 기준	해당 국가
AA – A – B – C – PB	스크린 사이즈에 따른 분류(커피 생두의 크기)	케냐, 탄자니아, 우간다, 잠비아, 짐바브웨, 말라위, 인도, 파푸아뉴기니, 푸에르토리코 등
SHB – HB	커피 생산 지역의 고도	코스타리카, 과테말라, 파나마 등
SHG – HG – LG	커피 생산 지역의 고도	멕시코, 온두라스, 엘살바도르, 니카라과, 페루 등
G1~G6	생두 300g당 결점두의 수	인도네시아
G1~G8	결점두의 수(점수)	에티오피아
Extra Fancy – Fancy – Caracoli No.1 – Prime	• 커피 생두 크기와 외관 • Peaberry는 크기와 관계없이 최상품으로 분류	하와이
Blue Mountain – High Mountain – PW	스크린 사이즈에 따른 분류	자메이카
Supremo – Excelso	커피 생두의 크기와 외관	콜롬비아

Tip

밀도 분류와 색깔 분류

- **밀도 분류** : 진동하는 경사진 테이블 위에 생두를 올려놓고 아래쪽에서 공기를 불어 주면, 가벼운 생두는 아래쪽으로 흘러가고 무거운 생두는 테이블 위에 남아 있는 원리를 이용한 분류이다. 이 경우 가운데로 모인 생두는 가벼운 것과 무거운 것이 섞여 있으므로, 다시 투입하여 분류한다.
- **색깔 분류** : 생두를 투입한 후 색깔에 따른 파장 차이를 인식하여 결점두를 제거하는 방식으로, 압축공기를 이용하는 방식이다. 밀도 분류 시행 후에 이루어지는 분류로, 사람의 손으로 일일이 하는 경우 이를 핸드소팅(Hand sorting)이라고 한다.

브라질의 맛에 따른 생두의 분류

브라질은 결점두에 의한 분류 외에 맛에 의한 분류(향미 등급)도 시행하고 있는데, 맛에 의한 분류의 경우 가장 우수한 등급부터 순서대로 나열하면 'Strictly Soft – Soft – Softish – Hard – Riada – Rio – Rio Zona'가 된다.

(2) SCAA(미국스페셜티커피협회) 분류법(Green Coffee Classification)

① SCAA(Specialty Coffee Association of America) 분류법의 의미

- SCAA의 분류법은 스페셜티 커피(Specialty coffee)의 분류에 사용되는 것으로, 커피 생산국가의 분류와는 구별되는 분류법이다.
- 커피를 스페셜티 그레이드(Specialty Grade)와 프리미엄 그레이드(Premium Grade)의 두 가지로 분류하며, 분류 기준에 의해 결점계수를 환산하여 분류하게 된다.

② 분류 기준(스페셜티 커피 기준)

항목	내용
샘플 중량	• 생두 : 350g • 원두 : 100g
수분함유량	• 워시드 커피 : 10~12% • 내추럴 커피 : 10~13%
콩의 크기	편차 5% 이내일 것
냄새	외부의 오염된 냄새(Foreign odor)가 없을 것
로스팅 균일성	퀘이커(Quaker)는 하나도 허용되지 않음(프리미엄 커피는 3개까지 허용) * Quaker는 원두의 로스팅 시 충분히 익히지 않아 색깔이 다른 콩과 구별되는 덜 익은 콩을 말함
향미 특성	• 커핑을 통해 샘플은 Fragrance/Aroma, Flavor, Acidity, Body, After taste의 부분에서 각기 독특한 특성이 있을 것 • 외부 냄새와 향미 결점이 없을 것(no fault & taint)

③ 결점두 선별(다음의 〈SCAA 기준 결점두〉에 따라 생두 샘플에 섞여 있는 결점두를 선별)

Category 1 Defects	의미와 발생원인
Full Black Bean (풀 블랙빈)	• 콩의 대부분이 검정색 • 너무 늦게 수확하거나 흙과 접촉하여 발효
Full Sour Bean (풀 사우어 빈)	• 콩의 대부분이 붉은 빛이 띠거나 황 · 갈색 • 너무 익은 체리나 땅에 떨어진 체리 사용, 과(過)발효나 정제 과정에서 오염된 물의 사용
Dried Cherry/Pod (드라이 체리/포드)	• 일부 또는 전체가 검은 외피에 둘러싸여 있음 • 잘못된 펄핑이나 탈곡
Fungus Damaged Bean (펑거스 데미지 빈)	• 곰팡이가 생겨 누르스름하거나 표면에 갈색이 보임 • 보관 상태에서 곰팡이가 발생
Severe Insect Damage Bean (시비어 인섹트 데미지 빈)	• 세 군데 이상 벌레 먹은 구멍이 있음 • 해충이 생두에 파고 들어가 알을 낳은 경우
Foreign Matter (포린 매터)	커피 이외의 외부 이물질(나뭇조각, 돌 등)이 있음

Category 2 Defects	의미와 발생원인
Partial Black Bean (파셜 블랙빈)	콩의 절반 미만이 검정색
Partial Sour Bean (파셜 사우어 빈)	콩의 절반 미만이 붉은 빛을 띠거나 황 · 갈색
Hull/Husk(헐/허스크)	• 드라이 체리/포드의 파편 • 잘못된 탈곡이나 선별 과정
Parchment/Pergamino (파치먼트)	• 일부 또는 전체가 마른 파치먼트에 둘러싸여 있음 • 불완전한 탈곡
Slight Insect Damage Bean (슬라이트 인섹트 데미지 빈)	세 군데 미만의 벌레 먹은 구멍이 있음
Floater Bean(플로터 빈)	• 색이 엷고 밀도가 낮음 • 부적당한 보관이나 건조
Broken/Chipped/Cut (브로컨/칩트/컷)	• 깨진 콩/콩의 파편 • 잘못 조정된 장비 또는 과도한 마찰력
Immature/Unripe Bean (이머춰/언라이프 빈)	• 발육 부진으로 녹색 빛을 띠거나 실버스킨이 붙어 있음 • 미성숙한 상태에서 수확
Withered Bean(위더드 빈)	• 엷은 녹색으로 표면에 주름이 있음 • 발육 기간 동안의 수분 부족
Shell(셸)	• 둥근 홈이 있는 기형 콩 • 유전적 원인

Black Bean

Sour Bean

④ 결점두 분류

결점두가 커피 품질에 미치는 영향에 따라 프라이머리 디펙트(Primary Defect) 그룹과 세컨더리 디펙트(Secondary Defect) 그룹으로 분류한 후 이를 풀 디펙트로 점수화하는데, 풀 디펙트가 작을수록 품질이 더 우수한 것으로 평가된다. 〈풀 디펙트(Full Defect) 환산표〉는 다음과 같다.

Primary Defect (프라이머리 디펙트)	Full Defect	Secondary Defect (세컨더리 디펙트)	Full Defect
Full Black(풀 블랙)	1	Partial Black(파셜 블랙)	3
Full Sour(풀 사우어)	1	Partial Sour(파셜 사우어)	3
Dried Cherry/Pod (드라이 체리/포드)	1	Parchment(파치먼트)	5
Fungus Damaged (펑거스 데미지)	1	Floater(플로터)	5
Severe Insect Damage (시비어 인섹트 데미지)	5	Immature/Unripe (이머춰/언라이프)	5
Foreign Matter (포린 매터)	1	Withered(위더드)	5
		Shell(셸)	5
		Broken/Chipped/Cut (브로컨/칩트/컷)	5
		Hull/Husk(헐/허스크)	5
		Slight Insect Damage (슬라이트 인섹트 데미지)	10

Tip

프라이머리 디펙트(Primary Defect)와 세컨더리 디펙트(Secondary Defect)

- 프라이머리 디펙트(Primary Defect) : 향미에 크게 영향을 미치는 결점두
- 세컨더리 디펙트(Secondary Defect) : 향미에 미치는 영향이 적은 결점두

⑤ 스페셜티 그레이드(Specialty Grade)

- **스페셜티 그레이드(Specialty Grade)의 조건 :** 스페셜티 그레이드가 되기 위해서는 프라이머리 디펙트(Primary Defect)(Category 1 Defects)는 한 개도 허용되지 않으며, 디펙트 점수(결점점수)가 5점 이내여야 한다. 또한 원두에 퀘이커(Quaker)가 한 개도 허용되지 않으며, 커핑 점수는 80점 이상이어야 한다.
- **프리미엄 그레이드(Premium Grade)의 조건 :** 프라이머리 디펙트(Primary Defect)(Category 1 Defects)가 허용되며, 디펙트 점수가 8점 이내여야 한다. 퀘이커(Quaker)의 경우는 3개까지 허용된다.

2. 생두의 평가

(1) 생두의 기간별 분류

- 일반적으로 생두가 오래될수록 품질은 떨어질 수밖에 없다.
- 생두 수확 후 경과된 기간을 기준으로 다음과 같이 분류할 수 있다.

구분	기간	수분함량	기타 특성
New Crop (새 커피)	수확 후 1년 이내의 생두	12~13%의 적정 함량	향미와 수분, 유지 성분이 풍부하며, 로스팅 시 열전도가 빠르다. 색깔은 대체로 짙은 초록(Dark green)이다.
Past Crop (오래된 커피)	수확 후 1~2년의 생두	11% 이하 (적정 함량에 미달)	향미와 수분, 유지 성분이 약하며, 로스팅 시 열전도가 느린 편이다. 색깔은 초록 내지 옅은 갈색(Light brown)이다.
Old Crop (아주 오래된 커피)	수확 후 2년 이상의 생두	9% 이하 (적정함량에서 많이 미달)	향미나 수분, 유지 성분이 매우 약하며, 로스팅 시 열전도도 아주 느리다. 색깔은 갈색(Brown)이며, 건초나 볏짚 향이 나는 특징이 있다.

(2) 좋은 생두의 조건

- 생두의 색깔이 밝은 청록색이고 밀도가 크며, 수분함량이 12~13%에 가까울수록 품질이 좋은 것으로 평가된다.
- 높은 고지대에서 생산될수록 향미가 우수하다.
- 결점두는 적어야 하고 크기가 균일할수록 좋은 생두가 된다.
- 같은 지역에서 생산된 생두의 경우, 크기가 클수록 더 좋은 품질로 인정된다.

예상문제(OX, 단답형)

01 일반적으로 생두의 분류 기준에는 생두의 크기, 재배 고도, (　　　　) 등이 있다.

02 생두의 크기를 분류하는 기준인 스크린 분류에 따르면 1 스크린 사이즈(Screen size)는 대략 0.4mm 이다.

(　)

03 일반적으로 생두의 크기가 작을수록 등급이 높다.

(　)

04 스크린 사이즈(Screen size) 15는 (　　　　)인치 구멍의 체를 통과하지 않는 콩을 의미하며 그 크기는 대략 (　　　　)mm가 된다.

05 크기가 다양한 생두를 체에 통과시켜 20번에서 1번까지로 분류하며, 20번은 대략 8mm, 1번은 대략 3mm가 된다.

(　)

06 스크린 사이즈 14는 'Small Bean'으로 분류하며, 스크린 사이즈 13 이하는 'Peaberry'에 해당한다.

(　)

07 영어로 'Extra Large Bean'으로 불리는 생두의 경우 아프리카와 인도에서는 'AA'로 불린다.

(　)

08 멕시코와 온두라스, 엘살바도르에서는 해발 고도 1,500m 이상에서 생산된 최상급 커피 생두를 SHB(Strictly Hard Bean)라 하고 코스타리카와 과테말라에서는 최상급 커피 생두를 SHG(Strictly High Grown)라 한다.

(　)

09 SHB와 SHG는 해발 고도가 1,500m이상에서 생산된 커피 생두이며, HB와 HG는 1,000m~1,500m에서 생산된 커피 생두에 해당한다.

(　)

10 인도네시아에서 사용하는 G1~G6이라는 등급 기호는 생두 400g당 결점두의 수를 기준으로 분류한 것이다.

( )

11 스크린 사이즈에 따른 분류로 'Blue Mountain – High Mountain – PW'를 쓰는 국가는 콜롬비아이다.

( )

12 브라질에서의 맛에 의한 분류(향미 등급)를 가장 우수한 등급부터 순서대로 나열하면 'Strictly Soft – Soft – Softish – Hard – ( ) – Rio – Rio Zona'가 된다.

13 하와이에서 Peaberry는 크기와 관계없이 최하품으로 분류된다.

( )

14 생두의 색깔에 따른 파장 차이를 이용하여 결점두를 제거하는 방식을 밀도 분류라 한다.

( )

15 SCAA(미국스페셜티커피협회)의 분류법에서수분함유량은 워시드 커피는 10~12%, 내추럴 커피는 10~13%이다.

( )

16 원두의 로스팅 시 충분히 익히지 않아 색깔이 다른 콩과 구별되는 덜 익은 콩을 퀘이커(Quaker)라 하는데, 스페셜티 커피와 프리미엄 커피 모두 퀘이커는 하나도 허용되지 않는다.

( )

17 SCAA 기준 결점두에서 시비어 인섹트 데미지 빈은 ( ) 군데 이상 벌레가 먹은 구멍이 있는 경우에 해당된다.

18 커피 이외의 외부 이물질이 들어 있는 경우에는 '펑거스 데미지 빈'에 해당된다.

( )

19 미성숙한 상태에서 수확하거나 발육 부진으로 녹색 빛을 띠고 실버스킨이 붙어 있는 경우에는 이머춰/언라이프 빈에 해당한다.

( )

20 콩의 절반 미만이 검정색인 경우, 파셜 블랙빈이라 하고, 콩의 절반 미만이 붉은 빛을 띠거나 황 · 갈색인 경우에는 파셜 사우어 빈이라 한다.

( )

21 발육 기간 동안 수분이 부족하여 엷은 녹색으로 표면에 주름이 생긴 결점두를 ( )이라고 한다.

22 결점두가 커피 품질에 미치는 영향에 따라 프라이머리 디펙트(Primary Defect)와 세컨더리 디펙트(Secondary Defect)로 구분할 수 있는데, 이를 출 디펙트로 점수화하였을 때 풀 디펙트가 작을수록 품질이 더 우수한 것으로 평가된다.

( )

23 프라이머리 디펙트는 향미에 미치는 영향이 적은 결점두를 말하고, 세컨더리 디펙트는 향미에 미치는 영향이 큰 결점두를 말한다.

( )

24 스페셜티 그레이드(Specialty Grade)가 되기 위해서는 디펙트 점수가 ( )점 이내여야 하고, 커핑 점수는 ( )점 이상이어야 한다.

25 스페셜티 그레이드와 프리미엄 그레이드 모두 프라이머리 디펙트는 허용되지 않는다.

( )

26 프리미엄 그레이드는 디펙트 점수가 8점 이내여야 하며 퀘이커는 3개까지 허용된다.

( )

27 새 커피일수록 오래된 커피에 비해 로스팅 시 열전도가 빠르다.

( )

28 좋은 생두일수록 색깔은 밝은 ( )이고 밀도가 크며, 수분 함량은 ( )%에 가깝다.

예상문제 정답

01 결점두

02 ○

03 ×

04 15/64, 6

05 ×

06 ○

07 ○

08 ×

09 ○

10 ×

11 ×

12 Riada

13 ×

14 ×

15 ○

16 ×

17 세(3)

18 ×

19 ○

20 ○

21 위더드 빈(Withered Bean)

22 ○

23 ×

24 5, 80

25 ×

26 ○

27 ○

28 청록색, 12~13

CHAPTER 06

커피의 원산지, 커피 생산과 소비

1. 커피의 원산지

(1) 아프리카 지역

① 에티오피아(Ethiopia)

- 아프리카 최대의 커피 생산국으로, 아라비카종의 원산지이다.
- 생산량의 절반이 해발 1,500m 이상의 고지대에서 생산되며, 커피 가공법으로 건식법과 습식법이 함께 사용되고 있다.
- 풍부한 꽃향과 허브향, 과일향 등 특유의 향과 뛰어난 신맛 등 독특한 맛을 가지고 있다.
- 화려한 맛과 향이 특징적이어서 '커피의 귀부인'으로 불리기도 한다.
- 대표적인 커피는 이가체페(Yirgacheffe)이며, 그밖에 짐마(Djimmah), 시다모(Sidamo), 코케(Koke), 리무(Limu), 하라(Harrar) 등이 알려져 있다.
- 하라는 건식법으로 생산되며, 크기에 따라 롱베리(Long berry)와 숏베리(Short berry)로 나뉜다.
- 결점두 수가 적을수록 등급이 높으며, 등급은 'G1, G2, G3 … G8'의 순으로 분류된다.
- 에티오피아 커피의 특징을 정리하면 다음과 같다.

품종	수확기	가공 방식	건조	분류(크기)	포장 단위
아라비카	10월~3월	건식법, 습식법	햇볕 건조	G1~G8	60kg

② 케냐(Kenya)

- 커피 재배에 가장 이상적인 기후를 지닌 국가로, 아라비카종만 생산되고 있다.
- 주로 해발고도 1,500m 이상의 서부 고원지대인 니에리(Nyeri), 메루(Meru), 무랑가(Muranga) 등에서 6월~12월 사이에 생산된다.
- 다양한 과일향과 감귤류의 가볍지 않은 산미가 뛰어나며, 단맛과 케냐 특유의 풍부한 바디감이 특징적이다.
- 주요 재배 품종은 KL28, KL34 등이다.
- 생두의 등급은 'AA, AB(또는 A, B), C'의 순으로 분류되며, 크기가 클수록 높은 등급을 부여한다.
- 케냐 커피의 특징을 정리하면 다음과 같다.

품종	수확기	가공 방식	건조	분류(크기)	포장 단위
아라비카	주로 10~12월, 6~7월	습식법	햇볕 건조	AA, AB(또는 A, B), C	60kg

③ 탄자니아(Tanzania)

- 주로 아라비카종이 생산되며 로부스타종도 소량 생산된다.
- 북쪽 지역의 화산지대와 서쪽 지역의 고원지대에서 대부분 생산되는데, 기후 특성이 반영되어 생두가 회녹색을 띤다.
- 캐러멜과 초콜릿 향, 너트 향이 잘 어우러져 적당한 신맛을 지닌 것으로 알려져 있다.
- 대부분의 지역에서 워시드 방식으로 가공하고 있으며, 빅토리아 호수 근처에서 내추럴 방식으로 가공하는 커피는 좋은 단맛과 무게감을 지니고 있다.
- 대표적인 커피로는 킬리만자로(Kilimanjaro) 커피가 유명하다.
- 탄자니아 커피의 특징을 정리하면 다음과 같다.

품종	수확기	가공 방식	건조	분류(크기)	포장 단위
주로 아라비카	6 ~10월	습식법	햇볕 건조	AA, A, B, C, PB	60kg

(2) 남아메리카 지역

① 브라질(Brazil)

- 세계 최대의 커피 생산국이자 수출국으로, 주로 아라비카종이 생산되며 로부스타 커피도 많이 생산되고 있다.
- 기후 조건과 토양 특성에 따라 다양한 품종의 커피가 생산된다.
- 주로 내추럴 커피가 생산되는데, 낮은 고도의 대규모 농장에서 재배되므로 밀도가 약해 중성적인 커피라 일컬어지고 있다.
- 미나스제라이스(Minas Gerais)는 생산의 50% 정도를 점유하는 최대 생산지이며, 그밖의 주요 산지로는 에스피리투산투(Espiritu Santo), 상파울루(Sao Paulo), 바이아(Bahia), 파라나(Parana) 등이 있다.
- 생두 등급은 결점두가 적을수록 높은 등급을 부여하고 있으며, 높은 등급부터 'No.2, No.3, No.4, No.5, No.6'로 나누어진다.
- 브라질 커피의 특징을 정리하면 다음과 같다.

품종	수확기	가공 방식	건조	분류(크기)	포장 단위
아라비카(70%), 로부스타(30%)	6~9월	주로 건식법, 펄프드워시드나 습식법도 시행	햇볕 건조와 기계 건조 병행	No.2~No.6	60kg

항구에서 유래한 커피 명칭

브라질의 '산토스(Santos)'와 예멘의 '모카(Mocha)'는 커피를 수출하는 항구의 이름에서 유래한 커피의 명칭이다.

② 콜롬비아(Colombia)

- 브라질 다음으로 아라비카 커피를 많이 생산하는 국가이다.
- 한 때 세계 최대의 커피 생산국이었으나, 현재는 워시드 커피 생산에서 세계 1위를 차지하고 있다.
- 안데스 산맥 지역에서 주로 생산되며, 1,400m 이상의 고지대에서 높은 품질의 커피가 재배되고 있다.
- 비옥한 화산재 토양과 온화한 기후, 적절한 강수량 등 이상적 재배 환경을 갖추고 있으며, 북부 지역의 경우 9~12월에 연 1회 생산하며 중부와 남부 지역은 연 2회 생산한다.
- 주요 생산지는 마니살레스(Manizales), 아르메니아(Armenia), 메데인(Medellin), 산타마르타(Santa Marta), 부카라망가(Bucaramanga) 등이 있다.
- 생두 등급은 크기에 따라 수프레모(Supremo)와 엑셀소(Excelso)로 분류된다.
- 콜롬비아 커피의 특징을 정리하면 다음과 같다.

품종	수확기	가공 방식	건조	분류(크기)	포장 단위
아라비카	북부 9~12월, 중 · 남부 연 2회	주로 습식법	햇볕 건조와 기계 건조 병행	Supremo~ Excelso	70kg

(3) 중앙아메리카 지역

① 멕시코(Mexico)

- 멕시코시티 남동쪽의 1,700m 이상의 고지대에서 주로 재배되며, 부드럽고 마시기 편한 커피로 알려져 있다.
- 주로 고지대에서 생산되므로 '알투라(Altura)'라는 명칭을 생산품에 붙여 수출한다.
- 최대 생산지는 남부 국경지대의 치아파스(Chiapas)이며, 그밖에 코아테펙(Coatepec), 오악사카(Oaxaca) 등이 주요 산지이다.
- 생두 등급은 해발고도가 높은 지역에서 생산된 커피일수록 높으며, 등급의 순서는 'SHG(Strictly High Grown), HG, Prime Washed, Good Washed'가 된다.
- 멕시코 커피의 특징을 정리하면 다음과 같다.

품종	수확기	가공 방식	건조	분류(크기)	포장 단위
주로 아라비카종, 로부스타 소량 생산	9~3월	주로 습식법, 일부 건식법 시행	주로 햇볕 건조	SHG~GW	69kg

② 과테말라(Guatemala)

- 태평양 연안 지역에서 주로 생산하며, 우기와 건기의 구분이 뚜렷해 커피 수확이 용이하다.
- 국토의 대부분이 미네랄이 풍부한 화산재 토양으로 이루어져 있으며, 화산에서 내뿜는 질소로 인해 스모크향이 커피에 흡입되어 스모크 커피의 대명사로 알려져 있다.
- 화산재 토양과 최적의 기후 조건을 갖춘 안티구아(Antigua)가 주요 생산지이며, 그밖에 코반(Coban), 우에우에테낭고(Huehuetenango), 아카테낭고(Acatenango), 산마르코스(San Marcos) 등이 유명하다.
- 생두를 재배 고도에 따라 분류하는 대표적인 국가이며, 생두 등급은 'SHB, HB, SH, EPW'의 순서가 된다.
- 과테말라 커피의 특징을 정리하면 다음과 같다.

품종	수확기	가공 방식	건조	분류(크기)	포장 단위
주로 아라비카종, 습식 로부스타 소량 생산	9~3월	주로 습식법	햇볕 건조와 기계 건조 병행	SHB~EPW	69kg

③ 코스타리카(Costa Rica)

- 국토 대부분이 무기질이 풍부한 약산성의 화산토양이고 기후가 온화하여, 면적당 커피 생산량이 많고 품질 또한 우수한 것으로 알려져 있다.
- 로부스타종의 재배를 법적으로 금하고 있어, 품질이 좋은 아라비카 커피만을 생산한다.
- 아라비카 커피 고유의 향미를 살릴 수 있는 습식 가공법을 주로 이용하고 있다.
- 가장 잘 알려진 재배 지역은 타라수(Tarrazu)이며, 그밖에 센트럴 벨리, 웨스트 벨리, 투리알바(Turrialba), 브룬카(Brunca) 등이 알려져 있다.
- 코스타리카 커피의 특징을 정리하면 다음과 같다.

품종	수확기	가공 방식	건조	분류(크기)	포장 단위
아라비카	10~3월	주로 습식법	햇볕 건조와 기계 건조 병행	SHB~ P(Pacific)	69kg

④ 엘살바도르(El Salvador)

- 비옥한 토질과 높은 해발고도, 기후 등의 조건이 커피 재배에 좋아 중앙아메리카 최대의 커피 생산국에 해당한다.
- 정치 · 경제적 사정으로 인해 대규모 농장 형태보다 전통적 가내수공업 방식으로 커피 재배가 이루어지고 있다.
- 주요 생산지는 아파네카 이라마테펙(Apaneca Ilamatepec)의 산악지대로, 산타아나(Santa Ana), 손소나테(Sonsonate), 아우아차판(Ahuachapan) 주에 걸친 지역에서 전체 커피의 60% 정도가 생산된다.

- 대부분 아라비카 커피만을 재배하며, 재배 품종에는 버번과 파카스(Pacas), 파카마라(Pacamara) 등이 있다.
- 높은 지역에서 생산된 커피에 최고 등급을 부여하며, 'SHG, HG, CS' 순서가 된다.

⑤ 온두라스(Honduras)

- 전 국토의 70~80%가 고지대 산악지형으로 이루어져 있고 화산재 토양을 갖추고 있으므로, 전 세계 커피 생산국 순위 10위 내에 포함되는 국가이다.
- 주로 서쪽 지역에서 생산되며, 대표적 생산지로는 산타바르바라(Santa Barbara), 코판(Copan), 오코테백(Ocotepeque), 렘피라(Lempira), 라파스(La Paz) 등이 있다.
- 해발고도가 높을수록 우수한 등급을 부여하며, 'SHG, HG, CS' 순서가 된다.

(4) 아시아 · 태평양 지역

① 예멘(Yemen)

- 최초로 커피의 상업적 재배를 시작한 나라로, 커피 대부분이 1,500m 이상의 서쪽 산악지역에서 생산된다.
- 국토의 대부분이 사막 지역으로 커피의 생산량이 매우 적으며, 전통적인 가내 수공업 방식으로 커피를 재배 · 가공한다.
- 대표적인 커피인 마타리(Matari) 또는 모카 마타리(Mocha Matari)는 세계 최대의 커피 무역항이었던 모카항에서 유래하였다.
- 하라지(Harazi), 이스마일리(Ismaili) 지역에서도 생산되고 있다.
- 예멘의 경우 공식적은 생두 분류 기준은 존재하지 않는다.

② 인도네시아(Indonesia)

- 세계 4위의 커피 생산국으로, 수마트라와 자바, 슬라웨시, 발리 등에서 주로 생산한다.
- 커피의 개성이 강하고 쓴맛과 좋은 바디감을 가지고 있는데, 그동안은 저평가 받아 왔으나 최근 고급화에 주력하고 있다.
- 대부분 로부스타를 재배하지만 아라비카종의 생산도 점차 늘려가는 추세이다.
- 커피는 연중 수확할 수 있으며, 대표적인 커피로는 만델링(Mandheling)이 유명하다.
- 결점두의 수가 적을수록 생두 등급이 높으며, 'Grade1(G1)~Grade6(G6)'의 순서가 된다.
- 인도네시아 커피의 특징을 정리하면 다음과 같다.

품종	수확기	가공 방식	건조	분류(크기)	포장 단위
주로 로부스타	연중 가능	습식법, 건식법	주로 햇볕 건조	G1~G6	60kg

코피 루왁(Kopi Luwak)

코피 루왁은 사향고양이가 먹어서 그 소화 기관을 통과한 커피 열매를 채취하여 만드는 인도네시아의 커피를 말하며, 시벳 커피(Civet coffee)라고도 한다. 일반적으로 사향고양이는 커피 열매를 먹어도 커피콩은 소화되지 않고 배설되는데, 이를 가공해 만든 루왁 커피는 그 희소성과 독특한 향미로 인해 고가로 거래되고 있다. 베트남에도 위즐 커피라 불리는 비슷한 커피가 있는데, 이는 베트남 원산의 족제비 종류가 먹은 뒤 배설물을 커피 열매로 만든 것을 말한다.

③ 하와이(Hawaii)

- 1825년경부터 커피 경작을 시작했으며, 미국 영토 중 커피 재배가 가능한 유일한 지역이다.
- 모라카이, 카우아이, 마우이 섬 등에서 재배가 이루어지나, 가장 큰 섬인 빅아일랜드(Big Island)의 코나(Kona) 지역에서 재배되는 '하와이 코나'라는 커피가 유명하다.
- 재배 지역은 북동 무역풍이 부는 열대성 기후의 화산지대로, 강수량이 풍부하여 커피 재배에 적합한 조건을 갖추고 있다.
- 폴리싱 과정을 거치기 때문에 생두가 매끈하면서도 짙은 녹색을 띤다.
- 생두의 크기에 따라 등급을 매기며, 등급이 높은 것부터 'Extra Fancy – Fancy – Caracoli No.1 – Prime'의 순서가 된다.
- 하와이 커피의 특징을 정리하면 다음과 같다.

품종	수확기	가공 방식	건조	분류(크기)	포장 단위
아라비카	9~3월	습식법	햇볕 건조	Extra Fancy ~Prime	45kg

세계 3대 커피

전통적으로 세계 3대 커피로 꼽히는 것은 자메이카의 '블루마운틴(Blue Mountain)', 하와이의 '하와이안 코나(Hawaiian Kona)', 예멘의 '모카 마타리(Mocha Mattari)'이다.

2. 커피의 생산과 소비

(1) 커피 생산

① 생산량 분류

- 2016년 생산량을 기준으로 할 때, 전 세계의 연간 커피 생산량은 대략 1억 5천 4백만 백(Bag)(60kg/Bag) 정도이다.
- 이 중 아라비카종이 전체의 약 63% 정도를, 로부스타종이 37% 정도를 차지하고 있다.

② 지역별 생산량

- 남아메리카가 전체 생산량의 절반 정도를 차지하고 있으며, 다음으로 아시아 · 태평양 지역, 중앙아메리카, 아프리카의 순서로 생산량이 많다.
- 단일 국가로는 브라질이 전체 생산량의 36% 정도를 차지하여 최대 생산국이며, 다음으로 베트남(약 16.6%), 콜롬비아(약 9.4%), 인도네시아(약 7.5%)의 순으로 커피 생산량이 많다.

동아시아의 커피 생산국

중국은 윈난(雲南)성 지역에서 커피를 생산하고 있으며, 대만은 서부 산악지역에서 일부 생산하고 있다.

(2) 커피 소비

① 커피 소비량

- 생산 국가에서 일부 소비되고 나머지는 다른 나라로 수출되어 소비된다.
- 2019년 소비량을 기준으로 할 때, 지역별 소비로는 유럽이 가장 많고, 다음으로 아시아 · 오세아니아 지역, 북아메리카, 남아메리카 지역의 순서가 된다.
- 단일 국가의 커피 소비량은 미국이 가장 많으며, 다음으로 브라질, 독일의 순서이다.
- 우리나라의 경우 아시아에서 일본 다음 순위에 위치하고 있다.
- 최근에는 중국의 커피 소비량이 급증하고 있다는 조사 결과도 있다.

② 1인당 커피 소비율

북유럽 국가인 핀란드, 노르웨이, 덴마크, 스웨덴이 높으며, 그밖에 아이슬란드, 스위스, 네덜란드, 벨기에, 독일 등의 국가가 높은 것으로 조사되고 있다.

국제커피기구(ICO) 지정 '국제 커피의 날'

국제커피기구(ICO)의 74개 회원국과 전 세계 26개 커피 협회가 10월 1일을 공식적인 '국제 커피의 날'로 공식 지정해 매년 이를 기념하고 있다. 국제 커피의 날은 커피의 다양성과 품질, 커피를 생산하는 농부들의 땀과 커피를 사랑하고 즐기는 문화를 기념하는 날로, 커피에 대한 생각을 함께 공유하고 커피 생산을 생업으로 하는 농부들을 지원하는 기회로 삼기 위해 지정한 날이라 할 수 있다.

예상문제(OX, 단답형)

01 뛰어난 신맛과 같은 독특하고 화려한 맛과 풍부한 꽃향과 허브향, 감귤계 과일향과 같은 특유의 향을 가지고 있어 '커피의 귀부인'으로도 불리는 커피는 (　　　　) 커피이다.

02 에티오피아 커피는 건식법만을 사용하고, 케냐 커피는 습식법만을 사용한다.

(　)

03 하라(Harrar)는 건식법으로 생산되며 색깔에 따라 롱베리(Long berry)와 숏베리(Short berry)로 나뉜다.

(　)

04 케냐의 생두 등급은 'G1~G8'로 구분된다.

(　)

05 탄자니아 커피는 캐러멜, 초콜릿, 너트 향이 잘 어우러진 적당한 신맛을 지녔다.

(　)

06 브라질은 세계 최대의 커피 생산국이자 수출국으로, 커피 생산 지역이 광활하여 기후 조건과 토양 특성에 따라 다양한 품종의 커피가 생산된다.

(　)

07 브라질에서는 주로 내추럴 커피가 생산되는데, 비교적 높은 고도의 대규모 농장에서 재배되어 밀도가 높은 커피로 알려져 있다.

(　)

08 예멘의 '모카(Mocha)'와 브라질의 '산토스(Santos)'는 모두 대규모 커피 축제가 열리던 광장의 이름에서 유래한 커피의 명칭이다.

(　)

09 콜롬비아는 브라질 다음으로 아라비카 커피를 많이 생산하는 국가이다.

(　)

10 마니살레스, 메데인, 우일라는 콜롬비아에서 생두를 크기에 따라 분류할 때 쓰는 명칭이다.

( )

11 수프레모(Supremo) 등급을 받은 최상급의 생두만을 사용한다고 알려져 있는 콜롬비아의 ( ) 커피는 마일드 커피의 대명사로 평가받는 콜롬비아 커피 중에서도 우수한 원두와 세계 최고 수준의 로스팅 기술로 완성된 프리미엄 커피 브랜드로 인정되고 있다.

12 멕시코 커피는 1,700m 이상의 고지대에서 주로 재배되며 화산에서 내뿜는 질소로 인해 스모크향이 커피에 흡입되어 있는 것이 특징이다.

( )

13 멕시코의 생두는 해발고도가 높은 지역에서 생산된 커피일수록 높은 등급을 부여 받으며, 'SHG(Strictly High Grown), HG, Prime Washed, Good Washed'의 순서이다.

( )

14 ( )는 고지대에서 생산되는 커피라는 뜻으로, 멕시코에서 이 이름을 붙여 수출한다.

15 커피 포장 단위가 69kg인 국가에는 멕시코, 과테말라, 코스타리카, 콜롬비아 등이 있다.

( )

16 과테말라의 유명한 커피 산지로는 코반(Coban), 우에우에테낭고(Huehuetenango), 아카테낭고(Acatenango), 산마르코스(San Marcos) 등이 있다.

( )

17 코스타리카는 국토 대부분이 약산성의 화산토양이라 품질은 우수하나, 면적당 커피 생산량이 많지는 않다.

( )

18 코스타리카는 아라비카 커피의 생산을 법적으로 금지하고 있어, 로부스타종만을 재배하고 있다.

( )

19 엘살바도르는 중앙아메리카 최대의 커피 생산국에 해당하나, 주로 대규모 농장 형태가 아닌 가내수공업 형태의 전통적 방식으로 커피 재배가 이루어지고 있다.

( )

20 온두라스와 엘살바도르 모두 생산 해발고도가 높을수록 우수한 등급을 부여하며 'SHG, HG, CS'의 순서로 나눈다.

( )

21 최초로 커피의 상업적 재배를 시작한 나라는 ( )이다.

22 인도네시아는 커피를 일 년 내내 수확할 수 있으며 대표적인 커피로는 만델링이 있다.

( )

23 사향고양이의 배설물에서 소화되지 않고 배설된 커피콩을 채취하여 만드는 인도네시아의 커피는 ( )으로, 그 희소성과 독특한 향미로 인해 고가로 거래되고 있다.

24 하와이는 커피는 폴리싱 과정을 거치지 않기 때문에 생두가 매끈하면서도 짙은 녹색을 띤다.

( )

25 전통적으로 세계 3대 커피로 꼽히는 것은 자메이카의 '블루마운틴(Blue Mountain)', 하와이의 '하와이안 코나(Hawaiian Kona)', 예멘의 '모카 마타리(Mocha Mattari)'이다.

( )

26 중국과 대만 등의 동아시아에서는 커피를 생산하지 않는다.

( )

27 전 세계의 커피 생산량을 보면 아라비카종이 로부스타종보다 더 많은 생산량을 차지하고 있다.

( )

28 지역별 생산량은 남아메리카, 아시아 · 태평양 지역, 중앙아메리카, 아프리카 순서로 많다.

( )

29 커피는 생산국가에서 대부분 소비되고 일부만이 다른 나라로 수출되어 소비된다.

( )

30 우리나라는 아시아에서 커피 소비량이 가장 많은 나라이다.

( )

31 1인당 커피 소비율이 가장 높은 나라는 핀란드이다.

( )

32 커피의 지역별 소비로는 유럽이 가장 많고, 단일 국가의 커피 소비량은 미국이 가장 많다.

( )

33 국제커피기구(ICO)의 회원국가 전 세계 26개 커피 협회가 지정한 '국제 커피의 날'은 ( )이다.

예상문제 정답

01 에티오피아
02 ×
03 ×
04 ×
05 ○
06 ○
07 ×
08 ×
09 ○
10 ×
11 후안 발데스
12 ×
13 ○
14 알투라(Altura)
15 ×
16 ○
17 ×
18 ×
19 ○
20 ○
21 예멘
22 ○
23 코피 루왁(Kopi Luwak)
24 ×
25 ○
26 ×
27 ○
28 ○
29 ×
30 ×
31 ○
32 ○
33 10월 1일

CHAPTER 07

우유와 물

1. 우유의 의미와 구성 성분

(1) 우유의 의미와 효능

① 우유의 의미

- 우유는 일반적으로 젖소의 젖을 의미한다.
- 우유는 분만 후 일주일 내에 나오는 초유와 이후에 나오는 정상유로 구분된다.
- 초유는 지방과 글로불린, 단백질의 함량이 높으며, 사람이 마시기에는 적합하지 않다.
- 정상유는 유백색을 띠고 특유의 풍미를 가지고 있으며, 영양소가 풍부하게 함유되어 있다.
- 우유는 커피를 더욱 부드럽게 하고 고소하게 해 주는 재료로서, 어떤 우유를 사용하느냐에 따라 커피의 맛이 크게 달라지기도 한다.

② 우유의 효능

- 단백질과 지방, 무기질, 비타민 등 영양성분이 골고루 포함되어 있어 성장발달에 좋다.
- 우유의 유당은 칼슘과 아연 등의 영양소가 체내에 잘 흡수될 수 있도록 촉진하며 뇌세포 활동에 필요한 포도당을 공급하는 역할을 한다.
- 칼슘을 풍부하게 함유하고 있어(약 1.2g/L) 성장과 골다공증 예방에 도움을 줄 수 있다.
- 탄수화물 과잉 섭취 시의 급격한 혈당 증가를 억제하고 비만 예방에 도움을 주며, 다이어트 시 부족하기 쉬운 칼슘을 보충하는데도 효과적이다.
- 그밖에 심장질환의 위험 예방, 좋은 콜레스테롤 수치의 증가, 성인병 예방 등에도 긍정적인 효과가 있다.

우유의 종류

- **살균우유** : 순간적 살균으로 해로운 유산균과 지방분해 효소를 완전히 사멸시킨 우유
- **멸균우유** : 세균의 포자까지 완전 사멸시킨 것으로, 상온에서 7주 이상 유통이 가능
- **무균질우유** : 우유 속 지방을 인위적으로 분해하지 않고 성분 그대로 상품화시킨 우유
- **균질우유** : 우유 속 지방이 떠서 엉기지 않도록 균질 공정을 거친 우유
- **탈지우유** : 우유에서 지방을 떼어 내서 지방 함유량을 0.1% 이내로 줄인 우유
- **저지방 우유** : 지방 함유량을 2% 이내로 줄인 우유

(2) 우유의 성분

① 우유의 성분 구성

우유는 수분(약 88%)과 단백질, 지방질, 탄수화물, 인, 칼슘, 무기물, 비타민 등 여러 종류의 성분으로 구성된다.

② 단백질

- 약 80%가 카세인이라는 단백질로 구성되며, 나머지는 유청단백질로 되어 있다.
- 생명활동의 촉매인 효소나 호르몬, 근육, 신경계, 적혈구 등을 공급하는 중요한 성분이다.
- 단백질의 영양학적 가치는 구성하고 있는 아미노산이 인체가 필요로 하는 아미노산을 얼마나 잘 충족시켜주는가에 따라 달라진다.
- 우유 단백질은 인체 내에서 합성되지 않는 필수 아미노산을 많이 함유하고 있다.
- 우유 거품의 형성에 가장 중요한 역할을 하는 성분이 우유 단백질이다.

우유 단백질

구분	내용
카세인 (Casein)	• 카세인은 여러 단백질의 집합체로서, 칼슘, 인, 구연산 등과 결합한 형태로 존재하고 있으며, 산에 의해 쉽게 응고되는 성질을 지님 • 우유 단백질의 대부분(80% 정도)을 차지하므로 우유의 색상과 질감에 관여하며, 모유 단백질의 20~45%를 차지함(모유의 1% 정도) • 위에서 형성된 카세인 덩어리는 혈액과 조직에 아미노산을 전달하는 과정을 조절하거나 도움 • 카세인의 등전점은 수소이온농도 4.6으로서, 우유에 산을 첨가하여 등전점에 도달하면 침전됨
유청단백질	• 카세인을 제외한 단백질로서, 알파-락트알부민(a-Lactalbumin)과 베타-락토글로불린(b-Lactoglobulin)이 주요 성분(약 80%)이며, 그 외 락토페린, 혈청알부민, 면역단백질 등 여러 단백질로 구성됨 • 산에 의해 침전하지 않지만 열에 의해 응고되는 열 응고성(열불안정성) 단백질이자, 가용성 단백질 • 베타-락토글로불린은 가열에 의해 변성되기 쉬운데, 우유를 40℃ 이상으로 가열하는 경우 생성되는 얇은 피막의 주성분이 됨 • 가열 시 베타-락토글로불린의 시스테인(Cysteine)으로부터 황화수소가 발생하며, 황화수소가 휘발되면서 가열취와 이상취를 만들게 됨
리포단백질 (Lipoprotein)	• 단백질과 인지질의 혼합물로서, 우유 지방구 표면에 흡착되어 지방구 주위에 안정된 박막을 형성함 • 우유의 유화제 같은 역할을 담당하며, 유탁질을 안정화시킴
비단백태질소화합물	우유에는 단백질 이외의 질소화합물이 소량 함유되어 있는데, 우유 전체 질소량의 약 5% 정도를 차지한다.

락토페린(우유 정제 단백질)

우유 속에 들어 있는 단백질 성분으로, 면역력을 높여 대장암 예방에 도움을 주며, 혈압 강하와 체중 및 내장 지방 감소에도 도움을 준다. 일반적으로 락토페린의 함유량은 우유보다 모유(초유)에 훨씬 많은데, 모유에 함유된 락토페린의 양이 1.5%인 데 비해 우유에 함유된 락토페린은 0.01%에 불과하다.

효소

효소는 생물체 내에서 활성화 에너지를 낮추어 물질대사의 반응 속도를 증가시키는 생체 촉매로서, 주성분이 유기물인 단백질로 이루어졌기 때문에 유기 촉매라고도 한다. 여기서 활성화 에너지는 화학 반응이 일어나는 데 필요한 최소한의 에너지를 말하는데, 활성화 에너지가 작을수록 반응 속도가 빠르고 활성화 에너지가 클수록 반응 속도가 느리다. 생물체 내의 반응은 각 단계마다 다른 종류의 효소가 관여하므로 효소의 종류는 상당히 많은 편인데, 사람의 체내에는 3000종 이상의 효소가 있는 것으로 알려져 있다.

③ 지방

- 우유의 지방은 우유의 맛을 결정하며, 영양학적으로는 에너지와 기타 지용성 비타민, 필수 지방산을 포함하는 중요한 성분이다.
- 우유의 지방 성분으로는 글리세라이드, 인지질, 스테롤, 지용성 비타민, 유리지방산 등이 있으며, 이 성분은 대부분 우유 지방구(脂肪球)에 존재한다.
- 우유의 지방구 크기를 소화되기 쉽게 잘게 부수는 균질화 과정을 거친 균질우유와 이 과정을 거치지 않은 무균질 우유로 구분할 수 있다.
- 균질화 과정을 거치는 경우 지방구가 미세하게 작아져 소화율이 높아지게 되고, 크림 라인이 형성되는 것을 방지할 수 있으며, 흰색에 가까운 우윳빛을 나타내게 된다.
- 지방은 우유를 데워 거품을 만드는 우유 스티밍 과정에서 단백질과 함께 거품의 안정성에 중요한 역할을 하는 성분이다.

우유 속의 콜레스테롤

콜레스테롤은 우유의 지방 성분의 하나이며 생명 활동에 필수적인 영양소로서, 매일 체내의 간에서 1,000~1,200mg이 합성된다. 우유 한 컵에 들어 있는 콜레스테롤 양(25mg 정도)은 결코 많은 편이 아니므로 문제없이 먹을 수 있다. 다만, 혈중 콜레스테롤 수치가 높은 사람의 경우는 적은 콜레스테롤도 문제가 될 수 있으므로, 지방을 제거한 탈지유나 저지방 우유를 먹는 것이 좋다.

④ 당질(유당)

- 우유에 포함되어 있는 당질의 대부분(99.8%)은 유당이다.
- 유당은 포유동물 특유의 당질로서 우유에 감미를 부여하지만, 자당에 비해 단맛이 훨씬 약하다(자당의 약 16% 수준).
- 유당은 95% 이상이 알코올, 에테르에 녹지 않으며, 냉수에도 잘 용해되지 않는다.
- 유당은 효소 락타제에 의해 가수분해되어 글루코스와 갈락토스 등의 단당류가 된다.

- 소장의 점막상피세포 외측막에 락타아제가 결손되면 유당의 분해 · 흡수가 되지 않아 장을 자극하여 통증과 설사가 유발될 수 있는데, 이런 현상을 유당불내증(Lactose Intolerance)이라 한다.

Tip

용어 정리(크림, 탈지유, 전유, 커드, 유청)

- **크림(Cream)과 탈지유** : 우유에서 지방이 풍부한 부분을 크림이라고 하며, 나머지 부분을 탈지유(Skimmed milk)라고 한다.
- **전유(全乳)(Whole milk)** : 탈지유와 달리 지방을 제거하지 않은 원래의 우유를 말한다.
- **커드(Curd)** : 탈지유에 산이나 응유효소(레닛)를 첨가했을 때 생성되는 응고물로, 주요 성분은 우유 단백질인 카세인(Casein)이다. 전유에 산이나 레닛(Rennet)을 첨가해 생성되는 커드에는 카세인과 지방질이 함유되어 있다.
- **유청(乳淸)** : 커드를 제거한 나머지의 (형광)황록색 수용액을 말한다. 유청은 유당을 주성분으로 하며, 그밖에 가용성 단백질(유청단백질), 무기질, 수용성 비타민 등을 함유하고 있다.

⑤ 무기질

- 무기질은 칼슘과 나트륨, 인, 철분, 구리 등의 미량원소를 말한다.
- 무기질 중에는 칼슘과 인이 가장 중요한데, 우유는 칼슘과 인의 좋은 공급원이 된다.
- 우유에는 특히 칼슘이 많아, 칼슘과 인의 함량 비율이 '1:1' 정도이다.
- 우유의 무기질 중에서 나트륨과 칼륨, 염소는 거의 완전한 용액으로, 일부분은 현탁액의 형태로 존재한다.

Tip

우유의 구성 성분과 인체에 미치는 영향(출처 : <우유한잔의 과학>)

단백질	카세인	알파 카세인, 베타 카세인	칼슘 흡수 촉진
		카파 카세인	위산 분비 억제
	유청	알파락트알부민	칼슘 흡수 촉진
		베타락토글로불린	비타민 A 공급 가능
		프로테오스펩톤	비피도박테리아 증식
		면역글로불린	질병 예방
		락토페린	철분 흡수 촉진, 유해균 억제
지방	지방산	지방산	에너지원
	인지질	레시틴(PS, PE 등)	두뇌 및 세포막 구성 성분
탄수화물	유당	알파유당	칼슘 흡수 촉진, 비피도박테리아 증식 촉진
		베타유당	에너지원, 뇌세포 구성 성분
미네랄	칼슘, 인	–	뼈 성장, 발육
	칼슘, 나트륨	–	체액 성분

2. 우유의 가공

(1) 우유의 살균법

① 저온 장시간 살균법(LTLT, Low temperature long time pasteurization)

- 이중 솥의 중간에 열수나 증기를 통하게 하여 우유를 가열 살균하는 방법으로, LTLT 살균법 또는 파스퇴르 살균법이라고도 한다.
- 일반적으로 62~65℃에서 30분간 가열 처리하며, 살균 중 가열 효과를 균일하게 하기 위해 교반기를 부착해 사용한다.
- 유산균과 단백질, 비타민이 살아 있어 영양 성분이 가장 뛰어나지만, 제조비용이 많이 들고 처리 시간이 길며 살균 효과도 떨어져 현재는 잘 사용되지 않는 방법이다.

② 고온 단시간 살균법(HTST, High temperature short time pasteurization))

- 우유를 열교환기에 통과시켜 단시간에 가열 살균하는 방법으로, HTST살균법이라고도 한다.
- 저온 장시간 살균법을 대신해 보급된 방법으로, 72~75℃에서 15초 정도만 가열 처리하므로 저온 살균법보다 더 효율적이다.
- 유산균과 단백질이 일부 파괴되지만, 제조비용이 적게 들고 유통 기한이 길며, 원유의 변화를 최소화할 수 있다는 장점이 있다.
- 대량의 우유를 연속적으로 살균함으로써 품질이 좋은 우유를 대량 생산할 수 있다.

③ 고온 순간 살균법(Flash pasteurization)

- 고온(80~95℃)에서 순간적으로 가열 처리하는 살균법으로, 유럽의 일부 국가에서 이용되고 있다.
- 저온 장시간 살균법에 비해 살균 효과는 높지만, 가열취가 발생하거나 유청단백질의 응고 및 갈변화 현상이 나타나므로 우유를 신선하게 유지하기가 어렵다.

④ 초고온 순간 살균법(UHT, Ultra high temperature sterilization)

- 130~150℃에서 2초 내외(1~5초)로 순간 살균하는 방법으로, 대량 생산과 살균 효과의 극대화에 유용하여 현재 가장 많이 이용되는 살균법이다.
- 우유를 80~83℃에서 2~6분간 예열한 다음 몇 개의 열교환기를 통과하는 과정에서 순간적으로 살균하는데, 가열에 의해 단백질이 타서 고소한 맛이 나며, 미생물이 완전히 사멸하는 이상적인 멸균 방법에 해당한다.

(2) 커피와 우유

① 커피에 적합한 살균우유

- UHT 방법으로 살균한 우유는 우유를 데웠을 때 고소한 맛과 단맛이 강하기 때문에 커피에

사용하기 좋은 우유가 된다.

- 멸균우유는 유통기한이 길지만, 살균우유보다 맛이 떨어지므로 커피 전문매장에서는 피하는 것이 좋다.

② 멸균우유

- 멸균우유는 모든 세균의 포자까지 완전 사멸시킨 우유로, 상온보관이 가능하며 통상 6~7주간 유통이 가능하다.
- 커피에 넣을 경우 70℃ 정도로 데워 고소하면서 달콤한 맛이 극대화되도록 하는 것이 좋다.
- 겨울에는 75℃ 정도로 조금 높은 온도로 데우고, 여름에는 68℃ 정도로 조금 덜 뜨겁게 데우는 것이 가장 적당하다고 알려져 있다.

③ 우유 스티밍(Milk Steaming)

- 우유 스티밍이란 에스프레소 머신의 보일러에서 만들어진 수증기를 이용해 우유를 데우고 거품을 만드는 것을 말한다.
- 보일러에서 만들어진 수증기가 스팀 노즐을 통해 분출되면서 주변의 공기가 유입되고, 그 공기가 피처 안의 우유와 결합하면서 거품이 만들어진다.
- 커피 메뉴 중 Variation 음료에는 대부분 우유가 들어가므로, 적절한 온도로 우유를 데우는 것과 작고 부드러운 벨벳 폼(Velvet Foam)으로 만들어 주는 기술이 중요하다고 할 수 있다.

Tip

좋은 우유 거품(Milk Foam)을 만들기 위한 조건

- 좋은 우유 거품을 만들기 위해 사용되는 우유는 지방이 있는 전지우유(Whole Milk)가 지방이 없는 탈지우유(No Fat Milk)보다 좋다.
- 초고온 순간 살균법(UHT)으로 살균한 우유가 저온 장시간 살균법(LTLT)으로 살균한 우유보다 더 안정된 거품을 만들 수 있다.
- 우유의 저장 기간이 짧고 신선해야 좋은 우유 거품을 만들 수 있다.
- 온도가 낮을수록 우유 거품을 만드는 시간이 충분히 확보되므로, 밀도가 높고 안정된 거품을 만들기 위해서는 온도가 낮아야 한다.
- 낮은 온도에 우유를 보관해야 한다. 보관 온도가 5℃ 상승할 때마다 유통기한은 반으로 줄어든다.

우유 스티밍(Milk Steaming)에 필요한 재료

- **우유** : 스티밍에 사용되는 우유에는 일반 우유, 저지방 우유, 무지방 우유, 두유 등이 있다. 우유의 지방이 적을수록 폼을 만들기 어렵기 때문에 유의하며 스티밍을 해야 한다.
- **스팀피처** : 우유를 데우는 통으로 밀크저그로도 불린다. 대개 스테인리스로 되어 있으며, 테프론 코팅을 하여 내열성이 강하고, 열손실을 막아 준다.
- **온도계** : 온도가 너무 높으면 우유에 비린 맛이 나고, 온도가 너무 낮으면 자칫 우유가 밋밋해질 수 있으므로 적당한 온도로 스티밍해야 한다. 우유의 적당한 스티밍 온도는 70℃이다.

④ 라떼아트

- 에스프레소에 스팀우유를 이용하여 다양한 예술작품을 만들어 내는 것을 말한다.
- 나뭇잎, 꽃, 로제타, 동물, 캐릭터 등의 표현 방법이 있고, 잔의 모양이나 따르는 높이에 따라 표현하기 때문에 에스프레소 크레마, 고운 우유 거품, 바리스타의 숙련된 솜씨가 중요한 요소이다.

3. 물

(1) 물의 의미와 종류

① 인체의 물

- 물은 인체 구성의 60~70%를 차지하는 중요한 요소이다.
- 체온유지, 산소운반, 영양분 흡수 등의 생리적 작용을 한다.
- 성인은 하루 2~3L 가량의 수분이 요구되고, 몸에서 수분이 10% 이상 상실되면 몸에 이상이 나타나고, 30% 이상을 상실하면 사망에 이르게 된다.

② 커피의 물

- 커피 추출액의 구성 성분 중 물이 차지하는 비중은 98~99%이므로 커피의 맛에 물이 영향을 미치지 않는다고 볼 수 없다.
- 같은 원두에 서로 다른 물을 가지고 커피를 추출하면 맛과 향이 다르게 나온다.

③ 물의 종류

- 물은 수증기, 눈, 얼음 이외에 바닷물, 강물, 지하수, 우물물, 빗물, 온천수 등으로 존재한다.
- 물의 순환이란 태양에너지에 의하여 물이 대기, 지상, 지하, 해양으로 자연적으로 이동하게 되는 것을 말한다.
- 강수란 대기 중의 수증기가 대기온도의 변화에 의해 응결되어 비, 눈 등의 형태로 내리게 되는 것을 말한다.

(2) 상수처리

① 상수원

- 상수원은 식수로 사용하는 물의 원천지이다.
- 수질이 좋고 수량이 풍부해야 하며 급수지역과 가급적 가까워야 하고 가능한 주위에 오염원이 없어야 한다.
- 급수지역보다는 높은 곳에 위치해야 급수가 용이하다.

② 여과법

- 여과속도가 느린 사여과법인 완속사여과법과 여과속도가 빠른 사여과법인 급속사여과법이 있다.
- 급속사여과법은 여과속도가 120m/일로 완속사여과법의 10~50배의 속도에 달한다.

③ 소독법

염소 소독법	• 잔류효과가 크고 가격이 저렴하여 수돗물 소독에 널리 쓰임 • 염소는 활성이 강해서 부식성이 있고, 낮은 농도에서도 살균력을 가지고 있지만 소독력에 있어 오존 소독이나 자외선 소독보다 살균력이 떨어짐 • 사전 염소처리는 여과 시 수생식물 번식 방지로 정수 효과를 높이기 위함이고, 사후 염소처리는 안전한 살균을 위함임
오존 소독	• 강한 산화력을 가진 오존(O_3)을 이용하여 소독하는 방법 • 강한 살균력과 침전물이나 이취를 발생시키지 않는 장점이 있지만, 비용이 많이 들고 잔류성이 떨어진다는 단점이 있음
자외선 소독	• 파장이 200~300nm인 자외선을 이용하여 소독하는 방법 • 살균력이 강하나 비용이 많이 들고 지속성이 떨어짐

염소의 성질

염소는 오존이나 자외선보다는 살균력이 떨어져 바이러스를 살균하지 못한다. 그리고 페놀과 화합하여 불쾌한 냄새를 발생시키고, 발암성 물질인 트리할로메탄(THM)을 생성하고, 기타 유해 염소 화합물을 생성시키는 2차적인 피해를 낳기도 한다.

예상문제(OX, 단답형)

01 초유는 지방과 글로불린, 단백질의 함량이 높아 정상유보다 사람이 마시기에 적합하다.

( )

02 우유에서 지방을 떼어 내서 지방 함유량을 0.1% 이내로 줄인 우유를 ( ) 우유라고 하며 지방 함유량을 2% 이내로 줄인 우유를 ( ) 우유라고 한다.

03 우유는 단백질과 지방, 무기질, 비타민 등 영양성분이 골고루 포함되어 있어 성장발달에 좋다.

( )

04 우유의 단백질은 약 80%가 유청단백질로 구성되며 나머지는 카세인이라는 단백질로 구성되어 있다.

( )

05 유청단백질은 산에 의해 침전하지 않지만 열에 의해 응고되는 열 응고성(열불안정성) 단백질이자, 가용성 단백질이다.

( )

06 락토페린은 우우 속에 들어있는 단백질 성분으로, 면역력을 높여 대장암 예방에 도움을 주며, 혈압 강하와 체중 및 내장 지방 감소에도 도움을 주는 기능을 가지고 있다.

( )

07 효소는 생물체 내에서 활성화 에너지를 높여 물질대사의 반응 속도를 빠르게 해주는 생체 촉매이다.

( )

08 우유는 우유의 지방구 크기를 소화되기 쉽게 잘게 부수는 균질화 과정을 거친 ( ) 우유와 이 과정을 거치지 않은 ( ) 우유로 구분할 수 있다.

09 우유에는 콜레스테롤이 들어있지 않기 때문에 혈중 콜레스테롤 수치가 높은 사람도 부담 없이 마실 수 있다.

( )

10 탈지유에 산이나 응유효소를 첨가했을 때 생성되는 응고물을 커드(Curd)라 하고, 이 커드를 제거한 나머지의 (형광)황록색 수용액을 유청이라 한다.

( )

11 유당불내증(Lactose Intolerance)이란 소장에서 유당을 과잉 흡수하여 변비가 유발되는 증상을 말한다.

( )

12 저온 장시간 살균법(LTLT)은 파스퇴르 살균법으로도 불리는데, 이중 솥의 중간에 열수나 증기를 통하게 하여 우유를 가열 살균하는 방법으로 일반적으로 62~65℃에서 30분간 가열 처리한다.

( )

13 고온 단시간 살균법(HTST)을 사용하면 유산균과 단백질, 비타민이 살아 있어 영양 성분이 가장 뛰어나지만, 제조 비용이 많이 들고 다른 살균법에 비해 살균 효과도 떨어져 현재는 잘 사용되지 않는 방법이다.

( )

14 저온 장시간 살균법과 고온 단시간 살균법 중 유통 기한이 길고 원유의 변화를 최소화할 수 있으며 대량의 우유를 연속적으로 살균할 수 있어 더 효율적인 살균법은 저온 장시간 살균법이다.

( )

15 80~95℃에서 순간적으로 가열 처리하여 저온 장시간 살균법에 비해 살균 효과는 높지만, 가열취가 발생하거나 유청단백질의 응고 및 갈변화 현상이 나타나 우유를 신선하게 유지하기는 어려운 살균법은 ( )이다.

16 UHT방법으로 살균한 우유는 우유를 데웠을 때 고소한 맛과 단맛이 강하기 때문에 커피에 사용하기 좋다.

( )

17 멸균우유는 모든 세균의 포자까지 완전히 사멸시킨 우유로 상온보관이 가능하며 통상 6~7주간 유통이 가능하다.

( )

18 좋은 우유 거품을 만들기 위해서는 지방이 없는 탈지우유가 지방이 있는 전지우유보다 좋다.

( )

19 온도가 높을수록 순간적으로 발생하는 거품의 양이 많아지므로 밀도가 높고 안정된 거품을 만들기 위해서는 온도가 높아야 한다.

( )

20 우유의 적당한 스티밍 온도는 ( )℃이다.

21 물은 커피의 맛에 크게 영향을 미치지 않기 때문에 서로 다른 물을 가지고 커피를 추출하더라도 같은 원두를 사용한다면 커피의 맛과 향이 비슷하게 나온다.

( )

22 잔류효과가 크고 가격이 저렴하여 수돗물 소독에 널리 쓰이는 소독법은 염소 소독법이다.

( )

23 오존 소독과 자외선 소독은 비용은 많이 드나 지속성이 높은 소독법이다.

( )

예상문제 정답

01 ×

02 탈지, 저지방

03 ○

04 ×

05 ○

06 ○

07 ×

08 균질, 무균질

09 ×

10 ○

11 ×

12 ○

13 ×

14 ×

15 고온 순간 살균법

16 ○

17 ○

18 ×

19 ×

20 70

21 ×

22 ○

23 ×

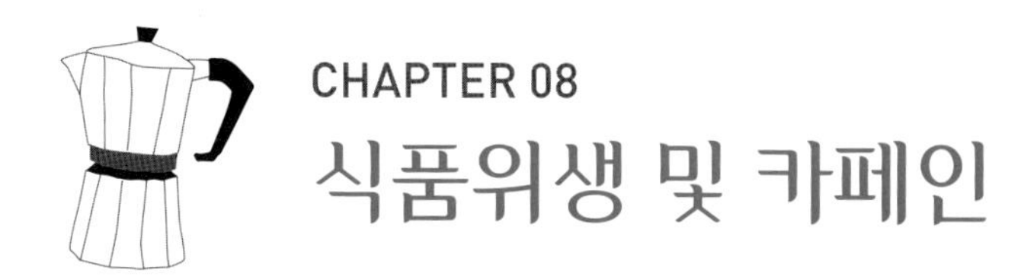

CHAPTER 08

식품위생 및 카페인

1. 식품위생

(1) 식품위생의 의미와 관련 법령 규정

① 식품위생의 의미

- 식품위생은 식품의 재배 · 생산 · 제조로부터 최종적으로 사람에 섭취되기까지의 모든 단계에 걸친 식품의 안정성, 건전성 및 완전무결성을 확보하기 위해 필요한 모든 수단을 말한다(세계보건기구의 환경위생전문위원회 정의).
- 식품 재료의 생산에서부터 최종 소비까지를 모두 포괄하는 것으로, 최종 소비자가 완전무결한 식품을 확보할 수 있는 조건을 규정하고 있다는 점에서 의의가 있다.

② 식품위생법의 용어 정의(「식품위생법」 제2조)

㉠ "식품"이란 모든 음식물(의약으로 섭취하는 것은 제외함)을 말한다.

㉡ "식품첨가물"이란 식품을 제조 · 가공 · 조리 또는 보존하는 과정에서 감미(甘味), 착색(着色), 표백(漂白) 또는 산화방지 등을 목적으로 식품에 사용되는 물질을 말한다. 이 경우 기구(器具) · 용기 · 포장을 살균 · 소독하는 데에 사용되어 간접적으로 식품으로 옮아갈 수 있는 물질을 포함한다.

㉢ "화학적 합성품"이란 화학적 수단으로 원소(元素) 또는 화합물에 분해 반응 외의 화학 반응을 일으켜서 얻은 물질을 말한다.

㉣ "위해"란 식품, 식품첨가물, 기구 또는 용기 · 포장에 존재하는 위험요소로서 인체의 건강을 해치거나 해칠 우려가 있는 것을 말한다.

㉤ "영업"이란 식품 또는 식품첨가물을 채취 · 제조 · 가공 · 조리 · 저장 · 소분 · 운반 또는 판매하거나 기구 또는 용기 · 포장을 제조 · 운반 · 판매하는 업(농업과 수산업에 속하는 식품 채취업은 제외함)을 말한다.

㉥ "식품위생"이란 식품, 식품첨가물, 기구 또는 용기 · 포장을 대상으로 하는 음식에 관한 위생을 말한다.

㉦ "식품이력추적관리"란 식품을 제조 · 가공단계부터 판매단계까지 각 단계별로 정보를 기록 · 관리하여 그 식품의 안전성 등에 문제가 발생할 경우 그 식품을 추적하여 원인을 규명하고 필요한 조치를 할 수 있도록 관리하는 것을 말한다.

ⓞ "식중독"이란 식품 섭취로 인하여 인체에 유해한 미생물 또는 유독물질에 의하여 발생하였거나 발생한 것으로 판단되는 감염성 질환 또는 독소형 질환을 말한다.

③ 위해식품 등의 판매 금지(「식품위생법」 제4조)

㉠ 썩거나 상하거나 설익어서 인체의 건강을 해칠 우려가 있는 것

㉡ 유독 · 유해물질이 들어 있거나 묻어 있는 것 또는 그러할 염려가 있는 것. 다만, 식품의약품안전처장이 인체의 건강을 해칠 우려가 없다고 인정하는 것은 제외한다.

㉢ 병(病)을 일으키는 미생물에 오염되었거나 그러할 염려가 있어 인체의 건강을 해칠 우려가 있는 것

㉣ 불결하거나 다른 물질이 섞이거나 첨가(添加)된 것 또는 그 밖의 사유로 인체의 건강을 해칠 우려가 있는 것

㉤ 식품위생법 제18조에 따른 안전성 심사 대상인 농 · 축 · 수산물 등 가운데 안전성 심사를 받지 아니하였거나 안전성 심사에서 식용(食用)으로 부적합하다고 인정된 것

㉥ 수입이 금지된 것 또는 「수입식품안전관리 특별법」에 따른 수입신고를 하지 아니하고 수입한 것

㉦ 영업자가 아닌 자가 제조 · 가공 · 소분한 것

Tip

식품의 '변질' 관련 용어의 구분

- **변질** : 식품의 변질 중 바람직한 방향으로 식품의 질을 변화시킨 변질은 좋은 것으로 평가되는데, 이를 '발효(fermentation)'라고 하며, 나쁜 방향으로 변질된 경우에는 단백질의 경우 '부패(putrefaction)', 지방은 '산패(rancidity)', 그 외 탄수화물 등의 성분은 '변패(deterioration)'라고 한다.
- **발효** : 식품에 미생물이 작용하여 식품의 성질을 변화시키는 현상으로, 그 변화가 인체에 유익한 경우를 말한다. 주로 당과 같은 탄수화물로부터 각종 유기산, 알코올 등이 생산되는 것을 말하는데, 치즈와 야쿠르트, 술, 식빵, 간장, 된장 등은 모두 바람직한 변질로서 발효의 원리를 이용한 식품들이다.
- **부패** : 단백질 식품이 미생물(혐기성 세균 등)의 번식에 의해 분해를 일으켜 악취를 내고 유해성 물질이 생성되는 현상을 말한다.
- **산패** : 지방이 나쁘게 변질되어 상한 것을 말한다. 주로 유지(油脂, lipid)나 유지식품이 보존 · 조리 · 가공 중에 변질되어 불쾌한 냄새가 나고, 맛 · 색 · 점성 · 산가 등의 변화로 품질이 낮아지는 현상을 말한다.
- **변패** : 단백질과 지방 이외의 성분을 가진 식품이 변질되는 현상을 말한다. 상추를 오래 보존하면 흐늘흐늘해지거나 당질 · 탄수화물이 많은 과일 등이 나쁘게 변질되는 것을 변패의 예로 들 수 있다.

④ 영업자 등의 건강진단(「식품위생법」 제40조)

㉠ 총리령으로 정하는 영업자 및 그 종업원은 건강진단을 받아야 한다. 다만, 다른 법령에 따라 같은 내용의 건강진단을 받는 경우에는 이 법에 따른 건강진단을 받은 것으로 본다.

㉡ 건강진단을 받은 결과 타인에게 위해를 끼칠 우려가 있는 질병이 있다고 인정된 자는 그 영업에 종사하지 못한다.

㉢ 영업자는 ㉠을 위반하여 건강진단을 받지 아니한 자나 ㉡에 따른 건강진단 결과 타인에게 위해를 끼칠 우려가 있는 질병이 있는 자를 그 영업에 종사시키지 못한다.

㉣ 건강진단의 실시방법 등과 타인에게 위해를 끼칠 우려가 있는 질병의 종류는 총리령(식품위생법 시행규칙)으로 정한다.

영업에 종사하지 못하는 질병의 종류(「식품위생법 시행규칙 제50조」)

법 제40조 제4항에 따라 영업에 종사하지 못하는 사람은 다음의 질병에 걸린 사람으로 한다.

㉠ 「감염병의 예방 및 관리에 관한 법률」 제2조 제3호 가목에 따른 결핵(비감염성인 경우는 제외한다)

㉡ 「감염병의 예방 및 관리에 관한 법률 시행규칙」 제33조 제1항 각 호의 어느 하나에 해당하는 감염병(콜레라, 장티푸스, 파라티푸스, 세균성이질, 장출혈성대장균감염증, A형간염)

㉢ 피부병 또는 그 밖의 화농성(化膿性)질환

㉣ 후천성면역결핍증(「감염병의 예방 및 관리에 관한 법률」 제19조에 따라 성매개감염병에 관한 건강진단을 받아야 하는 영업에 종사하는 사람만 해당한다)

⑤ 식품위생교육(「식품위생법」 제41조)

㉠ 대통령령으로 정하는 영업자 및 유흥종사자를 둘 수 있는 식품접객업 영업자의 종업원은 매년 식품위생에 관한 교육(식품위생교육)을 받아야 한다.

㉡ 제36조 제1항 각 호에 따른 영업을 하려는 자는 미리 식품위생교육을 받아야 한다. 다만, 부득이한 사유로 미리 식품위생교육을 받을 수 없는 경우에는 영업을 시작한 뒤에 식품의약품안전처장이 정하는 바에 따라 식품위생교육을 받을 수 있다.

㉢ 영업자는 특별한 사유가 없는 한 식품위생교육을 받지 아니한 자를 그 영업에 종사하게 하여서는 아니 된다.

(2) 식재료 검수 및 저장

① 식재료 검수시의 온도 조건

일반채소	상온에서 신선도 확인
전처리된 채소	10℃ 이하에서 검수
냉장제품	5℃ 이하에서 검수
냉동제품	냉동상태 유지, 녹은 흔적이 없어야 함

② 적절한 저장 온도

상온 저장	15~25℃에서 보관
건조 저장	15~21℃의 온도에서 50~60% 상태의 습도를 유지
냉장 저장	5℃ 이하에서 보관(상하기 쉬운 재료는 3℃ 정도를 유지)
냉동 저장	−18℃ 이하에서 보관

세균의 번식 온도

통상적으로 일반 세균이 가장 잘 번식하는 온도는 25~37℃이다.

③ 냉장고와 냉동고의 관리

- 온도를 주기적으로 측정 · 기록하며, 주 1회 이상 청소와 소독을 실시한다.
- 식품별로 적정한 온도에 보관하되, 교차오염을 방지할 수 있도록 적절히 분리 · 보관한다.
- 식재료의 위생적 관리를 위해 냉장고와 냉동고는 내부용적의 70% 이하만 채운다.

식품 온도계 사용 지침

- 온도계는 깨끗이 씻고 소독한 후에 사용하며, 사용 후 깨끗한 케이스에 보관한다.
- 정확성을 유지하기 위해 정기적으로 눈금(calibration)을 체크한다.
- 음식 온도를 측정하기 위해 유리 온도계는 사용을 금한다.
- 식품의 가장 깊은 곳까지 찔러 온도를 측정하되, 감지부분이 바닥이나 가장자리에 닿지 않도록 한다.
- 온도를 읽기 전 충분한 시간을 기다린다(최소 15초 이상).

④ 적절한 저장 방법 및 점검 사항

저장 방법	위생관리를 위한 점검 사항
식재 · 비식재를 구분하여 보관한다.	식재료 종류별 구분 보관
식자재는 바닥에서 15cm 이상 높이에 보관한다(바닥 방치 금지).	
적정한 온도와 습도를 유지하고 1일 1회 확인하며, 곰팡이가 발생치 않도록 한다.	냉장, 냉동 온도 유지 및 지속적 확인
소분 보관 시 제품명과 유통기한 등을 반드시 표기한다.	식자재 보관리스트를 통해 보관기간 관리
선입선출(First In First Out)이 가능하도록 한다.	선입선출 관리(Data Mark)법에 따라 관리
방충과 방서 등을 확인하여 오염된 제품이 발견될 경우 즉시 폐기한다.	• 개봉한 식재는 밀봉 후 표기 후 보관 • 손상방지를 위한 적절한 포장상태로 관리 • 주기적인 청소 관리 실시

선입선출법(First In First Out)

먼저 구입한 물품을 항상 먼저 사용할 수 있도록 하는 방법으로, 부패나 변질 우려가 있는 제품의 사용 방법으로 주로 활용된다. 이를 위해서는 먼저 구입한 것을 선반 앞쪽에 진열하여 바로 알 수 있도록 하는 것이 필요하다.

(3) 커피 제조 단계별 위생관리

① 입고 단계

먼저 구입한 물품을 선반 앞쪽에 진열하는 선입선출법을 항상 이용할 수 있도록 하여, 부패나 변질 가능성이 높은 식품을 먼저 사용할 수 있도록 한다.

② 보관 및 저장 단계

- 구입한 식품이나 재료의 특성에 따라 창고와 냉장고, 냉동고 등에 구분 · 보관한다.
- 냉장고(5℃ 이하)와 냉동고(−18℃ 이하)의 적정 온도 유지를 위해 주기적으로 확인한다.
- 식품 보관에 있어 교차오염을 방지하기 위해 식품별로 분류하여 보관하여야 한다.
- 일반 식품창고에 보관하는 경우도 적정 온도(15~25℃)와 습도(65~75%)를 유지할 수 있도록 해야 하며, 강한 햇볕과 비에 직접적으로 노출되지 않도록 주의해야 한다.

식음료에 따른 보관 온도

차가운 식음료의 경우 4℃ 또는 그보다 일정 정도 이하의 온도에서 보관하고, 뜨거운 식음료의 경우 60℃ 또는 그보다 일정 정도 이상의 온도에서 보관하는 것이 가장 좋다. 지나치게 차거나 뜨겁게 보관하는 것은 적절하지 않다.

(4) 식재료 전처리 및 세척

① 식재료 전처리

기본 사항	• 깨끗한 손으로 작업하며, 깨끗한 물수건을 준비해 둠 • 25℃ 이하에서 2시간 이내에 수행하며, 식품 내부 온도가 15℃를 넘지 않도록 함 • 식품에 적합한 물과 적합한 재질의 용기를 사용함 • 사용 기구 및 용기는 세척한 후 소독(70% 알코올 분무)하여 사용함 • 작업과 작업 사이에 알코올 소독을 실시함 • 조리대는 항상 정리정돈을 철저히 함 • 세제는 용도별로 구분해 사용함
용도별 세제 분류 (보건복지부 기준)	• 1종 : 야채 및 과실용 세척제 • 2종 : 식기류용 세척제(자동식기세척기용 또는 산업용식기류 포함) • 3종 : 식품의 가공 기구, 조리기구용 세척제

② 세척

식품의 용도별(어류, 육류, 채소류용 등)로 구분하여 실시한다. 용도별 구분이 불가한 경우, 일반적 위해도에 따라 '채소류, 육류, 어류, 가금류'의 순으로 실시한다.

(5) 소독

① 소독의 종류

소각	오염이 의심되거나 오염된 물품은 불에 완전히 태움
증기소독	유통증기(流通蒸氣)를 활용하여 소독기 안의 공기를 빼고 1시간 이상 100℃ 이상의 습열소독
끓는 물 소독	100℃ 이상의 물 속에 넣어 30분 이상 살균
약물소독	오염이 의심되거나 오염된 물품에 약물을 뿌림

② 약물소독

약물소독에 사용되는 약품은 석탄산수(석탄산 3% 수용액), 크레졸수(크레졸액 3% 수용액), 승홍수(승홍 0.1%, 식염수 0.1%, 물 99.8% 혼합액), 크로칼키수(크로칼키 5% 수용액), 생회석, 포르말린 등이 있다.

(6) 살균소독

① 살균소독의 의미

- 식품위생에서의 살균 및 소독이란 물리 · 화학적 방법으로 유해 미생물을 사멸 또는 불활성화 시키거나 오염을 방지하는 것을 말한다.
- 살균 및 소독은 살균 및 소독제가 세포막을 통과하여 세포 내 효소와 세포벽을 파괴하고 산화 작용을 통해 세균을 사멸시키는 방식으로 이루어진다.

② 효과적인 살균소독의 방법

- 살균 및 소독에 있어 가장 우선적으로 해야 하는 것은 오염물에 대한 세척이다.
- 올바른 살균 및 소독 과정은 '세척 → 헹굼 → 살균 및 소독'의 순서로 이루어진다.

③ 살균소독의 종류

물리적 살균소독	• 자외선 살균 : 살균력이 강한 자외선(2,600Å 정도)을 인공적으로 방출해 소독하는 것으로, 세균의 세포내 DNA(핵산)를 변화시켜 증식능력을 잃게 하거나 신진대사의 장해를 초래해 세균을 사멸하는 것을 말하며, 거의 모든 균종에 효과가 있고 투명한 물질(공기, 물 등)만 투과하므로, 피조사물의 표면 살균에 효과적임 • 방사선 살균 : Co-60이나 Cs-137 같은 방사선 동위원소에서 방사되는 투과력이 강한 감마선이 세균 등의 DNA를 손상시켜 사멸시킴 • 열탕 소독법 : 끓는 물을 이용해 소독하는 방법으로, 식기나 행주 소독에 주로 사용됨
화학적 살균소독	조리기구(칼, 도마, 가열기구 등)와 시설(싱크대, 작업대 등), 수세미 등의 살균소독에는 화학물질을 이용한 살균 및 소독법이 가장 많이 이용되며, 구체적 방법에는 염소계, 알코올계, 암모늄계, 과산화물계, 요오드계 등이 있음

④ 식중독 예방을 위한 살균소독 요령

- 식중독을 일으키는 노로 바이러스의 경우 오염된 지하수나 사람을 통해 급속히 전파되므로, 평상시(소독제 200ppm), 발생 우려 시(1,000ppm), 사고 발생 후(5,000ppm)의 3단계로 구분해 살균 및 소독하여야 한다.
- 노로 바이러스가 의심되는 식중독이 발생한 경우 구토물과 분비물, 오염된 부위 · 시설 등은 1,000ppm 이상의 고농도 살균소독을 통해 2차 감염을 방지하는 것이 중요하다.

식중독 예방의 3대 원칙

- **청결의 원칙** : 식품은 위생적 취급을 통해 세균 오염을 방지하며, 손을 자주 씻어 청결을 유지한다.
- **신속의 원칙** : 세균 증식을 방지하기 위하여 식품은 오랫동안 보관하지 않도록 하며, 조리된 음식은 가능한 바로 섭취하는 것이 안전하다.
- **냉각 또는 가열의 원칙** : 조리된 음식은 5℃ 이하 또는 60℃ 이상에서 보관해야 하며, 가열 조리가 필요한 식품은 중심부의 온도가 75℃ 이상이 되도록 조리해야 한다.

(7) 감염병과 위생 해충의 방제

① 미생물에 의한 감염병

소화기계 감염병	• 소화기계 감염병은 오염된 병원체가 음식물이나 물, 식기, 손 등에 의해 경구적으로 침입되어 감염을 일으키는 수인성 감염병을 말함 • 구체적 종류로는 장티푸스, 콜레라, 세균성 이질, 폴리오, 유행성간염, 파라티푸스 등이 있음 • 극히 미량의 균으로도 감염이 이루어질 수 있으며, 2차 감염도 발생할 수 있으므로 주의를 요함
호흡기계 감염병	• 호흡기계 감염병은 호흡기계를 통해 감염되는 것으로, 환자나 보균자의 기침이나 말, 콧물 등에 의해 직접 전파될 수도 있고, 공기를 통해 전파될 수도 있음 • 구체적 종류로는 디프테리아, 백일해, 홍역, 성홍열, 유행성 이하선염, 풍진, 인플루엔자, 중증급성호흡기증후군(SARS), 중동호흡기증후군(MERS), 코로나(COVID) 등이 있음

② 위생 해충

- 인간에게 질병을 옮기는 해충과 질병은 옮기지 않지만 혐오감을 주는 해충을 말하며, 대표적인 것으로는 모기, 파리, 바퀴, 쥐, 벼룩, 이 등이 있다.
- 쥐의 경우 그 자체도 문제이지만 쥐에 기생하는 이나 벼룩도 문제가 되므로, 쥐가 침입할 수 있는 통로를 방서(防鼠)처리하거나 살서제를 사용하여 직접 방제하는 방법, 쥐의 서식처를 제거하는 방법 등의 대책이 필요하다.

(8) HACCP

① HACCP(해썹)의 의미

- HACCP(위해요소 중점관리 기준)은 식품을 만드는 과정에서 생물학적 · 화학적 · 물리적 위해요인이 발생할 수 있는 상황을 과학적으로 분석 · 규명함으로써 사전에 위해요인의 발생 여건을 차단하여 소비자가 안전하고 깨끗한 제품을 공급받을 수 있도록 하는 시스템(위해 방지를 위한 사전 예방적 식품안전관리체계)을 의미한다.
- HACCP은 '위해요소 분석(HA, Hazard Analysis)'과 '중요 관리점(CCP, Critical Control Point)'의 영문 약자의 합성어이다.

HA(위해요소 분석)	원료와 공정에서 발생 가능한 병원성 미생물 등 생물학적 · 화학적 · 물리적 위해요소 분석을 의미하는 것으로, 어떤 위해를 미리 예측함으로써 그 위해 요인을 사전에 파악하는 것을 말한다.
CCP(중요 관리점)	위해 요소를 예방, 제거하거나 허용 수준으로 감소시킬 수 있는 공정이나 단계를 중점 관리하는 것을 의미하는 것으로, 여기에는 반드시 필수적으로 관리해야 할 항목이라는 뜻이 내포되어 있다.

② HACCP(해썹)의 필요성

- 식품의 원재료부터 제조 및 가공 단계, 소비자가 최종적으로 섭취하기 전까지의 모든 단계에서 발생할 수 있는 위해 요소를 분석 · 규명하고, 이를 중점 관리하기 위해 필요한 중요 관리점을 결정함으로써 자율적 · 체계적 · 효율적인 관리를 통해 식품의 안전성을 확보하기 위해 필요한 과학적인 위생 관리체계라 할 수 있다.
- HACCP은 가장 효율적인 식품안전관리체계로 세계적으로 인정되고 있으며, WHO와 FAO 등에서도 모든 식품에 적용할 것을 적극적으로 권장하고 있다.

2. 카페인

(1) 카페인의 의미와 영향

① 카페인(Caffeine)의 의미

- 카페인은 커피나무와 차, 구아바, 코코아 등의 열매나 잎, 씨앗에 함유된 알칼로이드의 일종으로, 식물이 해충으로부터 자신을 보호하기 위해 함유하고 있는 성분이다.
- 카페인이 포함된 대표적인 식품으로 커피와 콜라, 초콜릿 등을 들 수 있으며, 커피 한 잔에는 약 100mg 정도의 카페인이 포함되어 있는 것으로 알려져 있다.

② 카페인(커피)이 인체에 미치는 영향

- **각성효과 및 긴장감 유지** : 카페인은 뇌의 신경전달물질을 생성하고 분비를 촉진함으로써 각성효과와 긴장감을 유지시키는 작용을 한다.
- **신체 에너지 생성 효과** : 몸의 글리코겐보다 먼저 피하지방을 분해하여 에너지로 변환시키며, 신진대사를 촉진시켜 신체 에너지 소비량을 10% 이상 증가시키는 작용을 한다.
- **심장 수축력과 박동수 증가** : 통상 하루 5잔 이상의 커피를 마실 경우 심장 수축력과 심장 박동수를 증가시키는 작용을 한다.
- **수면 부족에 따른 스트레스 억제** : 커피향은 수면 부족에 따른 스트레스를 억제하는 효과가 있다는 연구결과가 있으며, 아로마테라피(향기치료)로 활용될 수 있다.
- **이뇨작용의 촉진** : 카페인은 신장에서 아데노신 반응을 억제할 수 있는데, 이 경우 더 많은 소변이 생성되어 이뇨 효과를 일으킬 수 있다.
- **두통과 불면증, 신경과민, 불안감의 초래** : 커피 섭취량이 과다한 경우 두통과 피로, 졸림, 불면증 등을 유발할 수 있으며, 신경과민과 불안증세 등이 초래될 수 있다.
- **위산 분비의 촉진** : 카페인은 위산 분비를 촉진하므로 소화를 촉진할 수 있으나, 위염이나 위궤양 환자의 경우 섭취량을 제한해야 하며, 공복 시에는 커피 음용을 자제해야 한다.
- **골다공증의 위험성** : 폐경기 여성의 경우 카페인이 소변을 통해 칼슘 배출을 촉진해 골다공증 위험성을 증가시킬 수 있다. 일반적으로 커피 180g 음용 시 5mg의 칼슘 배출하므로, 과다 음용 시에는 칼슘을 보충해 주어야 한다.
- **피부노화** : 카페인을 과다 섭취할 경우 피부의 수분을 빼앗아 건조하고 푸석한 피부를 만들어 주름과 노화가 생길 수 있다.
- **철분 흡수의 방해** : 커피의 폴리페놀 성분이 철분의 체내 흡수를 방해하므로 과다 섭취는 피하는 것이 좋다. 철분의 부족 시 빈혈과 집중력 · 사고능력의 저하를 초래할 수 있다.
- **태아에 대한 영향** : 임산부의 카페인 섭취가 과다한 경우 태아의 혈중 카페인 농도를 높여 기형아 출산 가능성을 높일 수 있다.

Tip

커피의 영양학적 효능

- 커피는 기호음료로서, 오렌지 주스보다 수용성 식이섬유의 함량이 많아 성인병을 예방하며, 체내의 지방을 분해하여 다이어트에 긍정적인 영향을 미친다.
- 다른 음료에 비해 원두커피의 경우 항산화 효과가 있는 페놀류를 다량 함유하고 있어 활성산소를 억제하고 노화를 예방하며, 세포 산화의 방지에 효과가 있다. 특히 미디엄 로스트 커피가 항산화 효과가 가장 큰 것으로 알려져 있다.
- 장 건강에 유익한 유산균(비피도박테리아)을 활성화시킨다.
- 타액 분비를 촉진하므로 구강 건조에 긍정적 효능을 지닌다.

(2) 디카페인 커피(Decaffeinated Coffee)

① 디카페인 커피의 의미와 특성

- 디카페인 커피는 커피 원두에서 카페인을 제거하거나 재료로 사용하지 않는 커피를 말한다.
- 일반적으로는 카페인 성분을 완전히 제거한 커피가 아니라, 일반 커피 카페인의 97% 정도까지 제거된 것을 말하므로, 디카페인 커피는 원래의 카페인 성분 중 아주 소량(1~2% 정도)의 카페인은 포함하고 있다.
- EC(EU)는 디카페인 커피의 카페인 함량이 생두의 경우 0.1%, 커피 추출물에서는 0.3%를 초과해서는 안 된다고 규정을 두고 있으며, 미국의 경우는 97% 이상이 제거되면 디카페인 커피로 인정하고 있다.
- 디카페인 커피는 일반적으로 가공 과정에서 생두 조직이 손상되지 않으며, 커피 향의 손실도 거의 발생하지 않는다.

② 디카페인 커피의 시초

- 1819년 독일의 룽게(F. Runge)가 커피에서 카페인을 최초로 분리하면서 시작되었다.
- 1903년 독일의 로셀리우스(L. Roselius)가 상업적 차원의 카페인 제거 기술을 개발하면서 본격적인 디카페인 커피로 탄생하였다.

③ 디카페인 커피의 제조법

커피에서 카페인을 제거하는 방식은 크게 용매를 사용하여 직접 추출 · 제거하는 방식과 물 등을 사용하여 간접적으로 추출 · 제거하는 방식으로 나눌 수 있다.

구분	내용
용매추출법	• 용매를 사용하여 카페인을 직접적으로 제거하는 방법으로, 가장 일반적이고 전통적인 방식에 해당함 • 용매로는 벤젠, 클로로포름, 트리클로로에틸렌, 디클로로메탄(염화메틸렌), 에틸아세테이트 등이 사용됨 • 카페인의 97~99%가 제거되나 미량의 용매성분이 남을 수 있음 • 생두를 뜨거운 물에 찜 → 용매에 찐 생두를 투입하여 섞음 → 생두를 꺼내 증기를 가함
물추출법	• 생두에 물을 통과시켜 물에 녹는 성질(수용성)을 이용해 카페인을 제거하는 방법으로, 가장 많이 사용되는 방식임 • 추출속도가 빨라 카페인 순도가 높고 커피가 유기용매에 직접 접촉하지 않아 안전하고 경제적이며, 커피원두 본래의 맛과 향을 유지할 수 있음 • 생두를 물에 담금 → 생두를 건져내 생두추출액만 남김 → 생두추출액을 탄소필터로 거름 → 걸러진 생두추출액에 생두를 담금(걸러진 카페인을 제외한 성분이 커피에 재흡수됨)
초임계추출법	• 높은 압력으로 수사상태가 된 이산화탄소(CO_2)를 생두에 침투시켜 카페인을 제거하는 방법 • 유해물질 잔류문제가 없고 카페인의 선택적 추출이 가능하나, 설비에 따른 비용이 많이 소요됨 • 생두를 뜨거운 물에 담금 → 고압용기나 시설에 생두를 넣음 → 물과 혼합된 이산화탄소를 투입 → 압력을 가함 → 이산화탄소와 카페인이 결합하여 제거됨(플레이버는 그대로 유지됨)

예상문제(OX, 단답형)

01 세계보건기구의 환경위생전문위원회의 정의에 따르면 식품위생이란 식품의 재배, 생산, 제조로부터 소비자에게 판매되기 전까지의 단계에 걸친 식품의 안전성, 건전성, 및 완전무결성을 확보하기 위해 필요한 모든 수단을 말한다.

( )

02 식품위생법의 정의에 따르면 '식품'이란 의약으로 섭취하는 것을 포함한 모든 음식물을 의미한다.

( )

03 식품위생법에 따르면 영업자가 아닌 자가 제조, 가공, 소분한 것은 판매 금지 항목이다.

( )

04 식품의 변질은 잘못된 관리로 인해 나쁜 방향으로 질이 변한 것만을 의미하므로 항상 모든 식품의 변질을 막기 위해 노력해야 한다.

( )

05 (   )는 식품에 미생물이 작용하여 식품의 성질을 변화시킨 현상으로, 그 변화가 인체에 유익한 경우를 말한다. 대표적으로 치즈와 야쿠르트, 술, 식빵, 간장, 된장 등이 이 원리를 이용한 식품이다.

06 단백질과 지방이 나쁘게 변질되는 것은 '변패'라고 한다.

( )

07 식품위생법 시행규칙에 따르면 비감염성인 결핵에 걸린 사람은 영업에 종사할 수 있다.

( )

08 냉장제품을 검수할 때는 녹은 흔적이 없는지를 유심히 확인해야 한다.

( )

09 전처리된 채소는 10℃ 이상에서 검수해야 한다.

( )

10 건조 저장의 경우 15~21℃의 온도에서 50~60% 정도의 습도를 유지해야 한다.

( )

11 식재료의 위생적 관리와 에너지 절약을 위해 냉장고와 냉동고는 내부용적을 최대한 채워두어야 한다.

( )

12 식품 온도계를 사용 시 식품의 가장 깊은 곳까지 찔러 감지부분이 바닥에 닿게 한 상태로 측정해야 한다.

( )

13 (　　　　)이란 먼저 구입한 물품을 항상 먼저 사용할 수 있도록 하는 방법으로, 부패나 변질 우려가 있는 제품의 사용 방법으로 주로 활용된다.

14 구입한 식품이나 재료는 특성과는 상관없이 처음에는 항상 냉장고에 하루 정도 보관 후에 냉동고나 창고 등으로 옮겨 보관해야 한다.

( )

15 차가운 식음료의 경우 4℃ 또는 그보다 일정 정도 이하의 온도에서 보관하고, 뜨거운 식음료의 경우 60℃ 또는 그보다 일정 정도 이상의 온도에서 보관하는 것이 좋다.

( )

16 식재료 전처리 시 모든 작업 시작 전과 작업을 마친 후에만 소독을 해주고, 작업과 작업 사이에는 소독하지 않도록 한다.

( )

17 보건복지부 기준에 따르면 식품의 가공 기구, 조리기구용 세척제는 1종, 식기류용 세척제는 2종, 야채 및 과실용 세척제는 3종에 분류된다.

( )

18 식품의 용도별로 구분하여 세척을 하여야 하는데, 만약 용도별 구분이 불가한 경우에는 가금류, 어류, 육류, 채소류의 순서로 실시한다.

( )

19 증기소독은 유통증기를 활용하여 소독기 안의 공기를 빼고 1시간 이상 100℃ 이상의 습열소독을 하는 방식이다.

( )

20 올바른 살균 및 소독의 과정은 '헹굼 → 살균 및 소독 → 세척'이다.

( )

21 자외선 살균, 방사선 살균, 열탕 소독법은 모두 물리적 살균소독에 해당된다.

( )

22 식중독을 일으키는 노로 바이러스의 경우 사람을 통해서도 전파된다.

( )

23 식중독 예방의 3대 원칙은 ( )의 원칙, 신속의 원칙, 냉각 또는 가열의 원칙이다.

24 소화기계 감염병의 구체적 종류로는 장티푸스, 콜레라, 세균성 이질, 폴리오, 유행성 이하선염 등이 있다.

( )

25 쥐를 막기 위해서는 쓰레기통이나 음식물 수거용기를 항상 열어두어 환기가 잘 되게 해야 한다.

( )

26 HACCP(해썹)은 위해요소 분석과 중요 관리점의 영문 약자로, 가장 효율적인 식품안전관리체계로 세계적으로 인정받고 있다.

( )

27 커피 한 잔에는 약 100mg 정도의 카페인이 포함되어 있다.

( )

28 카페인은 신장에서 아데노신 반응을 자극하여 이뇨작용을 억제한다.

( )

29 카페인은 위산 분비를 촉진하고 위장관에 신속히 흡수, 대사되므로 공복 시에는 커피 음용을 자제해야 한다.

( )

30 커피는 오렌지 주스보다 수용성 식이섬유의 함량이 많아 성인병을 예방하는 긍정적인 영향을 미친다.

( )

31 원두커피는 항산화 효과가 있는 페놀류를 다량으로 함유하고 있어 노화를 예방할 수 있는데, 특히 ( ) 커피가 항산화 효과가 가장 큰 것으로 알려져 있다.

32 디카페인 커피는 카페인 성분을 완전히 제거한 커피만을 의미한다.

( )

33 카페인의 수용성을 이용해 제거하는 방법은 물추출법으로, 추출속도가 빠르고 안전하고 경제적이지만 커피원두 본래의 맛과 향을 유지하기는 힘들다는 단점이 있다.

( )

34 초임계추출법으로 카페인을 제거하면 유해물질 잔류문제가 없고 카페인의 선택적 추출이 가능하나, 설비에 따른 비용이 많이 든다.

( )

예상문제 정답

01 ×	18 ×
02 ×	19 ○
03 ○	20 ×
04 ×	21 ○
05 발효	22 ○
06 ×	23 청결
07 ○	24 ×
08 ×	25 ×
09 ×	26 ○
10 ○	27 ○
11 ×	28 ×
12 ×	29 ○
13 선입선출법	30 ○
14 ×	31 미디엄 로스트
15 ○	32 ×
16 ×	33 ×
17 ×	34 ○

CHAPTER 09

서비스 및 커피 매장의 관리

1. 서비스와 고객영접

(1) 서비스의 의미와 특성

① 서비스의 의미

- 서비스는 정성과 노력, 봉사, 친절, 재화 등을 통해 고객을 만족시키며 이 과정을 통해 서비스 제공자(종사자)들도 보람과 기쁨, 성취감을 느끼는 것을 의미한다.
- '서비스(Service)'는 노예를 의미하는 라틴어 '세르브스(Servus)'에서 유래한 말이며, 영어의 'Service'는 '시중들다'라는 의미를 포함하고 있다.

② 서비스의 특성

- 서비스는 생산과 동시에 소비가 일어나는 행위이므로 저장해 다시 사용할 수 없고, 서비스가 제공 후 대체될 수 없다.
- 서비스의 실체가 없고 주관적 영역으로 표본 추출이 어려우며, 다양하면서 소멸되기 쉽다.

(2) 서비스의 기본 정신 및 자세

① 서비스의 기본 정신

- 서비스 제공자는 편안하고 원만한 성격을 가져야 한다.
- 고객의 입장에서 생각하고 고객의 마음을 얻도록 노력한다.
- 프로의식과 긍정적 마음가짐을 함양한다.
- 공정하고 공평한 기준을 가지고, 공사를 구분한다.
- 투철한 서비스 정신, 사명감, 자신감 등을 배양한다.

② 서비스 직원의 자세

- 머리는 단정하고 깔끔하게 유지하며 긴 머리는 묶도록 한다.
- 손톱은 짧게 정리하고 색깔 있는 매니큐어는 피한다.
- 짙은 화장이나 향수는 피하며, 시계나 반지, 팔찌 등 액세서리도 자제한다.
- 복장은 깨끗하고 정해진 것을 착용하며, 정해진 위치에 명찰을 패용한다.
- 와이셔츠는 흰색의 다림질이 잘 된 것을 착용한다.

- 남자 직원의 경우 검정색 구두를 착용하고 깨끗하게 광택을 유지 · 관리하며, 양말은 검정색이나 짙은 감색을 착용한다.
- 여자 직원의 경우 굽이 높지 않은 검정색 구두를 착용하며, 살색 스타킹을 착용한다.

(3) 고객에 대한 인사예절

① 인사의 기본자세

- 인사는 누구에게나 하며, 진실한 마음으로 한다.
- 인사의 순서는 먼저 보는 사람이 먼저 인사를 하며, 윗사람은 반드시 답례 인사를 한다.
- 인사의 기본자세는, 남자의 경우 바른 자세로 서서 바지 재봉선 상의 중앙에 살며시 손을 대며, 여자의 경우는 오른손의 엄지를 왼손의 엄지와 검지 사이에 두고 오른손이 왼손을 감싸고 두 손을 가지런히 모아 배 부분에 가볍게 댄다.

② 인사의 구체적 방법

- 인사말을 먼저하며, 상대방과 눈을 마주친 후 허리와 고개를 숙여 인사한다.
- 가벼운 인사는 14도, 보통의 인사는 30도, 정중한 인사는 45도 각도로 몸을 숙여 인사한다.
- 가벼운 미소를 띤 표정으로 상대의 눈을 본다.
- 고개를 숙일 때는 조금 빠른 속도로 하며, 들 때는 다소 천천히 한다.
- 등을 곧게 펴 머리와 허리, 엉덩이를 일직선으로 유지하고, 다리도 펴고 무릎을 붙인다.
- 예의 바르고 따뜻한 인사를 통해 반가움과 편안함을 느끼게 한다.
- 윗사람이나 고객에게는 계단 위나 아래에서 인사하기보다는 같은 계단에서 멈추어 서서 고개를 숙여 인사는 것이 예의에 맞다.
- 외국인의 경우 밝은 미소를 띤 채 눈을 맞추며 인사말을 한다.
- 인사말의 경우 가급적 '솔(Sol)' 톤의 목소리로 인사한다.

(4) 고객영접 및 안내 방법

① 고객영접의 방법

- 밝은 얼굴과 미소로 '어서 오십시오'라고 인사하며, 단정하고 바른 자세로 반갑게 고객을 맞이한다.
- 단골고객인 경우 직함이나 이름을 불러줌으로써 친근함을 표시한다.
- 고객이 입장하면 예약 여부와 인원수 등을 확인하며, 예약된 자리로 안내한다.

② 안내 및 테이블 배정 방법

- 예약된 고객은 예약 테이블로 정확히 안내하며, 예약하지 못한 경우 원하는 장소 및 테이블 가능 여부 등을 확인하여 고객이 원하는 장소를 이용할 수 있도록 한다.

- 테이블이 없을 경우 웨이팅 룸(Waiting room)에 정중히 안내하고 예상 대기 시간을 공지한 후, 순서에 따라 차례대로 좌석을 배정한다.
- 젊은 남녀 고객은 벽 쪽의 조용한 테이블로 안내하고, 멋있고 호화로운 고객은 중앙 테이블로 안내하며, 혼자 온 고객은 전망이 좋은 테이블로 안내한다.
- 연로한 고객이나 장애가 있는 고객은 영업장 입구에서 가까운 테이블로 안내한다.
- 어린 아이를 동반한 고객은 다른 고객에 방해가 안 되도록 구석진 자리로 안내한다.
- 분위기를 흐리는 고객은 주변 고객과 본인의 기분이 상하지 않는 한에서 적절히 조치한다.
- 외국인 고객의 경우 적절한 언어로 응대하여 의사소통이 가능하도록 한다.

(5) 주문 및 서빙 요령

① 주문 받는 자세 및 방법

- 개인위생과 준비사항(볼펜 · 주문전표 등)을 점검하고, 좌측에서 주문을 받는다.
- 메뉴판을 먼저 제공하고 고객 옆에서 대기하다 고객이 준비되면 다가가 주문을 받는다.
- 메뉴는 고객의 좌측 또는 우측에서 시계방향으로 돌면서 제공하며, 메뉴 내용을 완전히 숙지한 상태에서 메뉴 설명은 간단하고 정확하게 한다.
- 메뉴 제공 및 주문을 받는 순서는 여성, 연장자, 남성 순으로 하며, 직책이 있을 경우 높은 순으로 한다.
- 주문은 고객의 왼쪽에서 받는데, 주최자(Host)가 있을 경우 주최자 왼쪽부터 시계방향으로 주문을 받으며, 항상 여성 고객부터 받는다.
- 주문을 받은 후에는 내용을 복창하여 확인하고, '감사합니다'라는 감사 인사를 한다.

② 바람직한 서빙 자세

- 커피 등 음료는 쟁반으로 운반하며, 고객의 오른쪽에서 오른손으로 서비스한다.
- 음료를 서비스하는 경우도 여성 우선의 원칙을 지키며, 여성, 연장자, 남성의 순으로 서빙한다.
- 음료 잔의 손잡이와 스푼 등의 손잡이가 고객의 오른쪽으로 향하도록 한다.
- 음료 잔은 항상 컵 받침대와 함께 서비스한다.

(6) 컵 받침대와 유리잔의 사용

① 컵 받침대의 사용

- 음료 등을 서비스하는 경우 잔의 밑에 받치는 받침대를 말하는데, 뜨거운 잔 등을 직접 잡는 불편함을 감소시키며 내용물을 흘려도 테이블을 직접 오염시키지 않도록 하기 위해 사용한다.
- 1회용이 아니라 청결히 관리하여 반복 사용할 수 있으며, 광고 내용을 인쇄하여 제공함으로써 광고효과도 지니기도 한다.

② 유리잔(컵)의 관리 및 사용

- 음료를 담는 용기 등을 위생적으로 관리하기 위해서는 사용한 후 바로 세척하는 것이 좋다.
- 유리잔이나 컵의 세척 시 '비눗물, 더운물, 찬물'의 순서로 세척하는 것이 오염물을 위생적으로 제거할 수 있는 방법이 된다.
- 유리잔의 다리를 길게 하는 것은 미적 외관이나 운반 · 서비스 편의 등의 이유도 있으나 손이나, 테이블로 잔의 열이 직접 전달되는 것을 방지하는 것이 가장 큰 이유이다.
- 유리잔의 경우 쉽게 파손되는 특성이 있으므로, 사용 전에 가장자리 등이 파손되었는지를 확인하는 것이 중요하다.

(7) 기타 서비스상의 기본예절

① 종업원으로서의 기본적 자세

- 항상 미소 띤 얼굴로 밝게 대답하고 행동하며, 긍정적이고 적극적인 사고로 임한다.
- 신속하고 정확한 서비스를 제공하며, 고객이 원하는 서비스를 한발 앞서 먼저 제공한다.
- 고객의 이름이나 적절한 호칭을 기억하고 불러 주며, 고객이 감동할 수 있도록 대접한다.
- 풍성한 업무 지식을 통해 고객의 질문이나 요청에 적절히 대처할 수 있도록 한다.
- 고객은 언제나 옳다는 자세를 가지고 항상 고객의 입장에서 판단하며, 고객의 요청에 대해서는 언제나 경청하는 자세를 취한다.
- 고객의 취향에 따른 맞춤 서비스를 제공하며, 고객의 요청사항은 반드시 적절히 처리할 수 있도록 한다.
- 고객이 떠날 때는 반드시 배웅하고 항상 감사 인사를 한다.

종업원이 고객에게 하지 말아야 할 언행

- 고객과의 논쟁
- 단순한 부정적 응답('없습니다', '아닙니다' 등)
- 손가락으로 위치나 방향을 가리키는 행위
- 개인적 사생활이나 부정적 문제에 대한 언급이나 질의
- 고객이 놀랄만한 언행이나 소란 행위

② 대화시의 기본예절

- 상황에 맞는 적절한 존칭어와 겸양어를 사용한다.
- 평서형은 '입니다/습니다'를 사용하며 의문형은 '입니까?/습니까?'를 사용하며, 명령형은 의뢰형('해주시겠습니까?')로 바꾸어 사용한다.
- 말은 자신감을 가지고 분명한 발음과 맑은 목소리로 하며, 가급적 간단 · 명확하게 한다.
- 부적절한 화제는 피하며, 월급이나 봉사료 등에 대해서도 언급하지 않는다.

- 개인의 사생활이나 견해가 대립될 수 있는 대화(정치, 종교, 스포츠 등)는 자제한다.
- 상대방에 대해 호의적 태도로 경청하며, 상대 외의 사람에게는 관심을 두지 않는다.
- 의미를 정확히 이해하기 위해 자신의 말로 고쳐가며 듣는다.
- 알고 있는 내용이라도 모른 체 다 들어주며, 중간에 말을 끊지 않는다.

③ 대화에 끼어 들 때의 예절

- 고객의 대화 시 방해되지 않도록 곁에서 주문 의뢰를 기다리며, 상황과 분위기를 잘 파악한 후 적절한 시점에 주문 의뢰한다.
- 고객 응대 시 너무 가까이 붙어 대화하는 것은 어색함이나 불쾌감을 줄 수 있으므로, 지나치게 밀착되지 않도록 주의한다.
- 외국인 앞에서는 한국어로만 이야기하지 않도록 하며, 양해를 구한 후 한국어로 한다.

2. 커피 매장의 경영 및 관리

(1) 식재료의 특성과 매출 예측

① 매장의 식재료 특성

- 식재료의 특성상 유통기간이 제한적이며, 메뉴의 유통기한도 대부분 명확히 정해져 있다.
- 재료별 소비량과 소비 주기 등을 정확히 파악하여 적절한 양을 구매하고, 보관과 조리의 전 과정을 확인해 정해진 기간 내에 조리함으로써 최상의 상태를 유지할 수 있어야 한다.

② 매출 예측

- 커피 매장에서 식재료 구매 계획을 명확히 세우기 위해서는 매출 변동량을 정확히 파악해야 하는데, 이는 일일 매출 등 기간별 매출을 정확히 기록 · 관리하고 전체 매출에서 식재료가 차지하는 비율을 정확히 파악하는 것이 전제되어야 한다.
- 특히 일일 매출의 기록을 통해 식재료의 유통기한을 면밀히 파악하고 선입 선출의 원칙이 준수될 수 있도록 해야 한다.

(2) 재고 관리(Inventory control)

① 의미

- 재고(在庫)는 경제적 가치가 있는 물품(완제품)이나 생산 중인 재화, 원재료의 정체 또는 저장을 의미한다.
- 재고량은 아직 팔리지 않고 창고 등에 저장 · 보관되는 물품이나 재료의 분량을 말한다.
- 커피전문점에서의 재고는 원재료나 반제품, 부품, 완성품 등의 형태로 커피 메뉴 조리과정의 각 단계에서 필요한 자재와 소모품을 말한다.

② 재고 관리

- 재고를 보유하는 이유로는 발주에 따른 제조, 불확실성에 대한 대처 등이 있는데, 이러한 재고 보유에는 일정한 비용이 소요된다.
- 재고 관리는 재고 보유의 이익과 비용의 균형을 유지할 수 있는 적정 수준의 재고량 보유와 관련된 관리 기능을 의미하는 말이다.

재고 관련 용어 정리

- 스톡(Stock) : 매매를 위한 여분의 재고
- 인벤토리(Inventory) : 재고 목록, 또는 광의의 재고(스톡이 모인 전체)
- 파 스톡(Par stock) : 일일 적정재고량
- 익세스 스톡(Excess stock, Ex–stock) : 과잉재고

(3) 커피 매장의 영업 관리

① 영업일지의 의미

영업일지는 기업의 영업부서나 고객과 직접 접하는 서비스 종사원이 고객의 방문 및 거래 내역 등에 관한 사항을 기록하는 서식이다.

② 영업일지는 작성 원칙과 방법

- 발생 사실을 간결하고 명확하게 작성하는 것이 원칙이며, 영업 활동과 관련된 사실(요점)을 언제, 무엇을, 어떻게 처리했는지 간략하게 기재해야 한다.
- 영업일지 작성 시 매출 관리를 시간대별 목표와 실적을 구분하여 작성한다.
- 청결 및 위생관리 항목을 시간대별 근무자 체크리스트를 통해 점검한다.
- 기기 점검 항목을 작성해 정상 작동 여부를 점검하며, 식재료 관리리스트를 작성해 유통기한 및 발주 항목을 점검할 수 있게 한다.
- 작성자와 근무자를 명확히 구분하여 기재한다.
- 사실의 기록이 중요하므로, 기재자의 주관적 판단보다 객관적 사실을 기록한다.

③ 인수인계

- 인수인계는 인계자의 담당 업무를 포함한 전반적 업무 내용을 인수자에게 전달하는 것을 말한다.
- 인수인계서를 통해 서면으로 인수인계를 진행하는 경우, 인수인계자의 인적 사항과 담당 업무, 진행 사항 및 미결 사항 등을 상세히 기재하여야 한다.
- 인수인계서를 작성하는 경우 업무 담당자의 부재 시에도 원활한 업무 진행이 가능하다.
- 바리스타 업무의 인수인계에 있어서는 전 근무자의 근무시간대별 고객 현황과 불만 사항, 식자재 재고 현황, 근무자 배치 사항 등을 정확하게 인수인계하는 것이 중요하다.

인수인계 시의 주의 사항

- 인수인계 관련 사항을 명확히 이해할 수 있도록 업무 진행사항 등을 상세히 기재한다.
- 업무 인계자의 인적 사항을 정확히 기재하여 문제 발생 시에 즉각 수습할 수 있도록 한다.
- 인수인계 사항에는 업무 관련 사항 외에도 비품 사용, 관련 기관 등에 대한 사항도 포함시키는 것이 좋다.

④ POS 시스템

- POS(Point of sales) 시스템은 판매 시점에 따른 판매 활동 상황을 종합적으로 파악하고 매출 증진에 기여하는 판매시점 정보관리 시스템, 즉 컴퓨터를 사용해 판매 시점에 판매 관련 데이터를 관리하는 시스템을 의미한다.
- 커피 매장에서의 POS 활용은 신용카드 등의 승인 목적으로 활용하는 수동적 활용에 그칠 때가 많으나, 이를 적극적으로 활용하는 경우는 일일 시간대별 매출 집계, 고객의 소비동향 분석, 제품별 영업이익 분석, 기간별 제품 판매동향 분석, 원부자재의 회전율 분석 등 활용 범위가 넓다.

스탠더드 레시피(Standard recipe)의 설정 목적

스탠더드 레시피는 표준조리법(기본 조리법) 또는 표준제조법이라고 하며, 원가 계산을 위한 기초를 제공하고 품질과 맛을 유지하며, 노무비를 절감하기 위한 목적으로 설정한다.

3. 커피 매장의 안전관리

(1) 전기 안전관리

① 사고유형별 대응 요령

- **전기화재** : 화재 진압 시 직접 물을 뿌리면 감전의 위험이 있으므로 분말소화기를 사용하여 화재를 진압한다.
- **감전**(전격) : 감전 사고자를 안전한 장소로 구출하고 의식 · 화상 · 출혈상태 등을 확인한다. 필요시 인공호흡 등 응급처치를 하고 즉시 119에 신고한다.

② 일반적인 전기사고 예방 방법

- 전기기기는 지면 등과 전선으로 연결해 접지해야 한다.
- 전기기기와 배선에 절연처리가 되지 않은 부분은 노출시키지 않아야 한다.
- 누전차단기를 설치하여 화재나 감전 등의 사고를 방지해야 한다.
- 젖은 손으로 전기기기를 만지지 않아야 한다.

- 수동 개폐기의 퓨즈는 반드시 정격 퓨즈를 사용하며, 동전이나 철사 등 다른 물건으로 대체하지 않도록 한다.
- 자동 개폐기는 정상적으로 작동하는지 정기적으로 테스트 버튼을 눌러 확인해야 한다.
- 불량제품이나 고장 부분이 있는 제품을 무리하게 사용하지 않는다.
- 배선용 전선은 중간에 연결 · 접속하여 사용하지 않도록 주의한다.

(2) 소방 안전관리

① 화재 발생 시의 조치 사항

- 발견 즉시 비상벨을 눌러 알리고, 화재 초기에는 소화기를 사용하여 신속하게 불을 끈다.
- 화재가 진행 중인 경우에는 직원이나 소방관의 안내에 따라 질서 있고 신속하게 대피한다.
- 유독가스가 발생한 경우는 옷이나 수건 등을 이용해 입과 코를 가리고, 낮은 자세로 가스를 피하며 벽면에 부착된 피난유도등을 따라 대피한다.
- 대피 방향은 가급적 화재 발생지의 반대 방향으로 대피하는 것이 좋다.

② 화상 조치 요령

- 옷을 입은 채로 차가운 물에 상처 부위를 충분히 적셔 식힌 다음 가위로 잘라서 벗긴다.
- 상처 부위나 물집 등은 되도록 건드리지 않도록 하며, 거즈로 상처 부위를 덮어 2차 감염을 방지한다.
- 상처에는 아무 연고나 약품을 바르지 않으며, 깨끗한 거즈로 덮은 뒤 곧바로 의사의 치료를 받을 수 있도록 한다.

(3) 지진 발생 시의 행동 요령

① 건물에서의 행동 요령

- 먼저 벽면이나 책상 아래로 몸을 숙여 피하고, 충격에 대비해 기둥 및 손잡이 등의 고정물을 꽉 붙잡으며, 119에 전화해 침착하게 자신의 위치를 알린다.
- 지진으로 정전이 발생한 경우에는 당황하지 않도록 하고 위험한 행동을 삼가며, 상황이 진정되면 밖으로 탈출한다.

② 엘리베이터에서의 행동 요령

- 지진 발생 시 엘리베이터를 이용하면 내부에 갇힐 수 있고 더 큰 사고를 당할 수 있으므로 가급적 이용하지 않는다.
- 엘리베이터 안에서 지진 발생을 인지한 경우는 바로 정지한 후 신속하게 내려 대피한다.
- 엘리베이터 안에 갇힌 경우에는 내부 인터폰으로 구조요청을 하며, 내부의 손잡이를 잡고 구조될 때까지 기다린다.

(4) 가스 안전관리

① 가스 사용 시의 주의사항

사용 전 주의사항	• 가스누출 여부를 냄새로 확인하는데, 가스가 새는 경우 불쾌한 냄새가 남 • LPG의 경우 바닥에서부터, LNG의 경우 천장에서부터 냄새가 남 • 가스 사용 시 창문을 열어 실내를 환기시켜야 하며, 가스레인지 주위에는 가연성 물질을 가까이 두지 않아야 함
사용 중 주의사항	• 가스 불을 켤 때 파란 불꽃이 나오도록 조절함 • 일반적으로 불완전 연소 시에는 유독성 가스와 일산화탄소가 나오며, 연료 소비량도 증가함 • 물 등이 끓어 넘치지 않는지, 이로 인해 불이 꺼지지 않는지 확인하며, 불이 꺼지면 자동으로 가스가 차단되는 제품을 사용함
사용 후 주의사항	• 연소기 코크와 중간밸브를 꼭 잠금 • 장시간 외출 시 용기밸브를 잠그며, 도시가스의 경우 메인밸브도 잠금 • 가스레인지는 한 곳에서 사용하며, 자주 이동하지 않도록 함

② 가스 안전을 위한 일상적 점검 사항

- 비누나 세제로 거품을 내어 배관과 호스 등을 수시로 점검해 누출여부를 확인한다.
- 가스레인지는 항상 깨끗이 청소하고 버너의 불구멍이 막히지 않도록 한다.
- 취침 전이나 외출 전에는 반드시 점화 코크와 중간밸브가 제대로 잠겨 있는지 확인한다.
- 아이들이 가스레인지 등을 함부로 사용하지 못하도록 주의시킨다.

(5) 중동호흡기증후군의 예방

① 중동호흡기증후군(MERS)의 의미

- 중동호흡기증후군(MERS, 메르스)은 중동호흡기증후군 코로나바이러스에 의한 호흡기 감염증으로, 사우디아라비아를 비롯한 중동지역에서 집중적으로 발생한다.
- 중증급성호흡기증후군(SARS)과 유사하나, 치사율은 30% 정도로 일반적인 바이러스 감염에 비해 치사율이 더 높은 것으로 보고되고 있다.
- 현재 마땅한 예방 백신이나 치료제가 없으므로, 일반적 감염병 예방 수칙을 준수하는 것이 필요하다.

② 임상적 특징

- 중증급성하기도질환(폐렴) 환자가 대부분이나, 일부는 경한 급성상기도질환을 나타내거나 무증상을 나타내는 경우도 있다.
- 주 증상으로는 발열과 기침, 호흡곤란, 흉통 등의 호흡기 증상을 보이며, 그밖에도 두통 및 인후통, 오한, 콧물, 근육통, 복통, 식욕부진, 오심, 구토, 설사 등의 증상을 나타낸다.
- 잠복기는 5일(최소 2일 ~ 최대 14일) 정도로 알려져 있다.

③ 예방 수칙

- 손 씻기 등 개인위생 수칙을 준수한다(비누나 알코올 손세정제를 사용함).
- 씻지 않은 손으로 눈, 코, 입 등을 만지지 않는다.
- 기침이나 재채기 시 휴지로 입과 코를 가리며, 휴지는 반드시 쓰레기통에 버린다.
- 발열이나 기침, 호흡곤란 등 호흡기 관련 증상이 있는 경우 즉시 병원에서 진료를 받는다.
- 발열이나 호흡기 증상이 있는 사람과의 접촉을 피한다.

커피 매장의 관리 및 경영관련 법규

식품위생법, 학교보건법, 소방법, 전기용품 및 생활용품 안전관리법 등

예상문제(OX, 단답형)

01 '서비스'는 노예를 의미하는 라틴어 '세르브스(Servus)'에서 유래한 말이다.

( )

02 서비스 직원이 고객을 응대할 때에는 짙은 화장이나 향수는 피해야 하며 시계, 반지 등과 같은 액세서리도 자제해야 한다.

( )

03 윗사람이나 고객에게는 계단 아래에서 인사하는 것이 좋다.

( )

04 가벼운 인사는 30도, 보통의 인사는 45도, 정중한 인사는 90도 각도로 몸을 숙여 인사한다.

( )

05 인사의 기본 자세는 남자의 경우, 바른 자세로 서서 바지 재봉선 상의 중앙에 살며시 손을 대는 모습이고 여자의 경우, 오른손이 왼손을 감싸며 두 손을 가지런히 모아 배 부분에 가볍게 댄다.

( )

06 인사를 할 때에는 고개를 숙일 때는 다소 천천히 하고 들 때는 조금 빠른 속도로 한다.

( )

07 외국인 손님을 맞이할 경우, 밝은 미소를 띤 채 응대하되 눈은 마주치지 않는 것이 예의이다.

( )

08 단골 고객을 맞이할 경우에도 직함이나 이름 등을 불러서는 안 되고 항상 사무적인 자세로 응대해야 한다.

( )

09 젊은 남녀 고객은 벽 쪽의 조용한 테이블로 안내하고, 멋있고 호화로운 고객은 중앙 테이블로 안내하며, 혼자 온 고객은 전망이 좋은 테이블로 안내한다.

( )

10 메뉴는 시계방향으로 돌면서 제공하고, 주문은 고객의 왼쪽에서 받는다.

( )

11 유리잔(컵)을 세척할 때에는 '비눗물, 찬물, 더운물'의 순서로 세척하는 것이 오염물을 위생적으로 제거할 수 있다.

( )

12 고객은 언제나 옳다는 자세를 가지고 항상 고객의 입장에서 판단해야 한다.

( )

13 상대방과 대화를 할 때에는 상대방이 말을 하는 동안 곁눈질로 상대 외의 사람들의 동향을 수시로 살피고 매장 안을 관리하여야 한다.

( )

14 커피 매장에서 사용되는 식재료는 특성상 메뉴의 유통기한이 명확하지 않은 경우가 대부분이다. 그러므로 재료별 소비량과 소비 주기 등을 파악하여 담당자가 융통성 있게 임의로 관리하는 것이 좋다.

( )

15 커피전문점에서의 재고는 원재료나 반제품, 부품, 완성품 등의 형태로 커피 메뉴 조리과정에서 단계별로 필요한 자재와 소모품 모두를 말한다.

( )

16 재고 관리에는 큰 비용이 소요되지 않기 때문에 항상 넉넉한 양의 재고를 보유할 수 있도록 해야 한다.

( )

17 매매를 위한 여분의 재고를 스톡(Stock)이라 하고, 재고의 목록은 ( )라 한다.

18 일일 적정 재고량은 익세스 스톡(Excess stock)이라 하고, 과잉재고는 파 스톡(Par stock)이라 한다.

( )

19 영업일지는 발생 사실을 간결하고 명확하게 작성하는 것이 원칙이며 언제, 무엇을, 어떻게 처리했는지 간략하게 기재해야 한다.

( )

20 영업일지는 누구나 알 수 있는 객관적 사실보다는 기재자의 주관적 판단을 위주로 작성하여야 한다.

( )

21 인수인계 사항에는 업무 관련 사항 외에도 비품 사용, 관련 기관 등에 대한 사항도 포함시키는 것이 좋다.

( )

22 POS로 시간대별 매출 집계, 고객의 소비동향 분석, 제품별 영업이익 분석 등까지는 할 수 없다.

( )

23 전기사고의 예방을 위해서 자동 개폐기는 꼭 필요한 상황이 아니라면 절대 누르지 않는다.

( )

24 화재 발생 시에는 가급적 화재 발생지의 반대 방향으로 대피하는 것이 좋다.

( )

25 화상을 입은 경우 상처 부위에 생긴 물집은 바로 터뜨리고 아무 연고나 발라서 덮어주는 것이 좋다.

( )

26 지진 발생 시 엘리베이터를 이용하면 내부에 갇힐 수 있고 더 큰 사고를 당할 수 있으므로 가급적 이용하지 않는다.

( )

27 일반적으로 LPG의 경우 바닥에서부터 냄새가 나고, LNG의 경우 천장에서부터 냄새가 난다.

( )

28 가스 불을 켤 때에는 (   ) 불꽃이 나오도록 조절해야 하며 물 등이 끓어 넘치지 않는지 수시로 확인해야 한다.

29 메르스(MERS)는 사우디아라비아를 비롯한 중동 지역에서 집중적으로 발생하는 호흡기 질환으로, 일반적인 바이러스 감염에 비해 치사율이 더 낮다.

( )

예상문제 정답

01 ○

02 ○

03 ×

04 ×

05 ○

06 ×

07 ×

08 ×

09 ○

10 ○

11 ×

12 ○

13 ×

14 ×

15 ○

16 ×

17 인벤토리

18 ×

19 ○

20 ×

21 ○

22 ×

23 ×

24 ○

25 ×

26 ○

27 ○

28 파란

29 ×

PART 02

커피 로스팅과 향미 평가

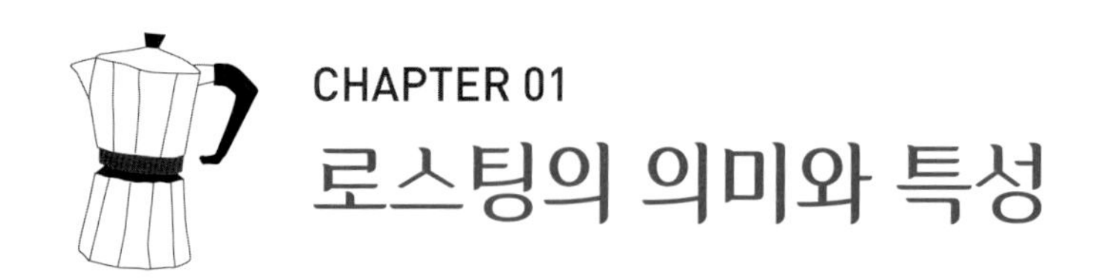

CHAPTER 01

로스팅의 의미와 특성

1. 로스팅의 의미와 로스팅 과정

(1) 로스팅의 의미와 로스팅 역사

① 로스팅(Roasting)의 의미

- 로스팅이란 커피 생두에 열을 가해 팽창시킴으로써 물리적 · 화학적 변화를 일으켜 원두로 변화시키는 것을 말한다.
- 로스팅 과정을 통해 수분이 증발해 콩의 색이 변하고 부서지기 쉬운 구조로 바뀌며, 원두에 포함된 많은 이산화탄소를 내보내고 커피 고유의 맛과 향이 제대로 발산될 수 있다.
- 생두가 열을 통해 로스팅되는 동안 흡열반응과 발열반응이 나타나고, 이 과정에서 생두의 물리적 · 화학적 변화를 일으키게 된다.
- 커피가 완성되는 과정은 크게 '생두, 로스팅, 추출'의 세 단계로 구분할 수 있는데, 커피의 맛에 대한 비중은 생두가 70%, 로스팅이 20%, 추출이 10%를 차지한다고 알려져 있다.

② 로스팅의 역사

- 로스팅은 일반적으로 1300년대 시작되어 지속적으로 발전되어 왔다고 본다.
- 1454년 이후 커피가 이슬람교도에게 널리 보급되어 로스팅된 커피를 추출해 마셨다는 사실로 볼 때, 이미 이 시기 이전에 로스팅이 보편화된 것으로 볼 수 있다.

(2) 로스팅의 과정

① 로스팅의 열전달 방식

구분	내용
전도	• 열이 따뜻한 쪽에서 차가운 쪽으로 분자 이동에 의해 전달되는 것을 말함 • 로스팅 시 생두는 주변의 열을 흡수하며 생두끼리 부딪히게 되는데, 이 과정에서 열을 흡수한 생두가 차가운 생두에 열을 전해주는 열전도 현상이 발생함 • 생두의 밀도가 높을수록 열전도가 늦고, 낮을수록 열전도가 빨라짐
복사	• 복사열은 열이나 전자기파 형태로 전해지는데, 난로 옆에 있을 때 열이 전달되는 것같이 중간에 아무런 물질이 없어도 열선이 전해지는 것을 열복사라 함 • 드럼에서 발생하는 복사열에 의해 로스팅이 이루어 질 수 있음

대류	• 대류는 기체나 액체 등의 유체에서 상하운동으로 열이 전달되는 것을 말함 • 촛불의 주변보다 윗부분이 더 뜨겁게 느껴지는 것은 대류 현상과 관련됨 • 연소로 공기가 데워져 공기가 뜨거워지면 이로 인해 로스팅이 가능하게 됨

② 로스팅의 과정(3단계)

구분	의미 · 특성	변화 양상	
건조 단계 (Drying phase)	커피콩 내부의 수분이 증발하는 단계로, 로스팅 과성에서 가장 중요하며 기반이 되는 단계임	색	로스팅 초기 옅은 녹색에서 노란색이나 아이보리색으로 변하고, 점점 갈색이나 짙은 갈색으로 변함
		모양	옐로 단계(수분 날리기 종료 시점) 이후 갈색이 짙어지면서 수분 증발로 주름이 생김(1차 인터벌 때 주름이 가장 뚜렷)
		향기	로스팅 초기 생두는 풀 향과 건초 향, 수분 날리기 후 생두가 노란색으로 변할 때는 단 향, 이후 1차 크랙이 오기 전에는 무(無)향
		소리	생두가 드럼과 함께 회전하면서 나는 소리로, 생두 투입 초기에는 묵직한 것이 부딪히는 소리가 들리며, 건조 단계 후반부터는 수분이 거의 증발해 겉은 딱딱하고 속은 비어 있는 알갱이 쓸리는 소리가 남
열분해 단계 (Roasting phase)	열분해 반응을 통해 생두 구성요소가 볶아진 원두 상태로 바뀌는 과정(실질적인 로스팅이 진행되는 과정)으로, 원두에 포함된 많은 이산화탄소를 내보내고 커피에 맛과 향을 주는 많은 물질들로 구성됨	색	로스팅 진행 중인 생두는 1차 크랙 이후 점점 갈색에서 검정색에 가까운 어두운 갈색으로 변함
		모양	1차 크랙 후 2차 크랙에 이르기까지 점점 팽창하여 주름이 펴지고 부피도 증가함
		향기	2차 인터벌 초기에 신 향과 단 향이 나다 신 향이 사라지고 단 향과 초콜릿향, 탄 향이 남(초콜릿향과 탄 향, 연기는 2차 크랙 이후 나타나는 가장 큰 특징)
		소리	1차 크랙 이후 무게가 가벼워지고 알갱이가 쓸리는 듯한 소리가 남
냉각 단계 (Cooling phase)	• 로스팅이 끝난 원두의 열을 식혀주는 과정으로, 로스팅 머신에서 배출된 경우 최대한 빠르게 냉각시켜야 함 • 곧바로 냉각시키지 않으면 원두 내부의 잔열로 로스팅이 계속 진행될 수 있으며, 제대로 냉각되지 않는 커피에서는 떫은맛이 강하게 날 수 있음		

크랙(Crack)

크랙은 로스팅 과정에서 들리는 두 번의 파열음을 말하며, '팝(Pop)' 또는 '파핑(Popping)'이라고도 한다. 1차 크랙은 커피콩 세포 내부의 수분이 열과 압력에 의해 기화되면서 발생하며, 2차 크랙은 가스(이산화탄소의 생성)와 오일의 압력에 따른 목질조직의 파괴(균열)가 일어나면서 발생한다.

2. 로스팅에 따른 변화와 로스팅 단계

(1) 로스팅에 따른 변화

① 색의 변화

- 녹색 또는 밝은 갈색의 생두는 로스팅을 통해 수분이 증발하고 옅은 노란색, 계피색(1차 크랙 시작 무렵), 갈색, 짙은 갈색(2차 크랙 무렵), 검은색으로 점차 어둡게 변화해 간다.
- 이러한 색의 변화는 당의 갈변화 반응과 단백질의 마이야르 반응에 따른 것으로, 생두에 열을 많이 가할수록 갈변화 반응이 빨라지게 된다.
- 색깔의 변화는 로스팅 정도를 판단하는 중요한 기준이 된다.

② 맛과 향의 변화

- 로스팅 정도가 강해질수록 대체로 신맛은 감소하고 쓴맛은 증가한다.
- 당도의 경우 약간 증가하나 로스팅이 지나치게 강해지면 당도가 거의 사라지므로, 단맛을 즐기려면 중간 정도의 적절한 로스팅(중볶음, Medium Roast)이 이루어져야 한다.
- 생두 상태에서는 매콤한 향과 풀 향이 나다가 수분이 증발하고 노란색으로 바뀌면서 캐러멜 향이 나기 시작한다.
- 1차 크랙을 전후하여 신 향과 고소한 향이 어우러지고, 2차 크랙에서 탄 향이 강하게 나기 시작한다.

③ 형태(부피)의 변화

- 로스팅이 진행됨에 따라 열이 전달되면서 생두가 팽창되어 부피가 증가하며, 2차 크랙 이후 팽창을 멈추게 된다.
- 1차 크랙 후 생두가 다공질 조직으로 바뀌며 부피는 50~60% 정도가 증가하고, 2차 크랙 후 세포 조직이 더욱 부서지기 쉬운 다공질화 조직으로 바뀌어 부피는 최대 100% 정도까지 팽창한다(부푼 상태를 통해 로스팅의 정도를 알 수 있음).

④ 중량과 밀도의 변화

- 생두에 열이 전달되면 수분 등이 증발하고 휘발성 물질 등이 방출되므로, 로스팅 시간이 길어질수록 중량(무게)도 감소한다.
- 중량은 약볶음(Light Roast) 때는 12~14% 감소하며, 중볶음(Medium Roast) 때는 15~17%, 강볶음(Dark Roast) 때는 18~25% 정도 감소한다.
- 로스팅이 진행될수록 부피는 증가하고 중량은 감소함에 따라 밀도도 감소하게 된다.

Tip

로스팅에 따른 변화 정리

상태				1차 크랙		2차 크랙	
반응	흡열반응			발열반응			
색	녹색	노란색	시나몬 (계피)색	옅은 갈색	갈색	짙은 갈색	검은색 (어두운 색)
맛	로스팅 정도가 강해질수록 신맛은 감소하고 쓴맛은 증가하며, 단맛은 중볶음 정도에서 최대가 됨						
향	풀 향에서 노란색 상태에서 캐러멜향이 나기 시작함			고소한 향이 어우러짐		탄 향이 강해짐	
부피(형태)	생두	수축됨		팽창함			팽창 멈춤
중량				12~14% 감소		15~17% 감소	18~25% 감소

⑤ 로스팅 전후의 성분 변화

성분	로스팅 전의 성분 구성비	로스팅 후의 성분 구성비
수분(물)	12%	1%
당분	10%	2%
지방질	12%	14%
섬유소	4%	25%
카페인	1.1~4.5%	1.1~4.5%
염기성산	6.8%	4.5%
재	4.1%	4.5%
용해성 추출물		24~27%

Tip

캐러멜화 반응과 마이야르 반응

화학적 변화로 발생하는 반응 중 커피의 향미를 결정하는 반응으로는 캐러멜화 반응과 마이야르 반응이 있는데, 이 두 반응이 적절하게 발생할 경우 로스팅이 잘 된 것으로 평가된다. 캐러멜화 반응(Caramelization)은 당(설탕) 성분을 오래 끓일 때 갈색으로 변화하여 캐러멜화 되는 반응을 말한다. 이는 슈가 브라운(Sugar Brown) 반응이라고도 하며, 원두의 색과 향에 큰 영향을 미친다. 마이야르 반응은 생두의 당분과 아미노산 성분이 열로 인해 결합하여 갈색으로 변하고 커피 고유의 맛과 향을 생성하는 반응을 말한다.

(2) 로스팅 단계 분류

① SCAA 분류법

SCAA Color Tile	Agtron No.	명칭	특징(Features)
#95	95/80	베리 라이트(Very Light)	곡물 맛, 강한 신맛
#85	85/67	라이트(Light)	강한 신맛, 품종 특성이 나타나기 시작, 미미한 바디
#75	75/59	모더리트리 라이트(Moderately Light)	강하고 산뜻한 신맛, 바디가 조금씩 강해짐
#65	65/51	라이트 미디엄(Light Medium)	산뜻한 신맛, 다양한 향기, 미국 서부지역의 전통 표준
#55	55/43	미디엄(Medium)	약한 신맛, 풍성한 향기, 품종 특성이 아직 뚜렷, 미국 서부지역의 전통 표준
#45	45/35	모더리트리 다크(Moderately Dark)	미미한 신맛, 강한 향기, 강한 바디, 이태리 북지지역의 에스프레소 표준
#35	35/27	다크(Dark)	단맛, 약한 탄맛, 미국식 에스프레소 전통 표준
#25	25/19	베리 다크(Very Dark)	강한 쓴맛, 탄맛

② 일본식 분류법

명도(L값)	명칭	약칭	특징
30.2	라이트(Light Roast)	약배전	로스팅 단계 중 맛과 향이 가장 약함, 신향, 강한 신맛
27.3	시나몬(Cinnamon Roast)		시나몬(계피)색과 비슷하며 원두가 단단함, 다소 강한 신맛, 약한 단맛
24.2	미디엄(Medium Roast)	중배전	중간 단맛과 신맛, 약한 쓴맛, 1차 크랙이 시작되는 시점
21.5	하이(High Roast)		단맛 강조, 약한 쓴맛과 신맛이 바디감과 조화, 1차 크랙에서 2차 크랙 직전까지의 로스팅
18.5	시티(City Roast)	중강배전	강하게 느껴지는 단맛과 쓴맛, 적절히 균형 잡힌 신맛, 스페셜티 커피에 적합, 2차 크랙의 시작 시점
16.8	풀 시티(Full-City Roast)		중간 단맛, 쓴맛이 강해짐, 약한 신맛, 바디감이 절정에 이르며 2차 크랙의 정점에 해당
15.5	프렌치(French Roast)	강배전	강한 쓴맛과 다소 약한 단맛(쓴맛과 단맛이 조화를 이룸), 약한 신맛, 커피 오일이 돌기 시작
14.2	이탈리안(Italian Roast)		맛이 아주 강하고 탄맛이 나며, 쓴맛이 매우 강함, 원두의 스펀지화가 발생, 2차 크랙이 종료되는 단계(로스팅의 마지막 단계)

원두의 스펀지화

원두의 스펀지화는 원두 세포벽의 파괴와 함께 갇혀있던 내부의 오일이 흘러나와 표면으로 스며드는 현상을 말한다.

미국	#95	#85	#75	#65	#55	#45	#35	#25
일본	L 30.2	L 27.3	L 24.2	L 21.5	L 18.5	L 16.8	L 15.5	L 14.2

로스팅 단계별 원두 분류

Light	약배전	
Cinnamon		
Medium	중배전	
High		
City	중강배전	
Full city		
French	강배전	
Italian		

일본식 분류법

국가별 분류법 구분

로스팅의 단계별 명칭과 구분은 국가마다 차이가 있는데, 우리나라의 경우 일본식 분류법에 따라 라이트부터 이탈리안까지 8단계로 구분하고 있다. SCAA 분류법은 원두의 밝기에 따라 Agtron(애그트론) 넘버를 8단계로 구분하고, 단계별로 베리 라이트에서 베리 다크까지 명칭을 붙여 사용한다. 일본식 분류의 경우 명도값(L값)을 표시해 분류하기도 한다.

예상문제(OX, 단답형)

01 로스팅(Roasting)이란 커피의 생두에 압력을 가해 수축시킴으로써 물리적, 화학적 변화를 일으키는 것을 말한다.

( )

02 로스팅 과정을 통해 수분이 증발하면서 콩의 색이 변하고 부서지기 쉬운 구조로 바뀌며 커피 고유의 맛과 향이 제대로 발산될 수 있다.

( )

03 커피가 완성되는 과정은 생두, 로스팅, 추출의 단계로 구분할 수 있는데 커피의 맛에 대한 비중은 로스팅이 70%로 가장 많이 차지하고 있다.

( )

04 로스팅은 1454년 이전부터 이미 보편화되었었다.

( )

05 로스팅은 전도, 대류, 복사에 의해 생두에 다양한 물리적 변화가 초래되긴 하나, 구조적 변화까지 생기는 것은 아니다.

( )

06 생두의 밀도가 높을수록 열전도가 빠르고, 밀도가 낮을수록 열전도가 느려진다.

( )

07 로스팅의 과정은 (　　　　), (　　　　), (　　　　)의 세 단계로 이루어진다.

08 건조 단계에서 로스팅 초기 생두는 풀 향과 건초 향, 수분 날리기 후 생두가 노란색으로 변할 때는 단향, 이후 1차 크랙이 오기 전에는 무(無)향이다.

( )

09 열분해 단계는 생두 구성요소가 볶아진 원두 상태로 변하는 과정인데, 원두에 포함된 많은 산소를 내보내고 커피에 맛과 향을 주는 물질들로 구성된다.

( )

10 냉각 단계에서는 로스팅이 끝난 원두를 최대한 서서히 식혀주어야 한다.

( )

11 로스팅 과정에서 들리는 두 번의 파열음을 ( )이라 하는데, 커피콩 세포 내부의 수분이 기화될 때, 가스와 오일에 압력에 따른 목질조직의 파괴가 일어날 때 발생한다.

12 생두를 로스팅하면 중량과 밀도는 증가하고, 부피는 감소하게 된다.

( )

13 녹색 또는 밝은 갈색의 생두는 로스팅을 통해 노란색, 계피색, 갈색, 짙은 갈색, 검은색으로 점차 변해간다.

( )

14 생두에 열을 많이 가할수록 갈변화 반응이 빨라지게 되며, 이러한 색깔의 변화는 로스팅 정도를 판단하는 기준이 된다.

( )

15 로스팅 정도가 강해질수록 신맛은 감소하고 쓴맛은 증가한다.

( )

16 1차 크랙 이전에는 고소하고 탄 향이 나다가 2차 크랙 이후로는 캐러멜향이 나기 시작한다.

( )

17 로스팅 후에는 수분의 구성비가 1%가량으로 감소한다.

( )

18 로스팅 전후의 성분 구성비 변화를 볼 때, 당분, 지방질, 섬유소 모두 로스팅 후 구성 비율이 감소한다.

( )

19 SCAA 분류법에서 가장 밝은 단계는 '#95'이고 명칭은 '베리 라이트(Bery Light)'이며, 가장 어두운 단계는 '#25'이고 명칭은 '베리 다크(Very Dark)'이다.

( )

---

20 SCAA 분류법에서 단맛과 약한 탄맛이 나며 미국식 에스프레소 전통 표준인 단계는 '모더리트리 다크(Moderately Dark)'이다.

( )

---

21 로스팅 단계를 명도값에 따라서 8단계로 분류한 일본식 분류법은 '라이트, 시나몬, 미디엄, 하이, 시티, 풀 시티, ( ), 이탈리안'으로 구성되어 있다.

---

22 일반적으로 로스팅 단계가 라이트(Light)에 가까울수록 신맛이 강하며, 다크(Dark)에 가까울수록 쓴맛이 강하다.

( )

---

23 중간 단맛과 신맛, 약한 쓴맛이 나며 1차 크랙이 시작되는 지점은 '시티(City Roast)'이다.

( )

---

24 풀 시티(Full-City Roast)는 중간 단맛, 쓴맛이 강해지며 바디감이 절정에 이르고 2차 크랙의 정점에 해당하는 단계이다.

( )

---

25 원두 세포벽의 파괴와 함께 갇혀있던 내부의 오일이 흘러나와 표면으로 스며드는 현상을 ( ) 라고 한다.

예상문제 정답

01 ×
02 ○
03 ×
04 ○
05 ×
06 ×
07 건조, 열분해, 냉각
08 ○
09 ×
10 ×
11 크랙(Crack)
12 ×
13 ○
14 ○
15 ○
16 ×
17 ○
18 ×
19 ○
20 ×
21 프렌치
22 ○
23 ×
24 ○
25 원두의 스펀지화

CHAPTER 02

로스팅 머신과 로스팅 방법, 블렌딩

1. 로스팅 머신

(1) 로스팅 머신의 분류

① 열전달 방식에 따른 분류

- 로스팅 머신은 열전달 방식(전도 · 대류 · 복사)에 따라 직화식과 열풍식, 반열풍식으로 구분된다.
- 직화식은 주로 전도열을 사용하며, 열풍식은 대류열, 반열풍식은 전도열과 대류열을 사용한다.

② 로스팅 머신의 구성 및 로스팅 방식

- 로스팅 머신은 종류에 관계없이 모두 드럼과 버너, 쿨러를 가지고 있다.
- 드럼에 생두를 넣고 모터로 회전시켜 교반 장치로 교반하면서, 버너로 열을 가해 로스팅을 진행한 후 쿨러에서 냉각을 하는 방식으로 로스팅이 진행된다.
- 로스팅 방식은, 직화식의 경우 드럼 내부의 생두에 버너로 직접 열을 가하는 방식이고, 열풍식은 버너를 드럼과 분리된 장소에 설치하여 열을 만든 후 바람을 통해 열을 드럼 내부로 보내 로스팅하는 방식이며, 반열풍식은 직화식과 열풍식을 절충한 방식에 해당한다.

로스팅의 열원

로스팅의 사용 연료는 가스(LPG, LNG 등)와 전기, 기타 연료(숯, 오일 등) 등으로 구분할 수 있다. 주로 가스가 사용되나, 가정용 로스팅 머신은 전기를 열원으로 한다.

(2) 로스팅 머신의 종류

① 직화식 머신

구분	내용
구조 및 특징	• 드럼과 버너, 배연 장치가 부착된 비교적 소형의 로스팅 머신으로, 드럼을 모터로 회전시켜 버너의 불꽃으로 직접 가열함 • 드럼에 있는 작은 구멍을 통해 화력이 콩에 직접 닿아 열기를 전달하며, 열은 생두의 외부조직에서 내부조직으로 전달됨 • 가스 압력계로 화력을 조절하며, 댐퍼 개폐로 배연과 습기 · 열기를 조절함 • 커피 전용 로스팅 머신으로는 직화식이 처음으로 만들어짐

장점 및 단점	• 생두의 특징에 따라 다양한 화력 조절과 댐퍼 조절이 가능하며, 로스팅되는 생두 온도가 표시되어 로스팅 포인트 조절이 용이함 • 댐퍼의 미세한 조작으로 맛을 정교하게 컨트롤할 수 있어 개성 있는 커피를 만들 수 있음(단종 블렌딩에 적합) • 드럼의 두께가 얇아 예열시간이 반열풍식보다 짧음 • 드럼 내부의 열량 조절이 어렵고 강한 불꽃이 드럼에 직접 닿을 수 있어 타기 쉬움(시티 로스팅 이하의 로스팅 포인트에서는 탄맛이 나기 쉬움) • 강한 화력으로 인해 단시간 로스팅에는 부적합하며, 댐퍼 조작도 복잡함 • 실내온도와 공기흐름, 외부 날씨, 환기 여부 등에 따라 민감하게 반응함 • 생두의 수분 제거가 어려움(수분함량이 많은 뉴크롭에서는 떫은 맛이나 아린 맛이 날 수 있음) • 생두 팽창 정도는 열풍식과 반열풍식에 비해 떨어짐

② 열풍식 머신

구조 및 특징	• 드럼을 가열해 콩으로 열을 전도하는 방식이 아니라, 버너로 뜨거워진 열풍을 드럼 안에 강제로 보내 로스팅하는 방식 • 공기가 깨끗한 상태에서 로스팅해야 향미에 좋은 영향을 주는 물질을 많이 생성시키고 나쁜 영향을 주는 물질을 생성하지 않음(질소 산화물 등의 방지)
장점 및 단점	• 열풍으로 로스팅하므로 생두의 수분이 급속히 빠져나가 짧은 시간에 매우 균일하게 로스팅이 가능(로스팅 시간이 직화식보다 훨씬 짧음) • 열풍 재순환 시스템을 도입해 로스팅 했던 공기를 재사용해 가스비를 절감 • 짧은 시간에 로스팅한 커피는 향은 좋으나 맛이 나쁠 수 있고, 오랜 시간 로스팅한 커피는 맛은 좋으나 향이 떨어질 수 있음 • 상업용의 경우 가격이 비싸 널리 사용되지 않지만, 가정용 로스터에는 간이 열풍식이 많이 사용되어 쉽게 접할 수 있음

③ 반열풍식 머신

구조 및 특징	• 드럼 아래의 버너로 드럼을 가열하면서 동시에 생성된 열풍을 드럼 내부로 전달하여 로스팅하는 방식 • 기본적 구조는 직화식과 비슷하나, 버너의 불꽃이 직접 드럼에 닿지 않음 • 직화식과 열풍식의 장점을 모두 가지는 방식으로, 가장 많이 사용됨 • 결점이 적고 합리적인 방식이며, 소형부터 공장용 대형머신까지 설계 가능함
장점 및 단점	• 외부의 영향을 덜 받으므로 화력 조절기를 통해 필요한 열량 조절이 가능 • 균일한 열량 공급을 통해 원두를 균일하게 팽창시키고 콩의 색깔 변화가 일정하며, 균일한 맛과 향을 표현할 수 있음 • 초기 흡열반응 시간이 비교적 길어 필요한 열량을 충분히 받아들인 후 반응할 수 있어 안정적인 커피의 맛과 향을 얻을 수 있음 • 열의 통풍이 잘되므로 수분 함량이 많은 뉴크롭도 쉽게 로스팅할 수 있음 • 드럼의 철판이 두툼해 화력을 높여도 잘 타지 않으며, 탄맛이나 나쁜 쓴맛의 스모키향이 발생 가능성이 적음 • 직화식보다 천천히 예열해주어야 하며, 예열시간이 충분치 않으면 원두 조직팽창이 균일하게 일어나지 않을 수 있음 • 고가(高價)이며, 직화식보다 개성 있는 커피맛을 표현하기가 어려움 • 버너가 깨끗하게 연소하지 않으면 이상적인 로스팅이 곤란함

(3) 로스팅 머신(로스터기)의 구조와 기능

- 로스팅 머신은 주로 드럼식 머신이 주로 사용되며, 용량은 드럼에 투입되어 한 번에 로스팅할 수 있는 생두의 중량(kg)으로 표시한다.
- 주요 구조(부품)에는 드럼, 호퍼, 버너, 쿨러, 모터, 샘플러, 댐퍼, 사이클론 등이 있다.
- 로스팅 머신의 주요 구조와 명칭은 그림과 다음과 같다.

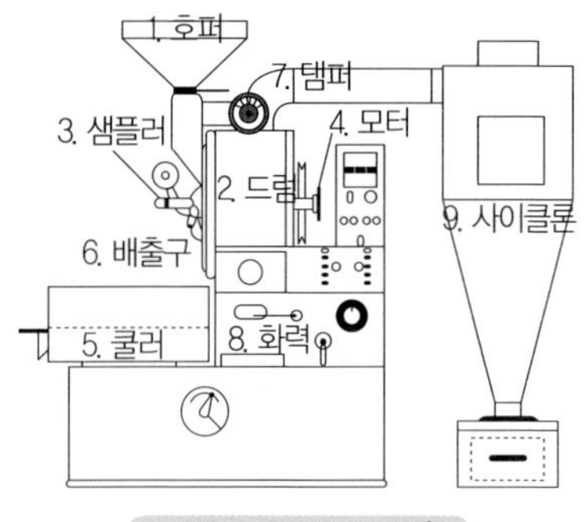

로스팅 머신의 구조와 명칭

① 호퍼(투입구)

- 계량한 생두를 투입하거나 담는 부분으로, 주로 깔때기 모양의 통(용기) 형태를 띠고 있다.
- 마개가 있어 생두를 미리 넣고 예열온도가 될 때까지 대기할 수 있다.
- 투입 전에 너무 오래 두면 생두가 건조해질 수 있으므로, 적절한 온도가 되면 바로 투입하는 것이 좋다.
- 일체형과 분리형이 있으며, 분리형의 경우 호퍼를 다른 용도로 활용할 수 있다.

② 드럼

- 호퍼를 통하여 투입된 콩이 들어가는 곳으로, 로스팅 머신의 용량은 드럼에 들어가는 양을 말한다.
- 드럼이 회전하면서 내부의 콩이 같이 돌아가는데, 콩을 균일하게 섞을 수 있는 드럼 내부의 교반 날개와 화력이 충분히 공급될 수 있는 적당한 회전수가 필요하다.

③ 샘플러

- 로스팅 중간에 드럼으로부터 콩을 꺼내 볼 수 있는 기구로, 트라이어(Trier)라고도 한다.
- 적절한 시기에 샘플러를 통하여 콩을 꺼내 봄으로써 콩의 형태나 색깔, 향을 확인할 수 있다(로스팅 진행 상황을 확인).

④ 모터

- 드럼의 회전수에 관여하는 부분으로, 모터의 회전수를 조절함으로써 콩에 열량이 충분히 공급될 수 있도록 한다.
- 로스팅이 끝난 후 쿨러에서 콩을 냉각시킬 때, 냉각팬을 회전시키는 것도 모터의 역할이다.

⑤ 쿨러(냉각기)

- 배출구에서 나온 콩들이 둥근 채반 형태의 통에 담기면 쿨링팬에 의해 유입된 외부 공기로 인하여 팬 위의 콩을 식힐 수 있다.
- 로스팅이 끝난 후 신속히 냉각해 주지 않으면 열로 인해 원하는 로스팅 포인트보다 더 진행될 수 있다.

⑥ 배출구

로스팅이 끝난 콩을 빼내기 위한 부분으로, 손잡이를 들어 올리면 뚜껑이 열려 콩이 쏟아져 나온다.

⑦ 댐퍼(Damper)

드럼과 연통사이를 개폐하는 장치로, 로스팅 시 드럼과 실린더 내부의 공기 흐름과 열량을 조절하는 역할을 한다.

댐퍼의 구체적 기능

- 드럼 내부의 산소 등 공기 흐름 조절(산소의 공급 및 배기량 등을 조절함)
- 드럼 내부의 열량 조절(댐퍼를 열면 열이 드럼 내부를 통과하며 열을 공급함)
- 드럼 내부의 매연(연기와 먼지 등)과 은피(실버스킨)를 배출
- 댐퍼 개폐를 통해 향미의 조절(로스팅 중간 발생하는 향을 콩에 담거나 날려버림)

⑧ 버너(화력)

- 노즐을 통해서 열을 공급하는 장치로, 로스팅 용량이 커질수록 버너의 용량도 증가한다.
- 가스식의 경우 별도의 버너가 부착되어 있으며, 사용하는 가스(LPG, LNG 등)에 따라 노즐의 모양이 차이가 있다.
- 전기식의 경우 할로겐램프가 부착될 수 있다.

⑨ 사이클론(집진기)

- 로스팅 중에 발생하는 실버스킨이나 가루 등의 먼지(채프)가 연통을 통해 외부로 나가는 것을 막기 위해 모으는 장치이다(가벼운 것은 원활하게 배출하고 무거운 것은 모으는 장치).
- 사이클론(집진기) 내부는 주기적으로 청소를 해 주어야 벽에 이물질이 쌓여 통로가 막히는 것을 방지할 수 있다.

2. 로스팅 방법 및 순서

(1) 로스팅의 방법

① 저온 장시간 로스팅

- 직화식 로스팅 머신에서 화력을 억제하면서 15~30분 정도의 긴 시간 동안 로스팅하는 방법으로, 주로 원두의 형태와 크기에 따라 일정한 로스팅을 할 때 사용한다.
- 상대적으로 낮은 온도로 원두의 내부까지 열을 오래 침투시키기 때문에 콩이 잘 부풀고 주름이 잘 펴지는 특징이 있다.

- 신맛은 약하나 비교적 원두의 쓴맛이 잘 나며(쓴맛이 강조됨), 중후함이 강하고 향기가 풍부한 로스팅 방법이다.

② 고온 단시간 로스팅

- 열풍식 로스팅 머신에서 열풍을 통해 로스팅 시간을 2~3분 정도로 짧게 하는 방법이다.
- 열풍으로 배전이 이루어져 콩이 빨리 익을 수 있고, 배전시간이 짧아 향기 성분이 날리지 않고 유지될 수 있다.
- 상대적으로 유기산 손실이 적어 신맛은 좋지만(신맛이 강함), 쓴맛은 약해지고 중후함과 향기가 부족해지는 특징이 있다.

온도와 시간에 따른 로스팅 방법의 구분

구분	저온 장시간 로스팅	고온 단시간 로스팅
의미	열량을 적게 공급하면서 긴 시간 동안 로스팅하는 방법	열량을 많이 공급하면서 짧은 시간에 로스팅하는 방법
로스터	드럼 로스터	유동층 로스터
커피콩 온도	200~240℃	230~250℃
시간	15~30분	1.5~3분
밀도	적은 팽창으로 밀도가 큼	상대적으로 팽창이 커 밀도가 작음
맛과 향	신맛이 약하고 뒷맛이 텁텁하며, 중후함이 강하고 향기가 풍부함	신맛이 강하고 뒷맛이 깨끗하며, 중후함이 약하고 향기가 부족함
가용성 성분	상대적으로 적게 추출됨	10~20% 더 추출됨
경제성		한 잔당 커피 사용량이 적어 경제적

③ 중간 로스팅

저온 장시간 로스팅과 고온 단시간 로스팅을 혼용한 것으로, 콩을 투입해 서서히 탈수를 진행하다 Light Yellow 시점부터 열풍을 공급해 1차 크랙까지 콩을 빨리 익히는 방법이다.

④ 더블 로스팅

- 두 번에 걸쳐 원두를 볶는 방법으로, 생두를 로스터기에 넣고 Light Yellow 시점과 1차 크랙 시점 사이에 배출해 쿨링한 후 다시 로스팅하는 방법이다.
- 이를 통해 떫은 맛을 조정할 수 있으며 원두의 맛이 연해지고 부드러워지는 경향이 있다.

⑤ 혼합 로스팅

- 두 가지 이상의 생두를 혼합해 한꺼번에 로스팅하는 방법이다.
- 생두 상태에서 혼합되므로, 각 생두의 수분함량과 밀도, 크기 등을 잘 살펴야 일정한 로스팅 포인트를 찾을 수 있다.

(2) 로스팅의 순서

① 사전 준비

- 로스팅할 생두를 계량하여 준비하며, 로스팅 머신의 덮개와 배출구, 댐퍼를 닫는다.
- 로스팅 전에 생두를 핸드픽하여 결점두를 미리 제거한다.

생두 상태에서의 점검 사항

로스팅 전 생두 상태에서의 크기와 밀도, 수분함량, 생산연도, 가공법 등을 점검한다.

② 예열

- 로스팅 머신의 전원을 켠 후 드럼과 사이클론 송풍기 정상 작동여부를 확인하고, 다음으로 연료를 공급한 후 점화하며, 분 단위로 로스팅 머신의 내부 온도를 확인한다.
- 처음부터 강한 화력으로 예열하지 않도록 주의한다.

③ 투입

- 계량한 생두를 투입하며, 투입 온도는 생산지별 생두의 특성과 생두 투입량 등에 맞추어 화력을 조절하여 설정한다.
- 댐퍼를 적당히 열어 열량을 서서히 공급한다.

④ 라이트 옐로우(Light Yellow) 시점

- 댐퍼를 완전히 열어 충분한 열량을 공급하며, 화력을 낮추지 않고 유지한다.
- 화력을 유지한 상태에서 원두의 색과 향의 변화를 확인한다.

⑤ 1차 크랙 시점

- 열량을 유지하거나 반으로 줄이며, 완전히 열린 댐퍼를 반 정도 닫아 공기 흐름과 열량을 조절한다.
- 발열반응이 시작되는 시점으로, 원두의 특성에 따른 미세한 열량 조절이 필요하다.

⑥ 2차 크랙 시점

- 배출 포인트를 설정한다.
- 강배전의 경우 열량을 조금 높여주며, 확인봉으로 원두의 부푼 정도와 색깔을 확인한다.

⑦ 배출 및 쿨링

원두를 배출하기 전 쿨러를 가동시키며, 교반기가 없을 경우 원두를 저어주며 쿨링을 시작한다.

⑧ 선별

쿨링이 완료된 원두에서 결점두를 골라내고, 이물질과 불량두, 과다 · 과소 로스팅 원두 등을 선별한다.

3. 블렌딩

(1) 블렌딩의 의미와 목적

① 블렌딩(Blending)의 의미

- 특성이 다른 2가지 이상의 커피를 혼합해 새로운 향미를 가진 커피를 만드는 것을 말한다.
- 상호 보완이 되는 커피를 혼합하여 맛과 향의 상승효과를 내는 과정이라 할 수 있다.
- 블렌딩을 잘 하기 위해서는 원산지별 커피의 특성을 잘 이해하고 있어야 한다.

② 블렌딩의 목적

- 새로운 향미를 지닌 커피를 창조한다.
- 한 가지 원두가 지닌 맛의 단점을 보완 · 극복한다(스트레이트 커피가 지닌 맛의 단순함을 보완해 균형 잡힌 맛을 창조).
- 일정 수준의 향미가 없는 경우 생두를 대체한다(작황에 따른 맛과 향의 차이를 해소).
- 전체 생산 원가를 절감한다(등급이 낮고 단가가 저렴한 생두를 섞어 생산 원가를 절감).

스트레이트 커피(Straight Coffee)

스트레이트 커피는 한 국가에서 생산된 한 종류의 커피를 말하며, 싱글오리진(Single Origin)이라고도 한다. 스트레이트 커피는 하와이안 코나와 콜롬비아 수프리모, 케냐 AA 등이 대표적이며, 커피 본연의 맛과 향을 즐기는 목적으로 애용되고 있다.

(2) 블렌딩의 방식

① 블렌딩의 준비

- 생산지별 생두의 특성을 파악한다.
- 스트레이트 커피의 맛과 향을 확인하고, 피크 로스팅 포인트(Peak Roasting Point)를 점검한다.
- 블렌딩 후의 맛과 향에 대해 점검해 배합 비율과 로스팅 포인트를 재설정한다.
- 블렌딩의 기본(Base)이 될 원두를 선정한다.

② 블렌딩의 원칙

- 로스팅 전 생두 상태에서의 크기와 밀도, 수분함량, 생산연도, 가공법 등을 확인해야 한다.
- 배합에 따른 맛과 향을 확인하고 배합 비율을 조절하며, 로스팅 포인트를 달리하여 맛과 향을 조절한다.
- 기본이 되는 원두를 30% 이상 섞어주어야 한다.
- 안정되고 지속 가능한 향미를 지향하며, 가급적 많은 사람의 기호에 맞는 배합을 찾는다.

• 나쁜 향미의 커피끼리 블렌딩하면 전체적인 풍미가 저하되며, 유사한 향미의 원두끼리 블렌딩하면 특색이 없어진다.
• 많은 수의 원두를 섞거나 맛이 좋은 스트레이트 원두를 섞는다고 반드시 좋은 맛이 나는 것이 아니다.

③ 블렌딩 방식

구분	로스팅 전 블렌딩 (Blending Before Roasting, BBR)	로스팅 후 블렌딩 (Blending After Roasting, BAR)
정의	생두를 일정 비율로 혼합한 뒤 한 번에 로스팅하는 방법	단종별로 각각의 커피를 로스팅 포인트에 따라 로스팅한 후 혼합하는 방법
장점 및 단점	• 로스팅 과정에서 각각의 커피맛을 중화시키면서 전체적으로 고른 색깔의 커피 원두를 얻는 방법 • 간편하고 일의 능률이 좋음 • 생두별 밀도와 함수율, 로스팅 포인트가 다르고 건조방식에 따라 생두가 열을 품고 발산하는 정도도 달라 이를 맞추기 어려움	• 커피마다 로스팅 포인트가 다르다는 점에서 유용하며, 맛과 향의 상승효과는 상대적으로 더 뛰어남 • 원두 하나하나 볶아 혼합하므로 일의 능률이 떨어지며, 로스팅 횟수가 많아짐 • 원두 로스팅 정도가 달라 블렌딩된 커피의 색이 균일하지 않음
사용상의 특징	• 대형 로스터나 커피 업체는 BBR을 주로 사용함 • 생두별로 밀도와 수분함량의 차이, 로스팅 포인트 차이가 큰 경우 두 방식을 병행한 방식이 사용되는데, 차이가 크지 않은 것은 BBR을 사용하고 차이가 큰 생두는 BAR을 사용해 혼합함	

블렌딩 방법
• 한 가지 원두로 로스팅 포인트를 다르게 하여 블렌딩하는 방법
• 두 가지 원두의 로스팅 포인트를 일치시켜 블렌딩하는 방법
• 두 가지 원두의 로스팅 포인트를 다르게 하여 블렌딩하는 방법

④ 블렌딩 비율 확인

구분	내용	방법
핸드 드립	싱글오리진(단일 원산지)의 커피를 각각 볶아 준비해 놓고 핸드드립으로 커피를 추출해 블렌딩 비율을 확인	• 1단계 : 싱글오리진 커피 20g을 핸드드립으로 200ml 추출 • 2단계 : 각각의 원두를 10g씩 1:1 비율로 섞어 핸드드립 추출한 후 맛과 향 비교 • 3단계 : 이후 원두의 비율을 다르게 하여 반복 추출한 커피의 맛과 향 체크
커핑	• 커핑컵 하나에 넣는 원두의 양은 10g으로 통일 • 9개의 컵을 준비하고 컵마다 블렌딩 원두의 비율을 다르게 하여 분쇄된 원두를 넣은 다음 커핑을 통하여 블렌딩 비율을 확인	• 1단계 : 커핑컵 하나에 넣는 원두의 양은 10g으로 통일하고 9개의 컵을 준비 • 2단계 : 1번 컵에는 9g:1g, 2번 컵에는 8g:2g, …순으로 비율을 다르게 커핑

커피 추출	• 핸드드립 또는 커피브루워를 통해 싱글오리진 커피를 각각 추출한 후, 추출액의 비율을 다르게 혼합하여 맛과 향을 비교하면서 블렌딩 비율을 확인 • 핸드드립으로 추출할 경우, 자유도로 인해 추출할 때마다 커피 맛이 달라질 수 있으므로 자동머신인 커피브루워를 이용하는 것도 좋음	• 1단계 : 핸드드립의 경우 동일한 드리퍼로 동일한 추출법을 사용하여 추출 • 2단계 : 커피 추출액의 비율에 맞게 원두 비율을 맞추어 블렌딩

(3) 블렌딩의 맛 조절

① 생두

- 블렌딩에 사용하는 생두의 상태가 좋지 않다면 어느 정도 같은 맛과 향을 내는 생두로 대체한다.
- 생두를 대체할 때는 우선 같은 국가 또는 국가의 주변 지역 생두에서 찾아보는 것이 좋고, 만일 찾지 못한다면 기후나 토양 등 자연 환경이 비슷한 지역 순으로 생두를 찾는다.

② 배합 비율

동일한 바리스타가 같은 원두로 동일한 배합 비율로 블렌딩을 한다고 하여도 항상 같은 맛과 향이 날 수 없으므로 블렌딩 후 커핑을 통하여 맛을 확인하여 배합 비율을 조절하여야 한다.

③ 로스팅 포인트 조절

- 약하게 로스팅하면 신맛이 강해지고 강하게 로스팅하면 쓴맛이 강해지므로 로스팅 포인트를 조절하여 맛을 조절한다.
- 로스팅 포인트를 통하여 맛은 조정할 수 있으나 향까지 맞출 수 있는 것은 아니다.

④ 추출법 조절

물의 온도, 분쇄도, 추출 방법 등을 조정해 원하는 맛과 향을 잡는 방법이다.

예상문제(OX, 단답형)

01 로스팅 머신 중 직화식은 주로 전도열을 사용하며, 열풍식은 대류열, 반열풍식은 전도열과 대류열을 사용한다.

( )

02 드럼과 버너는 로스팅 머신은 종류에 관계없이 모두 갖춰져 있으나, 쿨러는 머신의 종류에 따라 선택적으로 달고 뗄 수 있다.

( )

03 로스팅 머신에서 버너는 열을 가해 로스팅을 진행하고, 쿨러는 냉각을 진행한다.

( )

04 드럼 내부에서 생두를 가열할 때 커피에 짙은 향(스모키향)이 깊게 배어들도록 해야 하므로 강제로 배연을 시켜서는 안 된다.

( )

05 직화식 머신은 비교적 소형의 로스팅 머신으로, 드럼 내부의 생두에 열을 간접적으로 가열하는 방식이다.

( )

06 직화식 머신은 드럼의 두께가 얇아 예열시간이 반열풍식보다 짧으나 실내온도와 공기흐름, 외부 날씨, 환기 여부 등에 따라 민감하게 반응한다.

( )

07 열풍식 머신은 생두의 수분이 급속히 빠져나가 로스팅 시간이 직화식보다 훨씬 짧지만 로스팅이 균일하게 되지 못한다는 단점이 있다.

( )

08 반열풍식 머신은 화력을 높여도 잘 타지 않으며, 탄 맛이나 나쁜 쓴 맛의 스모키향이 발생할 가능성이 적다.

( )

09 로스팅 머신의 경우 드럼식 머신이 주로 사용되며, 용량은 드럼에 투입되어 한 번에 로스팅할 수 있는 생두의 중량(kg)으로 표시한다.

( )

10 ( )는 드럼과 연통 사이를 개폐하는 장치로, 드럼 내부의 공기 흐름과 열량을 조절하고 드럼 내부의 매연과 은피를 배출하는 역할을 한다.

11 '호퍼'란 로스팅 중에 발생하는 실버스킨이나 가루 등의 먼지가 연통을 통해 외부로 나가는 것을 막기 위해 모으는 장치를 의미한다.

( )

12 저온 장시간 로스팅하게 되면 신맛을 약하나 비교적 쓴맛이 잘 나며 중후함이 강하고 향기가 풍부하다.

( )

13 고온 단시간 로스팅 시 상대적으로 팽창이 적게 돼 밀도가 크다.

( )

14 혼합 로스팅은 1차 크랙 전후로 원두를 배출해 식힌 후에 다시 로스팅 머신에 투입해 원하는 포인트까지 로스팅하는 방식, 즉 두 번에 걸쳐 원두를 볶는 방법이다.

( )

15 두 가지 이상의 생두를 혼합해 한꺼번에 로스팅해서는 안 된다.

( )

16 로스팅을 준비할 때는 처음부터 강한 화력으로 예열하지 않도록 주의해야 한다.

( )

17 라이트 옐로우 시점에서는 댐퍼를 완전히 닫아 열량 공급을 막고 잔열로 서서히 원두가 달궈지도록 해야 한다.

( )

18 블렌딩을 통해 전체 생산 원가를 절감할 수 있다.

( )

19 (　　　　　)는 한 국가에서 생산된 한 종류의 커피를 이르는 말로, 하와이안 코나와 콜롬비아 수프리모, 케냐 AA 등이 대표적이다. 커피 본연의 맛과 향을 즐기는 목적으로 애용되고 있다.

20 생두별로 밀도와 수분함량의 차이, 로스팅 포인트 차이가 큰 경우 BBR과 BAR 방식을 병행하여 사용하는데, 차이가 크지 않은 것은 BBR을 사용하고 차이가 큰 생두는 BAR을 사용해 혼합한다.

(　　)

21 로스팅 전 블렌딩을 의미하는 BBR은 원두를 하나하나 볶아 혼합하므로 일의 능률이 떨어지며 로스팅 횟수도 많아진다.

(　　)

22 블렌딩 시에는 기본이 되는 원두를 (　　　　　)% 이상 섞어주어야 하며 로스팅 전 생두 상태에서의 크기, 밀도, 생산연도, 가공법 등을 확인해야 한다.

23 많은 수의 원두를 섞을수록 향이 진해져 좋은 맛이 나게 되므로 대량으로 블렌딩하는 것이 좋다.

(　　)

24 생두를 대체할 때에는 기후나 토양 등 자연 환경이 비슷한 지역에서 먼저 찾아본 후 찾지 못했을 시, 같은 국가 또는 국가의 주변 지역에서 찾아보는 것이 좋다.

(　　)

25 로스팅을 약하게 하면 신맛이 강해지고 로스팅을 강하게 하면 쓴맛이 강해진다.

(　　)

예상문제 정답

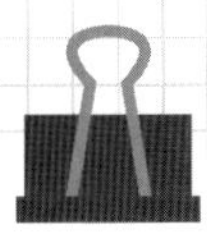

01 ○
02 ×
03 ○
04 ×
05 ×
06 ○
07 ×
08 ○
09 ○
10 댐퍼(Damper)
11 ×
12 ○
13 ×
14 ×
15 ×
16 ○
17 ×
18 ○
19 스트레이트 커피
20 ○
21 ×
22 30
23 ×
24 ×
25 ○

CHAPTER 03

로스팅에 따른 성분의 변화

1. 로스팅에 따른 성분 변화

(1) 커피 성분의 상대적 변화비율

성분		생두(%)		원두(%)	
		전체	가용성 성분	전체	가용성 성분
탄수화물	당분	10.0	10.0	18.0~26.0	11.0~19.0
	섬유소 외	50.0	–	37.0	1.0
단백질		13.0	4.0	13.0	1.0~2.0
지질		13.0	–	15.0	–
무기질		4.0	2.0	4.0	3.0
산	클로로겐산	7.0	7.0	4.5	4.5
	유기산	1.0	1.0	2.35	2.35
알칼로이드	트리고넬린	1.0	1.0	1.0	1.0
	카페인	1.0	1.0	1.2	1.2
휘발성 화합물	가스	–	–	2.0	미량
	향기 성분	–	–	0.04	0.04
페놀		–	–	2.0	2.0
총량		100	26	100	27~35

〈출처 : Sivetz & Desrosier – Coffee Technology〉

(2) 물리적 성분 변화

① 수분

- 커피콩 내부의 온도가 물의 끓는점 이상으로 상승하면 기화되어 수분이 급격히 감소한다.
- 로스팅이 진행 시 수분함량은 10~12%에서 1~2% 정도로 가장 많이 감소한다.

② 가스

- 로스팅이 진행 과정에서 생두 1g당 2~5㎖의 가스가 발생한다.
- 가스 성분 중 87%는 이산화탄소(CO_2)로, 이는 고온의 열로 인한 건열반응에 의해 생성된다.
- 가스의 50% 정도는 즉시 방출되나, 나머지는 커피 원두에 남아 있다 서서히 방출되면서 향기 성분이 공기 중의 산소와 접촉하는 것(산패)을 막아준다.

(3) 화학적 성분 변화

① 탄수화물

- 커피 성분 중 가장 큰 비중을 차지하며, 탄수화물 중 다당류(전분, 글리코겐, 섬유소, 펙틴 등)가 가장 큰 비중을 차지한다.
- 다당류는 대부분 불용성으로, 세포벽을 이루는 셀룰로오스(Cellulose)와 헤미셀룰로오스(Hemicellulose)를 구성한다.
- 당류 중 가장 많은 자당(Sucrose)은 갈변반응을 통해 원두가 갈색을 띠게 한다.
- 자당은 플레이버와 아로마 물질을 형성하며, 로스팅 후 거의 대부분이 소실된다.
- 아라비카종의 경우 로부스타종보다 탄수화물 성분을 두 배 정도 더 함유하고 있다.

② 단백질

- 단백질은 펩타이드(Peptide), 유리아미노산(Free amino acid) 등을 포함한다.
- 유리아미노산은 로스팅이 진행되면서 소실된다.
- 유리아미노산은 생두의 0.3~0.8%에 불과하지만 향기 형성에 중요한 성분이 된다(단당류와 반응하여 멜라노이딘과 향기 성분으로 변함).

③ 지질

- 대부분 트리글리세이드(Triglyceride) 형태로 존재하며, 그밖에 지방산(Fatty acids), 디테르펜(Diterpene), 토코페롤(Tocopherol), 스테롤(Sterol) 등의 형태로 존재한다.
- 열에 안정적이어서 로스팅에 큰 변화를 보이지 않는다.
- 지질 성분은 커피 아로마(향)와 관계가 있으며, 로부스타종보다 아라비카종에 더 많이 함유되어 있다.
- 지질(지방) 성분은 다른 중요한 성분과 마찬가지로 커피 향미에 큰 영향을 미친다.
- 생두를 장기 저장하는 경우 리파아제(Lipase)에 의한 가수분해가 촉진되어 산가가 높아진다.

커피의 지방산

커피의 지질 성분의 하나인 지방산은 커피의 신맛을 결정하고, 공기에 닿으면 화학 반응을 일으켜 커피 맛을 변화시키는 성분이다. 지방산은 크게 포화지방산과 불포화지방산으로 구분할 수 있다. 포화지방산은 그 자체가 안정한 물질로서 고체로 존재하는데 비해, 불포화지방산은 이중결합 화합물로 액체상태로 존재한다. 원두에 존재하는 지방산은 대부분 불포화지방산으로, 로스팅된 원두에 있는 광택이 바로 이 불포화지방산이다. 불포화지방산은 공기 중의 산소와 결합되어 산패되기 때문에 로스팅된 원두는 곧바로 추출하는 것이 좋다.

④ 산

유기산	• 구연산인 시트르산(Citric acid), 사과산인 말산(Malic acid), 주석산인 타타르산(Tartaric acid), 아세트산(Acetic acid) 등이 있음 • 커피의 신맛을 결정하는 성분이며, 아로마와 커피 추출액의 쓴맛과도 관련 • 유기산은 아라비카가 로부스타보다 많아, 아라비카의 신맛이 더 강함
클로로겐산	• 폴리페놀 형태의 페놀화합물에 속하며, 유기산 중 가장 많은 성분 • 아스코르브산(비타민 C)보다 더 강력한 항산화 작용을 함 • 로스팅에 따라 클로로겐산(Chlorogenic acid)의 양은 감소하는데, 분해되면서 떫은맛을 내는 퀸산(Quinic acid)과 카페산(Caffeic acid)으로 바뀜 • 일반적으로 아라비카종보다 로부스타종에 더 많이 함유되어 있음

⑤ 카페인

- 생두뿐 아니라 나뭇잎에도 소량 존재하며, 승화온도가 178℃로 비교적 열에 안정적이다.
- 로스팅이 진행되면서 카페인 일부가 승화되어 소실되지만 원두에서 차지하는 비중은 크게 변하지 않으며, 로스팅에 의한 성분 변화도 적다.
- 카페인으로 인해 발생되는 커피의 쓴맛은 전체 커피 쓴맛의 10% 정도에 불과하다.
- 일반적으로 로부스타종이 아라비카종보다 카페인 함량이 더 많다.

⑥ 트리고넬린(Trigonelline)

- 트리고넬린은 카페인의 약 25% 정도의 쓴맛을 낸다.
- 열에 불안정하므로 로스팅이 진행됨에 따라 급속히 감소한다.

⑦ 무기질

- 커피의 무기질 성분 중 칼륨(K)이 약 40%로 가장 많다.
- 그밖에 인(P), 칼슘(Ca), 망간(Mn), 나트륨(Na) 등이 존재한다.

⑧ 수용성 비타민

수용성 비타민은 로스팅이 진행되며 다음과 같이 변한다.

비타민	생두(mg/kg)	원두(mg/kg)
니아신(Niacin)	22.0	93~436

티아민(Thiamin)	2.1	0~0.7
리보플라빈(Riboflavin)	2.3	0.5~3.0
아스코르브산(Ascorbric acid)	460~610	–
판토텐산(Panthothenic acid)	10.0	2.3

⑨ 휘발성화합물

- 커피의 향기를 구성하는 성분으로, 가스 방출과 함께 증발 · 산화되어 상온에서 2주가 지나면 커피 향기를 잃고 사라져 버린다.
- 휘발성화합물은 매우 적은 양을 차지하고 있으나, 종류는 800여 가지 이상이 된다.
- 아라비카종이 로부스타종보다 더 많이 함유하고 있으며, 로스팅이 진행되면서 풀 시티 로스트까지는 증가하나 프렌치 또는 이탈리안 로스트 정도에 이르면 오히려 감소한다.
- 커피의 향기는 일반적으로 생두의 품종과 재배 고도, 로스팅 방법이나 정도 등과 관련이 있으며, 커피의 맛에도 영향을 미친다.

2. 갈변반응

(1) 갈변반응의 의미

① 갈변반응의 정의

- 갈변반응은 식품이 물리적 손상과 조리 또는 가공 및 저장 등의 과정에서 갈색으로 변하는 현상을 말한다.
- 갈변에는 식물성 식품에서 발생하는 효소적 갈변과 가공 식품에서 발생하는 비효소적 갈변이 있다.
- 커피의 경우 열에 의한 비효소적 갈변반응에 해당하며, 주로 캐러멜화 반응과 마이야르 반응에 의해 발생한다.

② 커피콩의 갈변

- 생두를 로스팅 처리하면 캐러멜화 반응과 마이야르 반응을 통해 갈변이 이루어진다.
- 로스팅 과정은 커피의 맛과 향에 큰 영향을 주는데, 로스팅의 정도를 높일수록 커피콩의 색과 향은 짙어지고 단맛은 약해진다.
- 로부스타종보다 아라비카종의 당 함량이 더 높기 때문에 아라비카 원두가 더 짙은 색을 나타낸다.

(2) 커피 갈변반응의 원인

① 캐러멜화(Caramelization)

- 커피의 캐러멜화는 생두의 당 성분이 고온으로 가열되면서 열분해나 산화과정을 거쳐 캐러멜로 변화하는 것을 말한다.
- 캐러멜화는 마이야르 반응과 달리 열분해에 의해 발생하며, 원두의 색과 향에 큰 영향을 미친다.

② 마이야르 반응(Maillard reaction)

- 마이야르 반응은 생두의 당분과 아미노산 성분이 열로 인해 결합하여 갈색으로 변하고 커피 고유의 맛과 향을 생성하는 반응을 말한다.
- 이는 생두를 로스팅할 때 생두에 포함되어 있는 미량의 아미노산이 환원당인 카르보닐기, 다당류와 작용하여 갈색의 중합체인 멜라노이딘(Melanoidine)을 만드는 반응을 말한다.
- 마이야르 반응은 커피 원두의 배전 중에 일어나는 주요 화학반응으로, 아미노-카르보닐 반응(Amino-carbonyl reaction)이라고도 한다.

③ 클로로겐산(Chlorogenic acid)에 의한 갈변

클로로겐산(Chlorogenic acid)류와 단백질 및 다당류와의 반응으로 고분자의 갈색색소가 형성된다.

예상문제(OX, 단답형)

01 생두를 로스팅하면 향기를 내는 성분이 생긴다.

( )

02 로스팅이 진행되면서 수분은 크게 감소한다.

( )

03 로스팅 과정에서 발생하는 가스의 80~90%는 즉시 방출되고 소량의 가스만이 원두에 남아 있게 된다.

( )

04 갈변반응을 통해 원두가 갈색을 띠게 하고, 플레이버와 아로마 물질을 형성하며 로스팅 후에는 거의 대부분 소실되는 당류는 ( )이다.

05 아라비카종과 로부스타종 중에서 탄수화물 성분을 더 많이 함유하고 있는 종은 아라비카종이다.

( )

06 단백질에 포함된 펩타이드는 로스팅이 진행되면서 소실되고 단당류와 반응하여 멜라노이딘과 향기 성분으로 변한다.

( )

07 지질은 로스팅 시에 가장 큰 변화를 보이는 성분이다.

( )

08 지질 성분 중 하나로 커피의 신맛을 결정하는 지방산은 포화지방산과 불포화지방산으로 구분되는데, 원두에 존재하는 지방산은 대부분 ( )으로, 로스팅된 원두에 있는 광택이기도 하다.

09 로스팅된 원두는 산패를 막기 위해 곧바로 추출하는 것이 좋다.

( )

10 로스팅이 진행됨에 따라 클로로겐산의 양은 증가하고, 퀸산과 카페산의 양은 감소한다.

( )

11 커피의 신맛을 결정하는 성분이자 아로마와 커피 추출액의 쓴맛과도 관련이 있는 산은 유기산이다.

( )

12 아라비카에는 로부스타보다 유기산이 더 많아 아라비카의 신맛이 더 강하다.

( )

13 카페인은 나뭇잎에는 존재하지 않고 오직 커피 생두에만 존재한다.

( )

14 커피의 쓴맛은 대부분 카페인에 의해 발생된다.

( )

15 커피에 함유되어 있는 무기질 성분은 오직 칼륨(K)뿐이다.

( )

16 휘발성화합물은 로스팅이 진행되면서 풀 시티 로스트까지는 증가하다가, 프렌치 또는 이탈리안 로스트 정도에 이르면 오히려 감소한다.

( )

17 생두의 품종과 재배 고도, 로스팅 방법이나 정도 등은 커피의 맛에는 영향을 미치지만, 향에는 크게 영향을 미치지 않는다.

( )

18 갈변에는 효소적 갈변과 비효소적 갈변이 있는데, 커피의 경우 열에 의한 비효소적 갈변반응에 해당한다.

( )

19 아라비카종보다 로부스타종의 당 함량이 더 높기 때문에 로부스타 원두가 더 짙은 색을 나타낸다.

( )

20 당 성분을 오래 끓일 때 갈색으로 착색되는 반응을 캐러멜화 반응이라 하는데, 커피의 캐러멜화는 생두의 당 성분이 고온으로 인해 결합반응을 하여 캐러멜로 변화하는 것을 의미한다.

( )

21 커피 갈변 반응의 원인에는 캐러멜화(Caramelization), 마이야르 반응(Maillard reaction), 그리고 ( )에 의한 갈변이 있다.

예상문제 정답

01 ○
02 ○
03 ×
04 자당(Sucrose)
05 ○
06 ×
07 ×
08 불포화지방산
09 ○
10 ×
11 ○
12 ○
13 ×
14 ×
15 ×
16 ○
17 ×
18 ○
19 ×
20 ×
21 클로로겐산

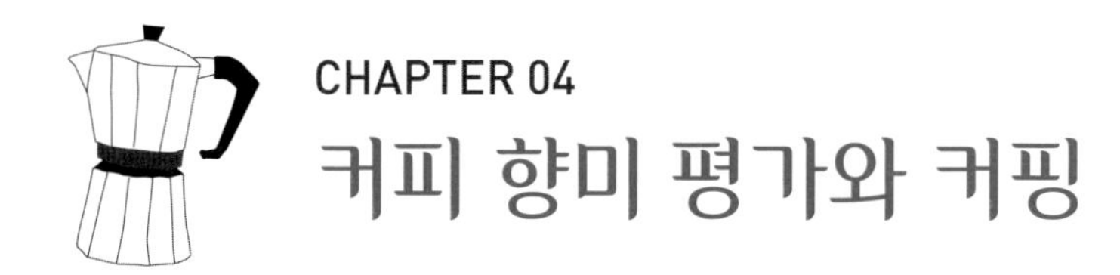

CHAPTER 04 커피 향미 평가와 커핑

1. 커피의 향미 평가

(1) 커피 플레이버(Coffee Flavor)

① 커피 플레이버의 의미와 구성요소

- 플레이버(향미)는 커피를 마실 때 느낄 수 있는 향기와 맛의 복합적인 느낌을 말한다.
- 플레이버의 구성요소(대상)는 다음과 같다.

구분	내용
향기 (Aroma)	• 가스(기체) 상태로 방출되는 천연 화합물로, 추출 시 증기로 방출됨 • 후각 작용에 의해 인식되며, 후각 세포에 의해 기억됨
맛(Taste)	• 혀의 미뢰(Taste bud)를 통해 느낄 수 있는 수용성 성분 • 미각 작용에 의해 인식되며, 단맛과 짠맛, 쓴맛, 신맛 등이 기본 맛
바디(Body)	• 기화되지 않고 물에 녹지 않는 성분 • 물과 비교해서 입안에서 느껴지는 상대적인 감촉

② 커피 플레이버의 관능평가(Sensory Evaluation) 단계

커피 플레이버에 대한 관능평가는 후각(Olfaction), 미각(Gustation), 촉각(Mouthfeel)의 세 단계로 구분된다.

(2) 후각(Olfaction)

① 후각의 의의

- 커피는 각기 독특한 향기 특성을 지니며, 특정한 맛과 결합하여 다른 커피와 구별되는 특유의 플레이버를 형성한다.
- 후각은 특정 커피를 다른 커피와 구별할 수 있게 해주는 1차적 감각수단이라 할 수 있다.

② 향의 분류

• 생성 원인에 따른 분류

생성 원인	종류	세부 항목
효소작용 (Enzymatic by-products)	플라워리(Flowery)	Floral, Fragrant
	프루티(Fruity)	Citrus-like, Berry-type
	허비(Herby)	Alliaceous, Leguminous
갈변반응 (Sugar browning by-products)	너티(Nutty)	Nutty, Malty
	캐러멜리(Caramelly)	Candy-type, Syrup-type
	초콜레티(Chocolaty)	Chocolate-type, Vanilla-type
건류반응 (Dry distillation by-products)	터페니(Turpeny)	Resinous, Medicinal
	스파이시(Spicy)	Warming, Pungent
	카보니(Carbony)	Smoky, Ashy

※ 아래쪽으로 갈수록 향기의 분자량이 크고 무거워서 휘발성이 약해진다.

※ 효소작용은 커피가 유기물로 살아 있을 때 일어나는 효소반응을 통해 생성되는 향을 말하며, 갈변반응은 로스팅 과정 중 생기는 당 성분의 갈변 현상으로 생성되는 향, 건류반응(건열반응)은 로스팅 시 생두 내의 유기물이 타거나 산화되면서 생성되는 향을 말한다.

• 향을 맡는 단계에 따른 분류(인식 순서에 따른 분류)

향의 종류	특성	주로 나는 향기
프래그런스 (Fragrance)	분쇄된 커피 입자에서 나는 향기(분쇄된 커피 향기(Dry aroma))	플라워(Flower)
아로마(Aroma)	추출 커피의 표면에서 맡을 수 있는 향기(물에 적신 커피 표면에서 나는 향)	프루티(Fruity), 허벌(Herbal), 너트 라이크(Nutty-like)
노즈(Nose)	마실 때 느껴지는 향기	캔디(Candy), 시럽(Syrup)
애프터테이스트 (Aftertaste)	마시고 난 다음에 입 뒤쪽에 느껴지는 향기	스파이시(Spicy), 터페니(Turpeny)

부케(Bouquet)

커피는 각기 다른 특유의 향기 특질을 가지고 있는데, 전체 커피의 향기를 총칭하여 부케(Bouquet)라고 한다.

③ 향기의 강도 분류(향을 이루는 유기화합물의 풍부함과 세기에 따른 분류)

강도	내용
리치(Rich)	풍부하면서도 강한 향기(Full & Strong)
풀(Full)	풍부하지만 강도가 약한 향기(Full & Not strong)

라운디드(Rounded)	풍부하지도 않고 강하지도 않은 향기(Not full & Not strong)
플랫(Flat)	향기가 없을 때(Absence of any bouquet)

(3) 미각(Gustation)

① 커피 맛을 구성하는 4가지 기본 맛(Four Basic Tastes)

기본 맛	원인 물질(구성 성분)	내용
신맛	클로로겐산	커피의 주된 용해성 물질로, 볶은 커피 무게의 4%이상을 차지하며, 유기산의 2/3 정도로 약간의 신맛을 냄
	유기산 (옥살산, 말산, 시트르산, 타타르산)	• 옥살산(옥살릭산) : 식물 속에 칼륨 또는 칼슘염 형태로 존재하는 무색무취의 흡습성 결정물 • 말산(말릭산) : 사과산이라 불릴 만큼 천연 과일에 많이 함유되어 있으며, 물과 에탄올에 잘 녹고, 에테르에는 잘 녹지 않음 • 시트르산(시트릭산) : 구연산이라고도 하며, 식물의 씨나 과즙 속에 유리상태의 산 형태로 존재(물질대사에 중요한 역할, 혈액응고저지제로 활용됨) • 타타르산 : 주석산, 다이옥시석신산이라고 하며, 시럽이나 주스 등을 만들 때 널리 사용됨
단맛	환원당	분자 내에서 알데하이드기를 가지고 있거나 용액 속에서 알데하이드기를 형성하는 당으로, 커피 단맛에 중요한 영향을 미치나 열에 취약하고, 갈변이나 부패 등의 문제가 있음
	캐러멜당	로스팅에 의해 캐러멜화한 당을 말함
	단백질	가수분해된 아미노산 중 일부가 단맛을 냄
쓴맛	카페인	퓨린(Purine) 염류에 속하며, 열에 안정적이어서 배전 후 큰 차이가 없음
	트리고넬린	카페인의 쓴맛 가운데 1/4정도를 차지하며, 아라비카종에 많이 포함되어 있음, 로스팅 중 50~80%가 분해되어 비휘발성 성분으로 바뀜
	카페산(카페익산)	뜨거운 물과 알코올에 쉽게 용해되며, 카불산이라고 함
	퀸산(퀴닉산)	클로로겐의 분해 생성물로, 부분적인 커피 쓴맛에 관여
	페놀 화합물	항균 및 소염 작용, 항알레르기 작용 등 여러 효과를 나타내는 화합물
짠맛	산화무기물 (산화칼륨, 산화인, 산화칼슘, 산화마그네슘)	미량의 산화칼륨이 짠맛의 성분이며, 커피의 짠맛은 혀로는 거의 느껴지지 않음

커피를 마실 때 느껴지는 맛

커피를 마실 때 느껴지는 기본적인 맛 또는 커피를 감별하기 위한 기본적인 맛(미각)은 신맛과 단맛, 짠맛이다. 쓴맛은 로스팅이 일정 수준 이상으로 강하게 진행된 경우 커피에 나타나는 맛으로, 다른 세 가지 맛의 강도를 왜곡시키는 역할을 한다.

② 맛의 특징 비교

신맛	• 사과산, 구연산, 주석산 용액의 특징적인 맛 • 혀의 뒤쪽 측면에 있는 엽상유두와 용상유두에서 감지됨
단맛	• 당, 알코올, 라이콜과 일부 산 용액의 특징적인 맛 • 혀의 앞쪽 용상유두에서 감지됨
쓴맛	• 카페인, 퀸산(퀴닉산), 알칼로이드 용액의 특징적인 맛 • 혀 뒤쪽의 유곽유두에서 감지됨
짠맛	• 염소, 브롬, 요소, 질산염, 황산염 용액의 특징적인 맛 • 혀 앞쪽의 용상유두와 엽상유두에서 넓게 감지됨

혀의 구조와 맛 수용체

혀를 덮고 있는 점막에 위치한 수용체가 가용성 화합물의 자극을 인식하여 맛을 느낀다. 혀의 구조에 따라 맛을 느끼는 부분은 다음 그림과 같다.

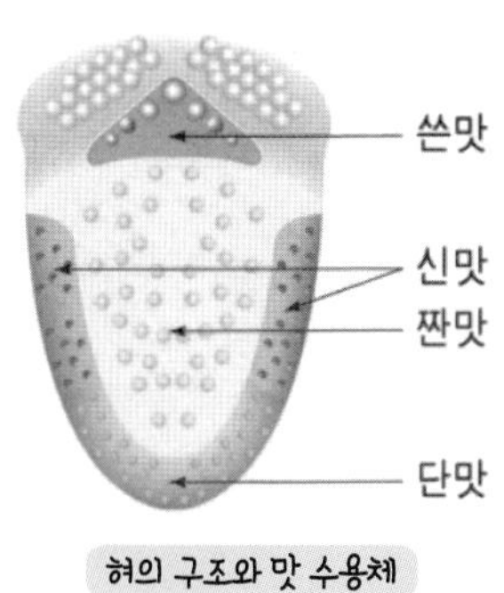

혀의 구조와 맛 수용체

③ 온도에 따른 커피 맛의 변화

- 신맛은 온도에 거의 영향을 받지 않는다.
- 단맛과 짠맛은 온도가 높아지면 상대적으로 맛이 약해지고, 온도가 낮아지면 강해진다.

(4) 촉각(Mouthfeel)

① 촉각의 의미

- 촉각은 음식이나 음료를 섭취하면서 또는 섭취한 후 입안에서 물리적으로 느끼는 촉감을 말한다.
- 이러한 촉각으로 느끼는 맛에는 매운맛과 바디감, 떫은맛이 있다.

촉각으로 느끼는 맛

- **매운맛** : 아픔을 느끼는 피부 감각인 통각으로 느껴지는 맛
- **바디감** : 입안에서 느껴지는 중량감이나 밀도감
- **떫은맛** : 피부나 점막을 압박하거나 당기는 자극을 가했을 때, 피부나 점막면에 작용하는 압력 차이로 생기는 압각에 의해 느껴지는 맛

② 바디(Body)

- 입안에 있는 말초신경은 고형성분의 양에 따라 커피의 점도를 감지하며 지방 함량에 따라 미끈함을 감지하는데, 이러한 두 가지를 집합적으로 바디(Body)라 한다.
- 바디의 강도는 지방 함량에 따라 'Buttery 〉 Creamy 〉 Smooth 〉 Watery'로 표시하며, 고형성분의 양에 따라 'Thick 〉 Heavy 〉 Light 〉 Thin'으로 표시한다.

2. 향커피(Flavor Coffee)

(1) 향커피의 의미와 목적

① 향커피의 의미

- 향을 첨가한 커피를 이르는 말로, 대부분 커피의 원두에 액체 상태의 인공 향 시럽을 덮거나 첨가하여 만든다.
- 과일향, 견과류부터 시작하여 흔히 알고 있는 헤이즐넛, 프렌치바닐라까지 모두 향커피에 속한다.

② 향커피의 목적

- 다양한 향을 즐기기 위하여 만들어졌다.
- 맛이 떨어져 상품가치가 떨어진 커피를 판매하기 위하여 개발되기도 하였는데, 이를 통해 원가 절감과 상품 판매 증가로 이어져 더 많고 다양한 상품으로 발전하게 되었다.

(2) 향커피의 종류와 제조법

① 향커피의 종류

헤이즐넛 (Hazelnut)	• 바닐라 향에 열대 개암나무의 열매인 '개암'이라는 견과의 향과 섞어 만든 향을 커피에 입힌 것 • 고소함과 달콤함이 특징

아이리쉬 크림 (Irish Cream)	• 1950년대 아일랜드 샤논(Shannon) 공항에서 승객들의 추위를 달래기 위해 제공하던 음료라고 알려져 있음 • 아이리쉬 위스키 향과 생크림 향을 결합해 만듦 • 재료는 아이리쉬 위스키, 커피, 생크림, 갈색 설탕 등임
초콜릿 헤이즐넛 (Chocolate Hazelnut)	• 고소하고 달콤한 헤이즐넛 향과 달콤하고 쌉쌀한 초콜릿 향을 커피에 입힌 것 • 달콤하고 쌉쌀하고 고소하며 부드러운 것이 특징
서던 피칸 (Southern Pecan)	• 미국 남부와 멕시코에서 재배되는 피칸나무의 열매인 '피칸'이라는 열매의 향을 커피에 입힌 것 • 피칸이 긴 타원형의 호두이므로 고소한 호두의 향이 남
프렌치 바닐라 (French Vanilla)	• 부드러운 바닐라 향과 은은한 커스터드 향을 커피에 입힌 것 • 부드럽고 달콤한 향이 남

② 향커피 배합시기

- 로스팅 중 향기를 배합하면 커피에서 보다 강한 향을 느낄 수 있다.
- 로스팅 직후 향기를 배합하면 뜨거운 원두의 표면에 향이 깊숙이 스며든다.
- 쿨링 후 향기를 배합하면 향의 흡수가 적어 강한 향을 느끼기에는 어려움이 있으나, 잔잔하고 부드러운 향을 느낄 수 있다.

3. 커피의 커핑(Cupping)

(1) 커핑의 의미와 목적

① 커피 커핑(Coffee Cupping)의 의미

- 후각, 미각, 촉각을 이용하여 커피 샘플의 맛과 향의 특성을 체계적이고 객관적으로 평가하는 것을 말한다.
- 컵에 그라인딩된 원두를 담고 물을 부어 맛과 향을 측정하는 방식으로 진행된다.
- 커핑 작업을 전문적으로 수행하는 사람을 '커퍼(Cupper)'라고 한다.
- 커핑은 분쇄된 커피의 향을 맡는 것을 시작으로 향기의 종류와 강도, 신맛, 바디, 밸런스, 애프터테이스트, 결점 등 다양한 분야를 평가하게 된다.

② 커핑의 목적

커핑을 하는 목적은 생두와 원두의 품질을 평가해 커피의 등급을 정하고, 선호도를 결정하기 위한 것이다.

(2) 커피 커핑의 방법

① 샘플 준비

로스팅	• 커핑 전 24시간 이내에 이루어져야 하고, 적어도 8시간 정도 숙성시킴 • 로스팅 정도는 라이트에서 라이트 미디엄 사이(SCAA 로스트 타일 #55)가 되도록 함
샘플 분쇄	• 커핑 시작 15분 전에 분쇄함 • 커핑할 때의 커피의 추출 수율은 18~22%가 되도록 가늘게 분쇄함 • 분쇄한 후 향이 소실되지 않도록 컵에 뚜껑을 씌워 둠
물과 커피의 비율	• 물 150㎖ 당 커피 원두 8.25g(물 1㎖ 커피 0.055g)을 넣고 가용성분의 농도가 1.1~1.3%가 되도록 하며, 샘플당 5컵을 준비함 • 물과 커피의 양은 동일 비율에 따라 조절 가능하며, 사용되는 물 온도는 93℃(90~96℃)가 되어야 함

② 샘플 평가(SCAA 커핑 방법)

- 커피 향을 깊게 들이마시면서 프래그런스(Fragrance)의 속성과 강도를 체크한다.
- 준비된 물을 커피에 고르게 붓고, 이때 물에 적셔진 아로마(향기)를 맡는다.
- 4분간 침지 후 커피 층을 깨주고(Break), 코를 대고 커피 층 아래의 향기를 맡는다(브레이킹 아로마 평가). 이때 사용한 커핑 스푼은 깨끗한 물로 씻은 후 물기를 제거하고 진행한다.
- 스푼으로 커피 층을 걷어 제거하고 커피를 시음(Sluping)한다. 추출된 커피를 강하게 흡입하면 액체 커피가 증기로 변하면서 후각 세포를 자극하여 잘 인식할 수 있으며, 입안의 모든 부위에서 맛을 느낄 수 있다.
- 커피액의 온도가 70℃ 정도가 되면 플레이버(Flavor)와 애프터테이스트(Aftertaste)를 평가하고, 조금 더 식어 70℃ 이하가 되었을 때 신맛(Acidity), 바디(Body), 밸런스(Balance)를 평가한다. 커피액이 37℃ 이하가 되면 단맛(Sweetness), 균일성(Uniformity), 클린 컵(Clean cup), 오버롤(Overall)을 평가한다.
- 위의 항목들을 수차례 반복해서 평가한 후 기록지에 기록한다.

예상문제(OX, 단답형)

01 커피를 마실 때 느낄 수 있는 향기와 맛의 복합적 느낌인 플레이버(Flavor)는 향기(Aroma), 색깔(Color), 맛(Taste)으로 구성된다.

( )

02 바디(Body)는 기화되지 않고 물에 녹아있는 성분으로 물을 마실 때 입안에서 느껴지는 감촉을 의미한다.

( )

03 커피 플레이버에 대한 관능 평가는 후각, 미각, ( )의 세 단계로 구분된다.

04 플라워리(Flowery), 프루티(Fruity), 허비(Herby)는 효소작용에 따라 생성된 종류이다.

( )

05 터페니(Turpeny), 스파이시(Spicy), 카보니(Carbony)는 너티(Nutty), 캐러멜리(Caramelly), 초콜레티(Chocolaty)보다 휘발성이 강해 빨리 사라진다.

( )

06 추출한 커피의 표면에서 맡을 수 있는 향기를 아로마(Aroma)라 하고, 주요 향기로는 프루티, 허벌, 너트 라이크 등이 있다.

( )

07 애프터테이스트(Aftertaste)에서 주로 나는 향기로는 캔디(Candy), 시럽(Syrup) 등이 있다.

( )

08 커피는 각기 다른 특유의 향기 특질을 가지고 있는데, 전체 커피의 향기를 총칭하여 ( )라고 한다.

09 커피 향기의 강도를 나타내는 말 중 리치(Rich)는 가장 풍부하고 강한 향기를 나타내는 말이고, 플랫(Flat)은 향기가 없을 때를 나타내는 말이다.

( )

10 라운디드(Rounded)가 풀(Full)보다 더 풍부한 향이다.

( )

11 커피 맛을 구성하는 기본 맛은 3가지로, 신맛, 쓴맛, 짠맛이다.

( )

12 클로로겐산과 유기산(옥살산, 말산, 시트르산, 타타르산)은 커피의 쓴맛을 구성하는 성분이다.

( )

13 환원당은 커피 단맛에 중요한 영향을 미치는 성분이지만, 열에 취약하고 갈변이나 부패 등의 문제가 있다.

( )

14 커피의 쓴맛은 로스팅이 일정 수준보다 약하게 진행된 경우에 나타나는 맛이다.

( )

15 단맛은 당, 알코올, 라이콜과 일부 산 용액의 특징적인 맛이다.

( )

16 쓴맛은 온도에 거의 영향을 받지 않고, 단맛과 짠맛은 온도가 높아지면 상대적으로 맛이 약해진다.

( )

17 떫은맛은 피부나 점막면에 작용하는 압력 차이로 생기는 압각에 의하여 느껴지는 맛이다.

( )

18 입안에서 느껴지는 중량감이나 밀도감을 바디(Body)감이라 하는데, 고형성분의 양과 지방 함량에 따라 점도와 미끈함을 감지한다. 이때 바디의 강도는 지방 함량에 따라 'Buttery 〉 (   ) 〉 Smooth 〉 Watery'로 표시한다.

19 바디(Body)의 강도는 고형성분의 양에 따라 'Thin 〉 Heavy 〉 Light 〉 Thick'으로 표시한다.

( )

20 향커피(Flavor Coffee)는 다양한 향을 즐기기 위하여 만들어진 커피로 향커피가 개발된 이후, 맛이 떨어져 상품가치가 떨어진 커피의 수요가 줄어들면서 원가 상승 현상이 생겨났다.

( )

21 바닐라 향과 개암의 견과 향을 섞어서 만든 향을 커피에 입혀 고소함과 달콤함이 특징인 향커피는 헤이즐넛(Hazelnut) 커피이다.

( )

22 프렌치 바닐라(French Vanilla)는 부드러운 바닐라 향과 은은한 커스터드 향을 입힌 향커피로, 1950년대 아일랜드 샤논(Shannon) 공항에서 승객들의 추위를 달래기 위해 제공하던 음료라고 알려져 있다.

( )

23 커피에서 강한 향을 느끼기 위해서는 로스팅 중에 향기를 배합하는 것이 좋고, 뜨거운 원두의 표면에 향이 스며들길 원하면 로스팅 직후에 향기를 배합하는 것이 좋다.

( )

24 커피 커핑 시, 로스팅은 커핑 전 24시간 이내에 이루어져야 하고 적어도 8시간 정도 숙성시켜야 하며 분쇄는 커핑 시작 15분 전에 해야 한다.

( )

25 커피 커핑 시 사용되는 물의 온도는 88~90℃ 정도가 적당하다.

( )

26 일반적으로 SCAA 커핑 샘플 평가 시 가장 먼저 커피 향을 깊게 들이마시면서 아로마(Aroma)의 속성과 강도를 체크하고, 그 후에 물에 커피를 부어 물에 적셔진 프래그런스(Fragrance)를 맡는다.

( )

예상문제 정답

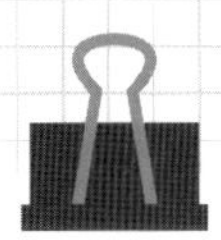

01 ×
02 ×
03 촉각
04 ○
05 ×
06 ○
07 ×
08 부케(Bouquet)
09 ○
10 ×
11 ×
12 ×
13 ○
14 ×
15 ○
16 ×
17 ○
18 Creamy
19 ×
20 ×
21 ○
22 ×
23 ○
24 ○
25 ×
26 ×

PART 03
커피 추출

CHAPTER 01

커피의 추출, 산패와 보관

1. 커피 추출 및 커피 분쇄

(1) 커피 추출의 의미

① 커피 추출의 정의

- 커피 추출이란 분쇄된 커피 입자에 물을 섞어 커피의 고형성분을 뽑아내는 것을 의미한다.
- 넓은 의미로는 'Brewing'이라고 하며, 좁은 의미로는 'Extraction'이라고도 한다.

② 커피 추출의 과정

- '침투, 용해, 분리'의 세 과정을 거친다. 즉, 분쇄된 커피 원두에 물을 부으면 커피 입자 속으로 물이 침투하게 되고, 커피 성분 중 가용성 성분이 용해되어 커피 입자 밖으로 용출되며, 용출된 성분을 물을 이용해 뽑아내는 분리 과정을 거치게 된다.
- 커피가루에 물이 투입되면 이산화탄소가 방출되며 이는 물을 밀어내면서 난류를 일으키는데, 이러한 난류는 커피 추출 시 거품층이 형성되는 것으로 확인할 수 있다.

(2) 커피 추출의 방식

① 침출식(침지식)

- 분쇄된 커피 원두에 물을 넣고 가열하거나 뜨거운 물을 부어 일정 시간 우려내는 방식을 말하며, 여과 방식보다 오래된 방식이다.
- 구체적으로 달임법(Decoction), 우려내기(Steeping), 삼출법(Percolation), 진공여과(Vacuum filtration) 방식이 침출식에 해당한다.

② 여과식(투과식)

- 분쇄된 커피 원두에 물을 부어 통과시켜 커피의 고형성분을 추출하는 방식이다.
- 커피 추출액은 다른 용기에 받아 내는 방식으로, 핸드드립 커피가 이러한 방식에 해당한다.
- 구체적 방식으로는 드립추출(Drip-filtration), 가압추출(Pressurized-filtration) 등이 있다.

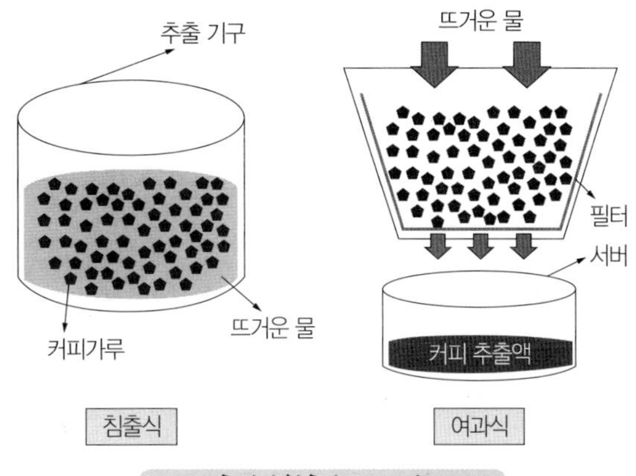

커피 추출 방식(침출식과 여과식)의 비교

(3) 커피 추출 조건

① 커피와 물의 비율(추출 수율과 농도)

- SCAA는 최적의 추출 수율은 18~22%이고, 적정 추출 농도는 1.1~1.3%일 때 커피가 가장 맛있다고 하였다.
- 커피와 물의 비율은 물 150㎖당 커피 8.25g이며, 이 비율로 추출하면 가용성 성분의 농도가 1.1~1.3% 정도가 된다.
- 추출 수율은 가용성분 중 실제로 추출된 성분의 비율(사용된 커피가 추출되어 녹아 들어간 양)을 말한다.
- 추출 수율이 18%보다 낮으면 과소추출이 일어나 풋내가 나고, 22%를 초과할 경우 과다추출이 일어나 쓰고 떫은맛이 난다.
- 추출 농도가 1%보다 낮으면 너무 약한 맛이 나고, 1.5% 이상이면 너무 강한 맛을 낸다.

② 적정한 물 온도와 접촉시간

- 커피의 고형성분은 높은 온도에서 용해되어 추출되므로 에스프레소 머신의 경우 95℃ 이상의 온도를 유지하는 것이 적당하며, 핸드드립의 경우 90~95℃ 정도의 물이 적당하다.
- 물 온도가 85℃ 이하일 경우 고형성분이 제대로 추출되지 않아 심심한 커피맛이 난다.
- 분쇄도가 가는 경우 약간 낮은 온도(90℃)에서 추출하고, 분쇄도가 굵은 경우 높은 온도(95℃ 이상)에서 추출하는 것이 좋다.
- 굵게 분쇄된 경우 물과의 접촉시간이 짧아져 과소추출(Under Extraction)되며, 작게 분쇄된 경우는 물과의 접촉시간이 길어져 과다추출(Over Extraction)되므로, 알맞은 분쇄 정도를 통해 추출해야 한다.
- 추출 온도가 높고 로스팅이 강할수록 가용 성분이 많이 추출되므로, 추출 시 로스팅 정도에 따라 물은 온도를 조절해 주어야 한다.

• 일반적으로 커피 추출 시간이 길어지면 맛에 좋지 않은 영향을 미치는 성분이 많이 나오므로, 적정한 추출 시간 내에 커피를 뽑는 것이 좋다.

커피 맛을 음미하기에 좋은 온도

일반적으로 커피를 마실 때 가장 향기롭고 맛을 음미하기에도 가장 적당한 온도는 65~70℃ 정도로 알려져 있다.

③ 좋은 품질의 물

• 커피는 물에 따라 맛이 달라지므로 물은 매우 중요한 요소가 된다.
• 커피 추출에 사용되는 물은 깨끗하고 신선하며, 냄새가 나지 않고 불순물이 적거나 없어야 하므로 정수기나 연수기를 설치해 이용하는 것이 좋다.
• 일반적으로 50~100ppm의 무기질이 함유된 물이 추출에 가장 적합하다.

④ 난류(Turbulence)와의 관계

• 난류는 커피가 추출되면서 발생하는 물길로, 추출이 지나치게 일어나면 맛이 약한 커피가 생길 수 있다.
• 난류로 인해 물이 커피가루 사이에서 불규칙하게 흐를수록 맛이 좋은 커피가 된다.

(4) 커피 분쇄(Grinding)

① 분쇄의 의미와 이유

• 분쇄는 고체 상태의 물질을 파괴해 지름 감소와 표면적 증대를 가져오는 것을 말한다.
• 커피 추출 시 분쇄를 하는 이유는, 커피 입자를 잘게 부수어 물과 접촉하는 표면적을 넓힘으로써 커피의 고형성분이 물에 쉽게 용해되어 추출이 잘 되도록 하기 위해서이다.
• 에스프레소 머신의 개발과 추출 기구의 발전으로 분쇄를 위한 그라인더도 발전하고 있다.
• 가정에서 주로 사용하는 수동 핸드밀과 전동 그라인더는 가격이 저렴하여 널리 보급되고 있으나, 속도가 느리고 분쇄입자가 균일하지 못하다.
• 커피전문점에서는 가는 분쇄입자를 빠른 시간에 분쇄해주는 전동 그라인더와 다양한 추출 기구에 맞추어 분쇄입자 변경이 용이하고 균일한 분쇄가 가능한 그라인더를 선호하고 있다.

② 적정한 분쇄

• 커피 향기는 분쇄 후 빠르게 소진되고 산패가 가속화되므로, 커핑을 하기 전 15분 이내에 분쇄가 이루어져야 한다.
• 에스프레소 추출을 위한 커피 분쇄는 다른 추출보다 가늘게(0.2~0.3mm) 분쇄되어야 하는데, 이는 "밀가루보다 굵게 설탕보다 가늘게"라 표현되기도 한다.

- 일반적으로 추출 시간이 길수록 입자를 굵게, 짧을수록 가늘게 분쇄하는데, 분쇄 표준을 정하는 것은 분쇄 커피의 추출 수율이 18~22%가 되도록 하기 위해서이다.
- 추출 종류에 따른 적정 분쇄도는 다음과 같다.

추출 종류	에스프레소	사이펀	핸드드립	프렌치 프레스
굵기	0.2~0.3mm	0.5~0.7mm	0.7~1.0mm	1.0mm 이상
분쇄 종류	Very fine grind	Fine grind	Medium grind	Coarse grind
추출 시간	25초 내외	1분	3분	4분

③ 그라인더(Grinder)의 방식 및 종류

분쇄 원리	그라인더 날의 형태		
충격식	칼날형 (Blade type grinder)		• 칼날이 회전하면서 분쇄하며, 가격은 저렴하나 고른 분쇄가 어렵고 열이 발생하여 향미가 저하됨 • 가정용으로 사용
간격식	버형	코니컬형 (Conical burr grinder)	• 분쇄입자가 균일하고 소음이 심하지 않으나 날의 수명이 짧고 잔고장이 있음 • 핸드밀, 커피전문점에서 많이 사용
		플랫형(평면형) (Flat burr grinder)	• 입자가 비교적 균일하나 열 발생으로 향미가 저하됨 • 그라인더 방식인 드립용 그라인더(맷돌방식)와 커팅 방식의 에스프레소용 그라인더가 있음
	롤형(Roll type grinder)		대량 생산에서 사용(산업용), 고가(高價)

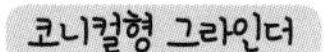
코니컬형 그라인더

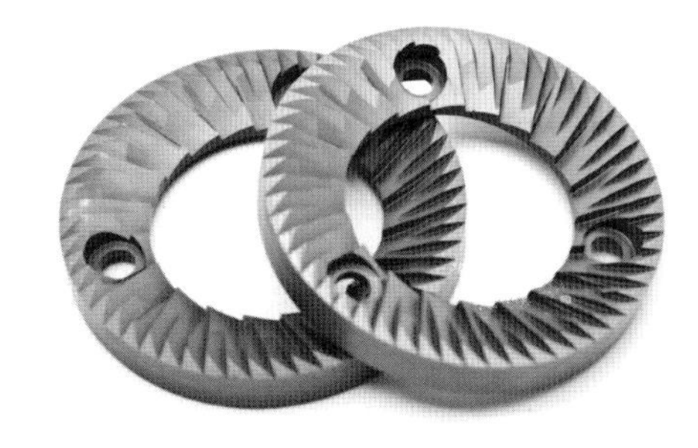
플랫형(평면형) 그라인더

④ 분쇄 시의 유의사항

- 추출 도구의 특성에 맞게 분쇄하며, 그에 따라 분쇄 정도를 조절한다.
- 그라인더 날의 마모 상태를 점검한다.
- 분쇄 입자 크기의 균일성을 유지한다(입자가 고르지 못하면 물과 접촉하는 면적의 차이로 용해 속도가 달라져 커피맛이 저하됨).
- 물과 접촉하는 시간이 짧을수록 입자를 가늘게 하고, 접촉 시간이 길수록 굵게 한다.

- 분쇄 시 열 발생을 최소화한다(열은 커피의 맛과 향을 변질시킴).
- 분쇄 시 발생하는 커피 먼지(미분)의 생성을 최소화한다(미분은 좋지 않은 맛의 원인이 됨).
- 추출 직전에 분쇄한다.

2. 커피의 산패와 보관

(1) 커피의 산패

① 산패의 의미

- 로스팅 후 시간 경과에 따라 커피 향이 소실되고 맛이 변질되는 것을 커피의 산패(산화)라고 한다.
- 산패는 공기 중의 산소와 결합하여 유기물이 산화되어 유리지방산이 생성되면서 발생하며, 항산화 물질이 감소하고 향이 사라지면서 맛도 떨어지게 된다.

② 산패의 과정

- 커피의 산패는 '증발(Evaporation) → 반응(Reaction) → 산화(Oxidation)'의 3단계 과정을 거치면서 이루어진다.
- 증발(Evaporation)은 로스팅된 커피의 휘발성 물질이 탄산가스와 함께 증발되는 단계이다.
- 반응(Reaction)은 로스팅된 커피 내부의 여러 휘발성분들이 서로 반응하면서 원래의 향미를 잃고 좋지 않은 냄새가 발생하기 시작하는 단계이다.
- 산화(Oxidation)는 산소와 결합된 커피 내부의 성분이 변질되어 가는 단계를 말한다.

③ 산패의 요인

요인	내용
산소	산소는 원두를 산화시키는 가장 큰 요인으로, 포장 내 소량의 산소만 존재해도 커피는 완전 산화된다.
습도(수분)	• 상대습도가 100%일 때 3~4일, 50%일 때 7~8일, 0%일 때 3~4주부터 산화가 진행됨 • 로스팅 시 원두 조직이 다공질화되어 습도를 잘 흡수하여 신선도를 떨어뜨리며, 나쁜 냄새를 흡수하므로 습기가 많은 곳은 피해야 함
온도	• 온도가 10℃ 상승할 때마다 2~3배씩 향기 성분이 빨리 소실됨 • 보관 온도가 높은 경우 커피의 산화 속도가 촉진되므로 가급적 낮은 온도로 보관하는 것이 좋음(다만, 냉장고에 보관할 경우 습기 흡수를 촉진해 산패가 빨리 진행될 수 있음)
햇빛	원두의 온도를 상승시켜 산소의 결합을 가속화시킴
로스팅 정도	• 로스팅이 강하게 진행된 원두(다크 로스트)일수록 원두 내 수분함량이 낮고 더욱 다공질화되어 산패가 빨리 진행됨 • 강배전된 원두는 오일이 급격히 배출되어 세포벽이 파괴되므로 산화가 빠름

분쇄입도	• 원두의 분쇄입자가 작을수록 공기와의 접촉이 많아 산화가 촉진됨 • 분쇄된 원두는 홀빈(Whole bean) 상태의 원두보다 산패가 5배 빨리 진행됨
발열	원두 분쇄 시 칼날과의 마찰열이 발생한 경우 산화 반응이 촉진됨

(2) 커피의 보관 및 포장

① 커피의 보관 방법

- **산소 억제와 차단 :** 원두가 오랫동안 신선도를 유지하기 위해서는 가급적 산소에 노출되지 않도록 하는 것이 필요한데, 밀폐 용기나 지퍼백을 이용 시 산소 노출을 최소화할 수 있다.
- **향기의 보존 :** 향기는 기체로 노출 시 빨리 사라지는 특성이 있으므로, 밀폐 용기 등 향기를 잘 보존할 수 있도록 해야 한다.
- **낮은 습도 유지 :** 원두는 습도가 높을수록 습도 흡수율이 빨라 산패가 빨리 진행되며, 습도가 낮을수록 늦게 진행된다(습도가 높은 장마철 · 여름철 보관 시 특히 주의해야 함).
- **빛의 차단 :** 빛이 잘 드는 투명 용기 등에 보관하는 경우 산패가 빨리 진행되므로, 불투명 용기나 은박 코팅이 된 봉투 등 빛을 차단 · 억제할 수 있는 곳에 보관한다.

② 커피의 포장 방법

질소가스 포장 (불활성 가스 포장)	• 포장용기 내에 불활성 가스(질소)를 삽입하고 공기를 차단해 포장하는 방법 • 다른 포장 방법보다 보관 기간이 3배 이상 길다는 장점이 있지만, 비용이 많이 듦
밸브포장	용기에 밸브를 부착하여 탄산가스를 배출하고 외부의 산소와 습기의 유입을 방지하도록 개발된 포장 방법
진공포장	• 포장용기 내부의 잔존 산소량을 10% 이하가 되도록 한 다음 밀봉하는 방법 • 분쇄된 커피 원두에 많이 사용되는 포장 방법
압축포장	• 포장 내부의 가스를 빨아들여 순간적으로 압축 밀봉하는 포장 방법 • 원두의 숙성과 산패로 가스가 내부에 차게 되면 다시 부풀어 오름

Tip

포장 재료의 조건

커피의 포장 재료가 갖추어야 할 조건으로는 보향성(保香性), 방기성(防氣性), 방습성(防濕性), 차광성(遮光性)의 4가지가 있다.

예상문제(OX, 단답형)

01 커피 추출은 일반적으로 넓은 의미로는 'Extraction'이라고 하고 좁은 의미로는 'Brewing'이라고 한다.

( )

02 커피 추출은 '침투, ( ), 분리'의 세 과정을 거친다.

03 커피가루에 물이 투입되면 이산화탄소가 방출되고, 이는 난류를 일으키며 이렇게 일어난 난류는 추출 시 커피가루 위로 거품층이 형성되는 것으로 확인 가능하다.

( )

04 침출식 추출법은 여과식 추출법보다 비교적 최근에 개발된 추출 방식이다.

( )

05 달임법(Decoction), 우려내기(Steeping), 삼출법(Percolation), 진공여과(Vacuum filtration) 방식은 모두 침출식에 해당된다.

( )

06 일반적으로 핸드드립 커피는 침출식 방식으로 추출한 커피이다.

( )

07 SCAA는 최적의 추출 수율은 18~22%, 커피의 적정 추출 농도는 1.1~1.3%라고 본다.

( )

08 추출 수율이란 가용 성분 중에서 실제로 커피에 추출된 비율, 즉 사용된 커피가 추출되어 녹아 들어간 양을 말하는데 추출 수율이 18%보다 낮으면 떫은맛이 나고, 22%를 초과하면 풋내가 난다.

( )

09 분쇄도가 가는 경우에는 약간 낮은 온도인 ( )℃에서 추출하고, 분쇄도가 굵은 경우에는 높은 온도인 ( )℃ 이상에서 추출하는 것이 좋다.

10 추출 시간이 길어질수록 커피의 향이 깊고 풍부하게 배어나오므로 최대한 천천히 오랜 시간을 들여 추출하는 것이 좋다.

( )

11 물에 따라 커피의 맛이 달라지기도 하므로, 커피 추출에 사용하는 물은 불순물이 적거나 없고, 깨끗하고 신선한 것으로 사용해야 한다.

( )

12 난류로 인해 물이 커피가루 사이에서 불규칙하게 흐를수록 커피의 맛이 약해지므로 커피 추출 시 최대한 난류가 일어나지 않도록 주의해야 한다.

( )

13 분쇄를 하는 이유는 커피 입자를 잘게 부수어 물과 접촉하는 커피의 표면적을 넓혀, 커피의 고형성분이 물에 쉽게 용해되도록 하기 위함이다.

( )

14 수동 핸드밀(Hand Mill)은 분쇄입자가 균일하지 못하다는 단점이 있으나, 가격이 저렴하고 속도가 빠르다는 장점 때문에 가정에서 주로 사용되고 있다.

( )

15 에스프레소 추출을 위한 커피의 분쇄는 약 0.7~1.0mm정도로 다른 추출보다 굵게 분쇄되어야 한다.

( )

16 일반적으로 에스프레소의 추출 시간은 25초 내외, 사이펀은 1분, 핸드드립은 3분, 프렌치 프레스는 4분 정도가 적절하다.

( )

17 그라인더(Grinder)는 충격식과 간격식으로 구분되는데, 충격식에는 코니컬형과 플랫형, 롤형이 있고 간격식에는 칼날형이 있다.

( )

18 (   ) 그라인더는 핸드밀과 커피전문점에서 많이 사용되는 것으로, 분쇄입자가 균일하고 소음이 심하지는 않으나 날의 수명이 짧고 잔고장이 있다는 단점이 있다.

19 칼날형과 플랫형 그라인더는 모두 열이 발생하여 향미가 저하된다는 공통점이 있다.

( )

---

20 플랫형 그라인더는 드립용 그라인더인 맷돌방식(그라인더 방식)과 에스프레소용 그라인더인 커팅 방식으로 구분된다.

( )

---

21 분쇄 시에 물과 접촉하는 시간이 길수록 입자를 가늘게 하고, 접촉 시간이 짧을수록 굵게 한다.

( )

---

22 열은 커피의 맛과 향을 변질시키므로 분쇄 시에 열 발생이 최소화되도록 주의하여야 하며 분쇄 입자 크기의 균일성은 유지하도록 해야 한다.

( )

---

23 분쇄 시 발생하는 커피 먼지(미분)는 커피에 독특한 향을 더해주므로 일정량의 미분을 발생시켜 커피에 흡수되게 하는 것이 좋다.

( )

---

24 로스팅 이후 시간이 지나게 되면 커피의 산패가 진행되어 커피의 향이 소실되고 맛이 변질될뿐더러 항산화 물질도 감소하게 된다.

( )

---

25 커피의 산패 과정에서 산화가 가장 먼저 일어나고 그 후에 커피 내부의 여러 휘발성분들이 서로 반응하고 증발이 일어나게 된다.

( )

---

26 원두를 산화시키는 가장 큰 요인은 산소이고, 상대습도가 높을수록 더 빨리 산화가 진행된다.

( )

---

27 로스팅이 강하게 진행된 원두일수록 산패가 더 빨리 진행되고, 원두의 분쇄입자가 작을수록 산화가 촉진된다.

( )

---

28 온도가 상승할 때마다 향기 성분이 빨리 소실되고 보관 온도가 높은 경우 커피의 산화 속도가 촉진되므로 커피의 산패를 방지하기 위해서는 냉장고에 보관하는 것이 가장 좋다.

( )

29 햇빛은 커피에 좋은 영향을 끼치므로 빛을 차단, 억제하는 불투명 용기나 은박 코팅이 된 봉투보다는 빛이 잘 드는 투명 용기에 커피를 보관하는 것이 좋다.

( )

30 (   ) 포장은 포장용기 내에 불활성 가스인 (   )를 삽입하고 공기를 차단하여 포장하는 방법으로, 비용이 많이 들긴 하나 다른 포장법보다 보관 기간이 3배 이상 길다.

31 커피의 포장 재료가 갖추어야 할 조건으로는 보향성(保香性), 방기성(防氣性), 방습성(防濕性), 차광성(遮光性)의 4가지가 있다.

( )

32 포장용기 내부의 잔존 산소량을 10% 이하가 되도록 한 후에 밀봉하는 방법은 압축포장 방법이다.

( )

예상문제 정답

01 ×
02 용해
03 ○
04 ×
05 ○
06 ×
07 ○
08 ×
09 90, 95
10 ×
11 ○
12 ×
13 ○
14 ×
15 ×
16 ○
17 ×
18 코니컬형
19 ○
20 ○
21 ×
22 ○
23 ×
24 ○
25 ×
26 ○
27 ○
28 ×
29 ×
30 질소
31 ○
32 ×

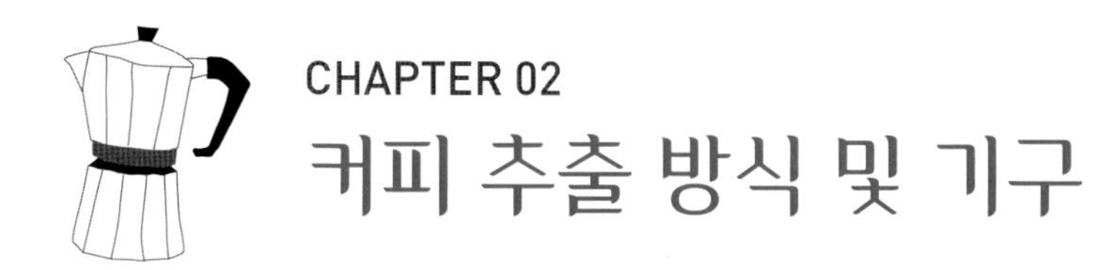

CHAPTER 02 커피 추출 방식 및 기구

1. 커피 추출 방식

(1) 주요한 추출 방식

① 침출식(침지식)

- 추출 용기에 분쇄된 커피 원두(커피가루)를 넣고 뜨거운 물을 붓거나 찬물을 넣고 가열하여 커피 성분을 뽑아내는 방식이다.
- 여과식보다 오래된 방식으로, 프렌치 프레스, 터키식 커피 등이 침출식에 해당한다.

② 여과식(투과식)

- 분쇄된 커피 원두가 담긴 필터에 물을 통과시켜 커피의 성분을 뽑아내는 방식이다.
- 침출식보다 깔끔한 커피를 추출하는 방식으로, 드립식 추출, 모카포트 등이 여과식에 해당한다.

(2) 추출 방식의 구체적 분류

구분	Brewing	Extraction	Tool
침출식 (침지식)	달임법(Decoction)	커피가루를 용기에서 달이는 방식	Ibrik, Cezve
	우려내기(Steeping)	커피가루를 뜨거운 물에 부어 커피 성분을 우려내는 방식	French press
	삼출법(Percolation)	커피가루에 뜨거운 물을 통과시켜 추출하고, 이 추출액이 다시 커피가루를 통과하며 반복추출하는 방식	Percolator
	진공여과 (Vacuum filtration)	용기의 물을 끓여 상부로 올려 커피가루와 섞은 후 증기압을 제거하고 추출액을 하부로 내려 보내는 방식	Vacuum brewer(사이펀)
여과식 (투과식)	드립추출 (Drip-filtration)	커피가루에 뜨거운 물을 부어 통과시키면서 추출하는 방식	Coffee maker Hand drip Dutch
	가압추출 (Pressurized-filtration)	압력을 가하면서 커피를 추출하는 방식	Mocha pot Espresso

2. 커피 추출 기구

(1) 페이퍼 필터 드립(핸드 드립)

① 의미와 특징

- 여과 필터에 분쇄된 원두를 넣고 뜨거운 물을 부어 커피를 추출하는 방법을 말한다.
- 플라스틱이나 도기, 유리, 동 등의 재질로 된 드리퍼(Driper) 위에 분쇄 커피가 담긴 페이퍼 필터를 올려놓은 다음 드립용 주전자를 이용해 물을 부어 커피를 추출하는 방법이다.
- 필터 드립을 처음으로 시작한 사람은 독일의 멜리타 벤츠(Melitta Bentz) 부인으로, 1908년 멜리타 드리퍼를 개발하여 페이퍼 필터 드립의 시초가 되었다.
- 다른 추출 방식에 비해 커피 본연의 맛과 향을 그대로 표현할 수 있다는 장점이 있다.

② 도구

드리퍼	• 커피를 여과하는 기구로, 플라스틱 · 도기 · 유리 · 동 등의 재질로 되어 있으며, 구체적 종류로 칼리타, 멜리타, 하리오, 고노, 융(Flannel) 등이 있음 • 같은 원두를 추출하더라도 드리퍼 형태에 따라 맛이 달라지므로, 사용자의 드립 방식에 맞는 드리퍼를 선택하는 것이 중요함 • 리브(Rib)는 드리퍼 내부의 요철에 물을 부었을 때 커피 내부의 공기가 원활히 배출되도록 하는 통로로, 리브가 촘촘하고 높을수록 커피액이 아래로 잘 배출됨
드립 포트 (Drip pot)	• 물줄기를 세밀하게 해주기 위해 만들어진 핸드 드립 전용 포트를 말함 • 재질에 따라 스테인레스, 법랑, 구리 등으로 나누어짐
서버(Server)	드리퍼 밑에 받쳐 추출된 커피를 받아내는 계량 용기를 말하며, 주로 강화유리로 만든 것이 사용됨
종이 필터	• 드리퍼의 모양에 따라 종이 필터 모양이 다름 • 재질에 따라 천연펄프지와 표백지가 사용되는데, 천연펄프지는 추출 시 종이 맛이 나오는 단점이 있어 추출 전에 뜨거운 물로 씻어내 사용함
기타 도구	온도계, 스톱워치, 계량스푼 등

드립 포트 　　 드립 서버

재질에 따른 드리퍼의 특징

- **플라스틱 드리퍼** : 플라스틱은 가장 저렴하고 보편적으로 사용되는 재질로, 드립 시 물의 흐름을 파악할 수 있으나 열전도와 보온성이 좋지 않고, 장기 사용 시 변형과 흠이 발생할 수 있다.

• **도기(세라믹) 드리퍼** : 도자기로 만든 드리퍼로, 열 보존성은 좋지만 깨질 위험성이 있고 무겁다.
• **유리 드리퍼** : 강화유리를 사용한 드리퍼로, 열 보존성이 낮고 파손의 위험이 있다.
• **동 드리퍼** : 열전도와 보존성이 가장 좋은 드리퍼로, 가격이 비싸고 변색이 발생할 수 있다.

(2) 융 드립

① 의미

• 천의 섬유조직을 커피의 필터로 사용하는 방식이다.
• 필터 드립에서 처음 사용된 필터는 융(Flannel)이었는데, 보관과 관리에 어려움이 있어 페이퍼 필터 드립이 개발되었다.

② 특징

• 융 추출을 거친 커피는 바디를 구성하는 오일 성분이나 불용성 고형성분이 페이퍼 드립에 비해 쉽게 통과되어 추출되므로, 바디가 묵직하며 커피 맛이 풍부하고 진하면서도 부드러운 것으로 알려져 있다.
• 사용 후 삶은 뒤 찬물이 담긴 밀폐용기에 담아 냉장 보관해야 하는 불편함이 있다.

(3) 콜드 브루(Cold Brew) 또는 워터 드립, 더치커피

① 의미

• 콜드 브루는 찬물을 사용하여 장시간(3시간 이상) 추출하며, 향기를 그대로 담아 둘 수 있는 기구이다.
• 정수를 떨어뜨려 추출하기 때문에 워터 드립(Water Drip)이라 부르기도 하며, 더치커피(Dutch Coffee)라 부르기도 한다.
• 네덜란드 상인들이 배 안에서 오랫동안 두고 시원하게 마실 수 있는 방법을 고민하다 고안된 것으로 알려져 있다.

워터 드립

② 특징

- 워터 드립(콜드 브루, 더치) 커피는 찬물(상온수)로 아주 천천히 추출하기 때문에 추출 후 장시간(1~3주) 냉장 보관해 마실 수 있으며, 숙성시키면 맛이 더 좋다.
- 에스프레소보다는 거칠고 핸드 드립보다는 고운 분쇄도로 원두를 갈아 물이 한 방울씩 떨어지게 세팅한 후 긴 시간에 걸쳐 추출한다.
- 추출된 커피는 텁텁함이 없고 깔끔하며, 부드러운 다크 초콜릿 맛과 스모키한 향이 뛰어나다.

(4) 케멕스 커피메이커(Chemex coffee maker)

① 의미

- 드리퍼와 서버가 하나로 연결된 일체형으로, 리브(Rib)가 없어 그 역할을 대신하는 공기 통로가 상단부에 설치되어 있다.
- 독일 출신의 화학자 쉴럼봄(Schlumbohm)에 의해 탄생한 것으로 알려져 있다.

② 특징

물 빠짐이 페이퍼 드립에 비해 좋지 않다는 것이 단점이다.

(5) 모카포트(Moka/Mocha Pot)

① 의미

- 모카포트는 증기압의 원리에 의해 커피를 추출하는 기구로, 불 위에 올려놓고 추출하므로 '스토브 톱 에스프레소 메이커'라고도 한다.
- 하단 포트에 물을 넣고 중간 필터에 분쇄된 원두를 넣은 후 결합하여 가열하면, 수증기의 압력으로 물이 관을 따라 올라가 분쇄된 원두를 통과하면서 커피가 추출되어 상단 포트에 모이게 된다.

② 특징

- 1933년 이탈리아의 비알레띠(Bialetti)에 의해 탄생한 것으로 알려져 있으며, 가정에서 손쉽게 에스프레소를 즐길 수 있도록 고안된 기구이다.
- 원두는 에스프레소용 원두처럼 강배전한 원두를 사용한다.

(6) 에어로 프레스(Aero Press)

① 의미

- 분쇄된 커피를 체임버(Chamber)에 넣고 적당량의 물을 부어 10초 정도 저어준 후, 플런저(Plunger)를 체임버에 끼워 압력을 가하면 체임버의 물을 밀어내어 커피가 추출된다.

• 공기압 프레스방식과 특수 마이크로필터 드립 방식을 결합한 것으로, 주사기와 같은 원리를 이용한 방식이다.
• 추출이 신속하게 이루어지며, 휴대가 가능하여 장소에 관계없이 사용할 수 있다.

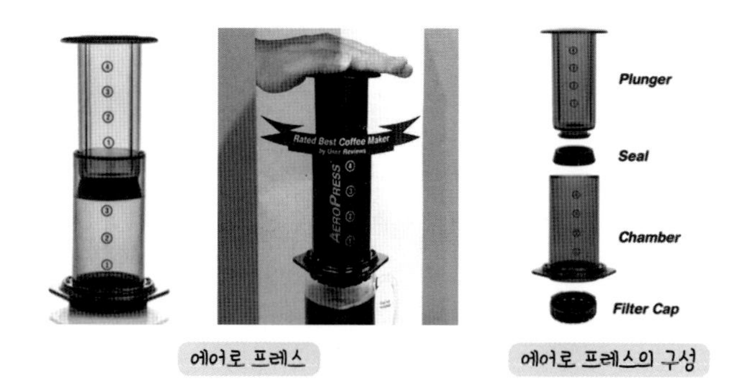

에어로 프레스 에어로 프레스의 구성

② 특징

• 에어로 프레스의 가압추출법에 적합한 원두의 분쇄도는 에스프레스용과 핸드 드립용, 프렌치 프레스용 등 다양하게 적용할 수 있다.
• 깊고 풍부하며 깔끔한 맛의 커피를 신속하면서도 손쉽게 추출할 수 있다.

(7) 터키식 커피(Ibrik, Cezve)

① 의미

• 터키식 커피 추출 기구 중 가장 널리 사용되는 것은 이브릭(Ibrik)과 체즈베(Cezve)이다.
• 가장 오래된 커피 추출법으로, 동이나 철로 만들어진 작은 용기에 곱고 미세한 커피를 담은 후 물을 붓고 불 위에서 달여 추출하는 방법이다.
• 커피가루가 가라앉을 때까지 식혔다가 부어 마시면 된다.

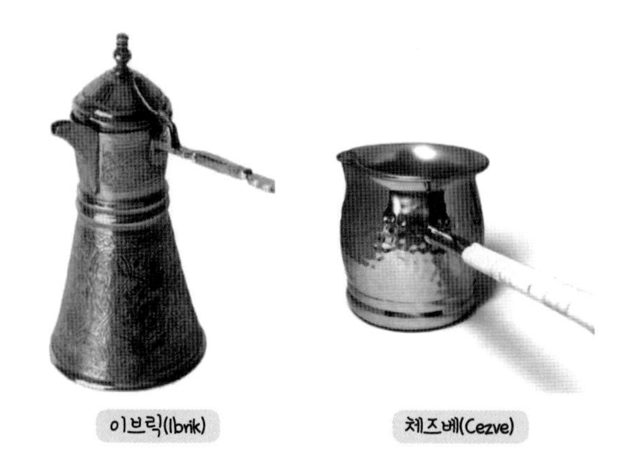

이브릭(Ibrik) 체즈베(Cezve)

② 특징

- 여과를 하지 않으므로 커피 입자를 에스프레소보다 더 가늘게 곱고 가늘게 분쇄한다.
- 강렬한 커피 맛을 낼 수 있으나, 필터가 없어 텁텁한 커피가루를 함께 마셔야 하는 불편함이 있다.

이브릭과 체즈베의 추출 방법

- 이브릭이나 체즈베에 물을 붓고 끓인다.
- 물이 끓으면 에스프레소보다 곱고 가늘게 분쇄된 원두를 넣고 불을 약하게 줄인다.
- 불에서 기구를 2~3번 들어 올려 약불로 은은하게 끓이면서 막대로 부드럽게 저어준다.
- 1분 정도 끓인 후 불을 끄고 커피가루가 가라앉을 때까지 기다렸다가 부어준다.

(8) 프렌치 프레스(French Press)

① 의미

- 유리로 된 용기(비커)와 플런저(Plunger)가 달린 뚜껑으로 구성되며, 비커 안에 굵게 분쇄한 커피를 담고 뜨거운 물을 부어 일정 시간(3~4분) 우려낸 후 플런저를 눌러 추출한다.
- 프랑스의 Bodum사가 프렌치 프레스라는 명칭으로 유행시켜 그 명칭이 보편화 된 것이다.

프렌치 프레스

② 특징

- 우려내기 방식과 가압추출 방식이 혼합된 것으로, 다양한 향미와 오일 성분을 추출하므로 바디감이 강한 커피를 추출할 수 있다.
- 종이 필터가 아닌 금속 필터로 여과하므로 미세한 커피 침전물까지 추출될 수 있어 깔끔하지 않고 텁텁한 맛이 나므로, 전체적인 향미는 다소 떨어진다.

(9) 퍼컬레이터(Percolator)

① 의미

- 대류를 막는 추출 유닛과 불에 닿는 용기(또는 전기 포트)로 구성되어 있으며, 용기의 물을 끓이면 대류에 의해 추출 유닛관 사이로 물이 역류해 올라가 원두를 통과한 후 다시 용기 아래로 내려간다.
- 분쇄된 원두를 담는 통은 유닛의 상단이나 중간에 붙어 있어 커피가루가 물과 직접 접촉하지는 않는다.

② 특징

- 미국 서부 개척시대부터 사용된 추출 기구로, 추출액이 순환하여 원두를 지나치며 추출을 반복하는 구조이므로, 추출액 농도가 용기의 커피 농도와 같아지면 더 이상 추출이 진행되지 않는다.
- 일정 수준 이상으로 농도를 짙게 할 수 없다는 단점이 있으나, 부드럽고 구수한 커피가 추출된다는 장점도 있다.

(10) 사이펀(Siphon, Syphon)

① 의미

- 증기압과 진공 흡입 원리를 이용해 추출하는 진공식 추출 기구로, 원래의 명칭은 배큠 브루어(Vacuum Brewer)라고 한다.
- 유리로 된 상부 로트와 하부 플라스크로 구성되며, 상부 로트에는 여과 필터가 장착되어 있다.
- 하부 플라스크에 있는 물을 끓이기 위한 열원으로는 알코올램프, 할로겐램프, 가스스토브 등이 있다.

사이펀

② 특징

- 사이펀에서 사용되는 원두는 통상 중강배전 이상이며, 핸드 드립 분쇄에 비해 약간 가늘다.
- 핸드 드립에 비해 맛과 향이 다양하지 않다.

Tip

사이펀 추출 방법

- 플라스크에 물을 담고 열을 가한다.
- 물이 끓으면 커피를 로트에 담는다.
- 물이 끓어 상부로 올라오면 스틱을 사용해 잘 저어주고, 30초 정도 후에 불을 끈다.
- 불을 끈 후 커피를 한 번 더 저어주면 커피가 하부의 플라스크로 내려온다.

(11) 핀(Phin)

① 의미

- 베트남에서 흔히 사용되는 커피 추출도구이다.
- 모카포트용이나 더치용으로 곱게 분쇄된 원두를 구멍이 뚫린 스트레이너로 평평하게 한 후 뜨거운 물을 스트레이너가 살짝 잠길 만큼 부은 다음 30초 정도 뜸을 들이고 천천히 추출하는 방식이다.

② **특징**

베트남에서는 잔에 미리 연유를 부어 놓고 추출된 커피와 섞어 달콤한 커피로 즐기는데, 이는 로부스타가 많은 베트남 커피의 쓴맛을 줄이고 부드럽고 달콤하게 하기 위해서이다.

뜸

커피 추출의 가장 첫 번째 단계는 뜸(infusion)을 들이는 과정이다. 커피에 처음 물을 부어 뜸을 들이게 되면 물이 균등하게 퍼지어 가루 전체에 물이 퍼지게 된다. 커피 입자가 물을 흡수하면서 수용성 성분이 물에 충분히 녹게 되고 추출이 원활하게 이루어진다. 뜸을 들이지 않고 바로 추출에 들어가면, 커피의 수용성 성분이 물에 용해될 시간이 없어 맛이 옅어지고 밋밋한 싱거운 커피가 추출될 수밖에 없다. 또한 뜸은 커피에 함유된 탄산가스를 제거해 주는 역할도 한다. 뜸이 제대로 들어 커피가 잘 부풀어 올라야 커피의 맛과 향을 잘 표현할 수 있다.

예상문제(OX, 단답형)

01 모카포트는 여과식(투과식)으로 커피를 추출해내는 방식이다.

( )

02 Percolator를 사용하여 커피가루에 뜨거운 물을 통과시켜 추출하고 이 추출액이 다시 커피가루를 통과하며 반복추출하는 방식은 '우려내기(Steeping)'이다.

( )

03 용기의 물을 끓여 상부로 올려 커피가루와 섞은 후 증기압을 제거하고 추출액을 하부로 내려 보내는 진공여과(Vacuum filtration)는 커피식 추출 기구인 이브릭(Ibrik)과 체즈베(Cezve)를 이용하는 방식이다.

( )

04 필터 드립을 처음으로 시작한 사람은 영국의 멜리타 벤츠(Melitta Bentz) 부인으로, 멜리타 드리퍼를 개발하여 페이퍼 필드 드립의 시초가 되었다.

( )

05 페이퍼 필터 드립은 여과 필터에 분쇄된 원두를 넣고 뜨거운 물을 부어 커피를 추출하는 방법으로, 다른 추출 방식에 비해 커피 본연의 맛과 향을 그대로 표현할 수 있다는 장점을 가지고 있다.

( )

06 드리퍼 내부의 요철에 물을 부었을 때 커피 내부의 공기가 원활히 배출되도록 하는 통로를 ( )라고 한다.

07 드립 포트(Drip pot)는 드리퍼 밑에 받쳐 추출된 커피를 받아내는 계량 용기를 말한다.

( )

08 드리퍼의 모양과는 상관없이 종이 필터의 모양은 한 가지로 통일되어 있다.

( )

09 플라스틱 드리퍼는 가장 저렴하고 보편적으로 사용되는 드리퍼로, 드립 시 물의 흐름을 파악할 수 있으나 열전도와 보온성이 좋지 않고 오래 사용할 경우 변형과 흠이 발생할 수 있다.

( )

10 천의 섬유조직을 커피의 필터로 사용하는 방식으로, 필터 드립에서 처음 사용된 필터는 (　　　　) 이었으나 보관과 관리에 어려움이 있어 페이퍼 필터 드립이 개발되었다.

---

11 융 추출을 거친 커피는 오일 성분이나 불용성 고형성분이 비교적 쉽게 통과되어 그대로 추출되므로 바디가 묵직하며 맛이 풍부하고 진하면서도 부드럽다.

(　　)

---

12 콜드 브루(Cold Brew)와 워터 드립(Water Drip), 더치커피(Dutch Coffee)는 모두 각각 다른 방식의 추출법을 사용하여 내린 별개의 커피를 나타내는 명칭이다.

(　　)

---

13 콜드 브루 커피는 찬물로 아주 천천히 추출하기 때문에 추출 후 장시간 냉장 보관해두고 마셔도 되며, 숙성시키면 맛이 더 좋다.

(　　)

---

14 더치 커피의 원두는 에스프레소보다는 (　　　　) 핸드 드립보다는 (　　　　) 분쇄도로 갈아야 한다.

---

15 케멕스 커피메이커(Chemex coffee maker)는 독일의 화학자 쉴럼봄(Schlumbohm)에 의해 개발된 것으로, '드리퍼 – 리브 – 서버'가 하나로 연결된 일체형의 기구이다.

(　　)

---

16 모카포트(Mocha Pot)를 스토브 톱 에스프레소 메이커(Stove Top espresso maker)라고도 한다.

(　　)

---

17 모카포트의 상단 포트에 물을 넣고 중간 필터에 분쇄된 원두를 넣은 후 결합하여 가열하면, 수증기의 압력에 의해 하단 포트에 커피가 추출된다.

(　　)

---

18 공기압 프레스 방식과 특수 마이크로 필터 드립 방식을 결합한 것으로, 주사기와 같은 원리를 이용한 커피 추출 도구는 (　　　　)이다.

---

19 에어로 프레스(Aero Press)는 휴대가 가능하여 장소에 관계없이 사용할 수 있다는 장점이 있으나, 추출 시간이 오래 걸린다는 단점이 있다.

(　　)

---

20 이브릭(Ibrik)과 체즈베(Cezve)는 터키식 커피 추출 기구로, 커피 추출법 중 가장 오래된 추출법이다.

( )

21 터키식 커피 추출법으로 내린 커피는 여과를 하지 않아 강렬한 커피 맛을 낼 수 있고, 커피 위에 떠있는 커피가루를 건져내므로 깔끔한 맛이 나는 것이 특징이다.

( )

22 프렌치 프레스(French Press)는 유리로 된 용기와 (   )가 달린 뚜껑으로 구성된 추출 기구로, 우려내기 방식과 가압추출 방식이 혼합된 기구이다.

23 프렌치 프레스를 이용하여 추출한 커피는 바디감은 강하지만, 향미는 떨어진다.

( )

24 퍼컬레이터(Percolator) 방식은 대류의 원리와 관련이 있고, 사이펀(Syphon)은 진공 흡입 원리와 관련이 있다.

( )

25 핀(Phin)은 필리핀에서 흔히 사용되는 커피 추출도구이다.

( )

예상문제 정답

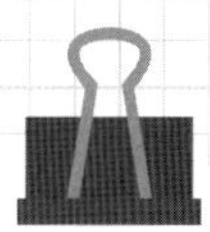

01 ○

02 ×

03 ×

04 ×

05 ○

06 리브(Rib)

07 ×

08 ×

09 ○

10 융(Flannel)

11 ○

12 ×

13 ○

14 거칠고, 고운

15 ×

16 ○

17 ×

18 에어로 프레스

19 ×

20 ○

21 ×

22 플런저(Plunger)

23 ○

24 ○

25 ×

CHAPTER 03

에스프레소의 특성 및 에스프레소 머신

1. 에스프레소의 의미와 특성

(1) 에스프레소의 의미

① 에스프레소(Espresso)의 정의

- 에스프레소 커피는 에스프레소 머신으로 빠르게(30초 안에) 커피의 모든 맛을 추출한 커피를 말한다.
- 에스프레소는 밀가루 분말처럼 곱게 간 커피 원두를 뜨거운 물에, 높은 압력으로, 짧고 강하게 추출한 커피라 할 수 있다.
- 중력의 8~10배의 압력을 가하므로 수용성 성분 외에 비수용성 성분도 함께 추출된다.
- '에스프레소(Espresso)'라는 단어는 이탈리아어로 '빠르다'라는 의미를 지닌다.

② 에스프레소의 추출 기준

- 에스프레소는 통상 90~95℃의 물에 원두 7~8g을 넣고, 중력의 8~10배의 압력(9±1bar)을 가해 25~30초 내에 30㎖(30cc) 정도(대략 1온스)를 추출한다.
- 구체적 추출 기준은 지역, 에스프레소 머신의 특성, 바리스타 등에 따라 달라질 수 있다.
- 일반적인 에스프레소 한 잔의 추출 기준은 다음과 같다.

요소	일반적 추출 기준(괄호 안은 이탈리아의 기준)
커피(원두)의 양	7.0±1.0g(6.5±1.5g)
물 온도	90~95℃(90±5℃)
추출 압력 (머신의 펌프 압력)	9±1bar(9±2bar)
추출 시간	25±5초(30±5초)
pH	5.2(5.2)
추출량	25±5cc(25±5cc)

데미타세(Demitasse)

데미타세는 에스프레소 제공에 사용되는 작고 도톰한 형태의 전용잔을 말한다. 잔의 재질은 도기이며, 용량은 일반 컵에 비해 절반 정도인 60~70㎖(약 2온스) 정도이고 두께가 더 두꺼워 커피가 빨리 식지 않는다. 데미타세의 내부는 둥근 U자 형태로 에스프레소를 받을 때 밖으로 튀어 나가지 않도록 되어 있으며, 내부의 색깔은 보통 흰색이다.

(2) 에스프레소의 특성

① 일반적 특성

- 에스프레소는 커피를 추출하는 시간이 가장 짧으며, 중후하고 묵직한 바디에 맛과 향이 진하고 부드러우며 풍부하다.
- 에스프레소는 수용성 성분 외에 비수용성 성분도 함께 추출된다.
- 커피의 색깔이 짙은 갈색을 띠며, 높은 압력에 따라 생성된 진갈색의 크레마가 3~5mm 정도 표면에 형성되어야 좋은 맛이 난다.
- 분쇄한 후 다진 커피 케이크에 가압한 뜨거운 물을 통과시켜 가용성 고형성분을 추출한다.

크레마(Crema)

크레마는 에스프레소의 머신에서 고압으로 추출되는 황토색 또는 갈색의 미세한 거품이자 커피 크림이다. 크레마는 커피의 아교질과 지방 성분, 향 성분이 결합하여 생성되는데, 커피의 분쇄도와 로스팅 정도, 신선도, 숙성도, 원두의 양, 탬핑, 물 온도와 양, 추출 시간, 압력 등에 따라 약간의 차이가 있다. 크레마는 에스프레소 위에서 단열층 역할을 해 커피가 빨리 식는 것을 막아주며, 에스프레소의 풍부하고 강한 향을 지속시켜 주는 효과가 있다. 일반적으로 크레마의 양은 3~4mm 정도의 두께가 되면 잘 추출된 에스프레소라고 할 수 있으며, 크레마가 오래 지속되고 점성이 좋으며 부드러운 맛과 단맛이 나는 것이 좋다. 추출된 크레마가 적을 경우 원두가 오래되었다고 볼 수 있으며, 대체로 크레마 양이 많을수록 커피가 신선하다고 할 수 있다.

② 순수한 물과의 특성 비교

에스프레소는 가용성 고형성분과 불용성 커피오일이 추출되어 커피 추출액에 함유되어 있으므로, 순수한 물과 비교했을 때 다음과 같은 물리적 특성에서 차이가 있다.

밀도	점도	굴절률	전기전도도	표면장력	pH
증가	증가	증가	증가	감소	감소

(3) 에스프레소의 맛 결정

Mix (Miscela, 블렌딩)	• 에스프레소 추출에 사용되는 커피를 말함 • 일반적으로 여러 가지 종류의 커피를 블렌딩해서 사용

Mill (Macinazione, 분쇄)	• 분쇄 입도는 커피 맛에 많은 영향을 주므로 추출에 맞는 분쇄가 매우 중요함 • 흔히 '밀가루보다 굵게, 설탕보다는 가늘게'라는 표현을 많이 씀
Machine (Macchina, 기계)	• 에스프레소 머신은 에스프레소를 직접적으로 추출하는 기계이므로, 추출되는 물의 온도, 압력, 추출 물 양의 세팅 등이 정확하게 되어 있어야 함 • 연속 추출에 따른 성능 유지 등이 충족되어야 함
Man (Mano, 바리스타)	• 바리스타는 이탈리어로 '바(Bar) 안에 있는 사람'이라는 뜻으로, '바 맨(Bar man)'을 의미함 • 커피를 만드는 전문가를 가리키는 말로서, 단순히 에스프레소를 추출 · 제조하는 능력만을 소유한 사람이 아니라 완벽한 에스프레소 추출과 좋은 원두의 선택 능력, 커피머신을 완벽하게 활용하는 능력, 고객의 입맛, 최대한의 만족을 주는 능력 등을 모두 겸비해야 함

2. 에스프레소 머신

(1) 에스프레소 머신의 역사

① 에스프레소 머신의 탄생

- 산타이스(E. Santais)가 증기압을 이용한 커피 기계를 개발하여 1855년 파리 만국 박람회에 선보였다.
- 1901년 이탈리아 밀라노 출신의 루이지 베제라(Luigi Bezzera)가 증기압을 이용하여 커피를 추출하는 원시적 에스프레소 머신을 개발하여 최초로 특허를 출원하였다.

② 에스프레소 머신의 발전

- 1935년(또는 1938년) 일리(Francesco Illy)는 증기를 압축공기로 대체하여 에스프레소를 추출하는 머신을 발명하고, 추출 압력을 1.5bar로 높였다.
- 1946년 가지아(Achille Gaggia)는 스프링으로 동력을 전달하는 피스톤 방식의 머신을 발명하여 훨씬 강력한 압력으로 커피를 생산하게 되었으며, 9기압 이상의 압력에서 추출된 커피에서 우연히 '크레마(Crema)'라 불리는 커피 거품이 생성된 것을 발견하였다.
- 1960년 발렌테(Carlo Valente)에 의해 Faema(페이마) E61이 개발되었다. 이 머신은 전동펌프에 의해 뜨거운 물을 커피로 보내는 것이 가능하였고, 열교환기를 채택하여 에스프레소 머신의 크기가 더욱 작아지는 계기가 되었다.
- 1980년대 버튼을 통해 추출 시간을 조절할 수 있는 머신이 개발되었고, 프로그램에 따라 버튼 하나로 커피가 분쇄되고 우유 거품이 만들어지는 완전 자동방식의 에스프레소 머신인 'Acrto 990'이 개발되었다.

(2) 에스프레소 머신의 종류(구조와 작동 방법에 따른 분류)

종류	특성
수동 머신 (Manual machine)	사람의 힘으로 피스톤을 작동시켜 추출하는 방식의 머신으로, 사람(바리스타)의 기술에 가장 많이 의존함
반자동 머신 (Semi-automatic machine)	별도의 그라인더를 통해 분쇄된 원두를 포터필터에 받아 탬핑 과정을 거쳐 추출하는 방식으로, 추출 버튼이 on/off로만 되어 있고 메모리 기능과 플로우미터(Flow meter)가 없는 머신
자동 머신 (Automatic machine)	탬핑 작업을 통해 추출을 하지만 메모리칩이 장착되어 있어 추출량을 자동으로 세팅하여 추출할 수 있는 머신
완전 자동 머신 (Fully automatic machine)	그라인더가 기계에 내장되어 있어 별도의 탬핑 작업 없이 메뉴 버튼의 작동만으로 추출하는 머신

(3) 에스프레소 머신의 외부 명칭

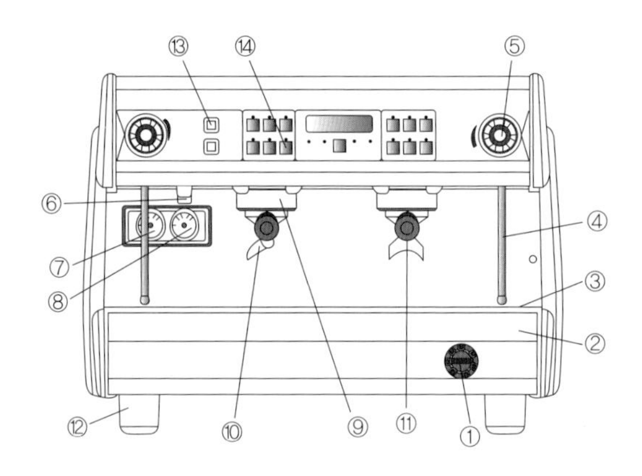

① Main Switch(메인 스위치)

에스프레소 머신의 주전원 스위치로서, 각 기계마다 조금씩 차이가 있으나 기계에 전원을 공급하고 차단하는 역할을 하는 스위치이다.

② Drip Tray(드립 트레이)

기계에서 떨어지는 물이나 커피 추출액 등을 받아 흘려보내는 배수 받침대이다.

③ Drip Tray Grill(드립 트레이 그릴)

- 드립 트레이 그릴은 커피 추출 시 컵을 놓는 컵 받침대이다.
- 컵을 올려놓는 곳이므로 청결을 유지해야 하며, 자주 닦아 주고 영업 마감 후에는 분리해서 물로 깨끗이 씻어 준다.

④ Steam Pipe(스팀 파이프)

- 스팀 작동 시 스팀이 나오는 노즐이다.
- 스팀노즐은 우유를 데울 때 사용되는 부분으로 매우 뜨거우므로 주의해야 하며, 우유를 사용하기 때문에 청결한 상태를 유지하도록 해야 한다.

⑤ Steam Valve(스팀 밸브, Steam Lever)

- 스팀을 사용할 때 스팀을 열어주는 밸브이다.
- 일반적으로 손잡이를 위아래 또는 시계방향이나 반대방향으로 돌려 작동 · 조절한다.

⑥ Hot Water Dispenser(온수 디스펜서)

- 커피 머신 내부에서 데워진 뜨거운 물을 추출하는 추출구(장치)이다.
- 보일러에 고인 이물질이 나와 쌓일 수 있으므로 주기적으로 분리해서 청소해 주어야 한다.

⑦ Water Pressure Manometer(펌프압력계)

- 커피 추출 시 펌프의 압력을 표시해 주는 펌프압력 게이지이다.
- 펌프게이지는 일반적으로 '0~15'의 숫자로 표시되어 있으며, 기계마다 사용가능한 범위가 부채꼴 모양으로 표시되어 있다.
- 정상범위보다 압력이 높을 경우(바늘이 적색으로 갈 때)는 다른 부품에 영향을 줄 수 있으므로 펌프를 점검하여 정상범위로 조절해야 한다.
- 에스프레소 머신의 적정 범위의 펌프 압력은 8~10bar 정도이다.

⑧ Boiler Pressure Manometer(보일러 압력계)

- 스팀온수 보일러의 압력을 표시하는 스팀압력 게이지이다.
- 보일러 게이지는 보통 '0~3' 단계의 숫자로 표시되어 있는데, 기계가 'off' 상태에서는 바늘이 '0'에 위치하며, 기계가 정상적으로 가동되면 '1~1.5bar' 사이를 유지한다.
- 매일 보일러의 압력 상태를 확인하여야 하며, 바늘이 적색에 오면 압력이 너무 높다는 표시이므로 즉시 점검을 받아야 한다.

⑨ Dispensing Group Head

- 데워진 물과 압력을 이용하여 커피를 추출하는 장치로, 에스프레소 커피 머신의 핵심부분 중 하나이다.
- 그룹의 숫자에 따라 1그룹, 2그룹, 3그룹 등으로 구분되는데, 그룹은 커피의 물이 최종적으로 통과하는 곳이므로 온도유지가 매우 중요하다.
- 그룹의 종류에 따라 예열방법이나 시간이 다를 수 있으므로 각 기계의 특성을 잘 숙지해 두어야 한다.

⑩ One-cup Filter Holder

에스프레소 1잔 추출용 포터필터 홀더이다(6~7g 사용).

⑪ Two-cup Filter Holder

에스프레소 2잔 추출용 포터필터 홀더이다(12~14g 사용).

⑫ Adjustable Foot

받침대 또는 기계 받침 발이라 한다. 말 그대로 기계를 지탱하는 발로서, 기계의 높이와 수평이 맞지 않다면 이 받침대를 돌려 높이와 수평을 맞출 수 있다.

⑬ Hot Water Dispensing Buttons(온수 추출 버튼)

- 그룹헤드에서 뜨거운 물이 추출되도록 작동시키는 버튼으로, 온수 추출 버튼이라 한다.
- 에스프레소를 희석하여 아메리카노를 만들 때나 컵을 급하게 데울 때에도 유용하다.

⑭ Coffee Control Buttons(커피 추출 버튼)

커피 추출 버튼은 적은 양의 1잔 또는 2잔 버튼과 많은 양의 커피 1잔 또는 2잔 버튼, 연속 추출 버튼 등으로 구성된다.

Cup Warmer(컵 워머)

커피 머신 상단에 위치하는 컵 워머는 커피 머신 내부의 열을 발산시켜 컵을 올려 데우는 곳이다.

(4) 에스프레소 머신의 주요 부품

① 보일러(Boiler)

- 전기로 내장된 열선을 가열해 온수와 스팀을 공급하는 중요한 역할을 하는 장치이다.
- 본체는 열전도와 보온성이 좋은 동 재질로 되어 있으며, 내부는 부식을 방지하기 위해 니켈로 도금되어 있다.
- 보일러는 스팀을 생성하기 위해 보일러 용량의 70%까지 물이 차도록 설계되어 있다.

② 그룹헤드(Group Head)

- 장착된 포터필터를 통해 물을 공급받아 에스프레소를 추출하는 부분으로, 그룹 숫자에 따라 1그룹, 2그룹, 3그룹으로 구분된다.
- 일반적으로 그룹헤드는 샤워 홀더(디퓨저), 샤워 스크린(디스퍼전 스크린), 그룹 개스킷, 고정 나사로 구성된다.
- 사용 빈도나 기간에 따라 개스킷을 주기적으로 교체해 주어야 한다.

③ 개스킷(Gasket)

- 추출 시 고온 고압의 물이 새지 않도록 차단하는 역할을 한다.
- 개스킷이 마모되는 경우 헐거워져 커피 추출 시 샐 수 있으므로, 통상 6개월마다 교환해 주는 것이 좋다.

④ 샤워 홀더/디퓨저(Shower Holder/Diffuser)

- 그룹헤드 본체에서 한 줄기로 나온 물이 홀더를 지나면서 4~6개의 물줄기로 갈라져 필터 전체에 골고루 압력이 걸리도록 해준다.
- 커피와 직접 접촉하여 오일이 끼므로 청소해 주어야 한다.

⑤ 샤워스크린/디스퍼전 스크린(Shower Screen/ Dispersion Screen)

- 샤워 홀더(디퓨저)를 통과한 물을 미세한 스크린 망으로 여러 갈래의 물줄기로 분사시키는 역할을 한다.
- 포터필터에 담긴 원두와 직접 닿은 부분으로, 원두를 골고루 적시며 추출되도록 한다.
- 매일 세척 상태를 확인하고, 기름때와 찌꺼기가 끼지 않도록 자주 청소해 주어야 한다.

⑥ 포터필터(Portafilter)

- 분쇄된 커피 원두를 담아 그룹헤드에 장착시키는 기구를 말한다.
- 포터필터는 동으로 된 필터홀더, 필터 고정 스프링, 필터, 추출구 등으로 구성된다.

⑦ 로터리 펌프(Rotary Pump)

- 모터가 회전되면서 물을 빨아들여 압력이 증가하면 로터리 펌프가 압력을 조절하는데, 압력을 7~9bar까지 상승시켜 유지하는 역할을 한다.
- 여기에 이상이 생기면 물 공급이 제대로 되지 않아 소음이 나며 압력이 올라가지 않는다.

⑧ 솔레노이드 밸브(Solenoid Valve)

- 물의 흐름을 통제하는 부품으로, 보일러에 유입되는 찬물과 보일러에서 데워진 온수의 추출을 조절하는 역할을 한다.
- 그룹헤드에 부착된 3극 솔레노이드 밸브는 커피 추출에 사용되는 물의 흐름을 통제한다.

⑨ 플로우 미터(Flower Meter)

- 플로우 미터는 커피 추출 물량을 감지해주는 부품으로, 물량감지 센서, 물량감지 유동자석, 본체로 구성된다.
- 플로우 미터가 고장 나면 커피 추출 물량이 조절되지 않는다.

(5) 에스프레소 그라인더(Grinder)의 구조

① 그라인더의 특성

- 커피 원두를 분쇄해 주는 그라인더 날(칼날)은 그라인더에서 가장 중요한 부분으로, 두 개가 한 쌍으로 구성되어 있다.
- 에스프레소용 그라인더(분쇄기)는 절삭형 분쇄기(Burr Grinder)를 주로 사용하는데, 원두를 분쇄할 때 날의 간격 조절에 의해 커피의 세포 조직의 손상을 최소화하면서 분쇄하도록 설계되어 있다.
- 절삭형 분쇄기는 플랫형(Flat) 분쇄기와 원추형(Conical) 분쇄기 두 종류가 있으며, 에스프레소용 분쇄기로는 플랫형(평면형)이 주로 사용된다.
- 플랫형(평면형)은 커피 입자를 비교적 작고 균일하게 분쇄할 수 있으나, 열이 많이 발생하므로 날의 주기가 더 짧아진다(사용 시간의 2배 이상의 휴식 시간을 두어야 함).

② 그라인더의 구조와 역할

- **호퍼** : 분쇄할 원두를 담는 통으로, 용량은 1~2kg 정도이다. 호퍼는 커피 오일이나 찌꺼기가 묻을 수 있으므로 주기적으로 청소해 주어야 한다.
- **원두 투입 레버** : 호퍼 안으로의 원두 투입 여부를 조절한다.
- **원두 입자 조절 레버**(분쇄 조절기) : 숫자가 큰 방향 또는 시계방향으로 돌리면 원두의 입자가 굵어지고 빨리 추출되며, 작은 방향 또는 반시계방향으로 돌리면 입자가 가늘어지고 천천히 추출된다.
- **원두 투입량 조절 레버** : 시계방향으로 돌리면 양이 줄어들고, 반시계방향으로 돌리면 양이 늘어난다.
- **도저** : 분쇄된 원두를 담아 보관하는 통으로, 계량을 위한 칸막이가 설치된 것도 있다.
- **도저 레버**(도저 손잡이) : 레버를 앞으로 당기면 분쇄된 원두가 배출된다.
- **탬퍼**(Tamper) : 분쇄된 원두를 포터필터에 담고 다져줄 때 사용하는 도구를 말하며, 밑에 포터필터를 끼우고 밀어 올려주면 원두가 다져진다.
- **포터필터 받침대** : 분쇄된 커피를 담을 때 사용하는 포터필터 받침대이다.
- **뚜껑** : 원두를 담는 호퍼와 분쇄된 원두를 담는 도저에는 모두 뚜껑이 있다.
- **전원**(ON/OFF) **스위치** : 버튼식은 한번 누르면 켜지고(ON) 다시 누르면 전원이 꺼진다(OFF). 레버식은 스위치를 1에 놓으면 켜지고 0에 놓으면 꺼진다.

에스프레소 원두의 분쇄

에스프레소용 원두는 다른 추출 방법과 달리 분쇄입도가 0.3mm 정도로 매우 가늘어야 하고, 입자 표면적이 홀빈(Whole bean)에 비해 30배 이상 되어 쉽게 산패되므로 추출 시(추출 직전)에 분쇄를 하여야 한다.

(6) 에스프레소 머신 관리

① 점검 사항

- 보일러 압력, 추출 압력, 물의 온도는 매일 점검하고, 그라인더 날, 그룹헤드의 개스킷 상태 등은 주기적으로 점검하여야 한다.
- 그라인더 날, 그룹헤드의 개스킷 상태 등이 마모될 경우 교체한다.
- 연수기의 필터는 주기적으로 교체해야 한다.

② 그라인더 관리

- **호퍼** : 분리가 가능하면 분리해서 세척 후 완전히 건조하고, 분리가 불가능하면 마른 천으로 내부를 닦아 준다.
- **칼날** : 칼날을 분리한 후 브러시로 커피 가루를 제거한다. 다시 결합 후 분쇄입도가 달라질 수 있으므로 다시 그라인더를 세팅해야 한다.
- **도저** : 남아 있는 커피가루를 제거하고 브러시나 마른 행주로 닦아 준다.

예상문제(OX, 단답형)

01 에스프레소(Espresso)라는 단어는 이탈리아어로 '진하다'라는 의미를 가진다.

( )

02 일반적으로 에스프레소는 90~95℃의 물에 원두를 넣고 중력의 8~10배의 압력을 가해 25~30초 이내에 추출해낸다.

( )

03 에스프레소를 추출할 때 원두의 양, 추출 압력, 추출 시간 등은 모든 머신이 이탈리아 기준으로 통일되어 있다.

( )

04 에스프레소 제공에 사용되는 작고 도톰한 형태의 전용잔을 (   )라고 하는데, 용량은 일반 컵에 비해 작고 두께는 더 두꺼워, 커피가 빨리 식지 않는다.

05 에스프레소는 수용성 성분 이외에 비수용성 성분도 함께 추출하며 커피 추출 시간이 짧다. 이렇게 내린 커피는 중후하고 묵직한 바디를 가지며, 맛과 향이 진하고 부드러우며 풍부하다.

( )

06 에스프레소 커피는 짙은 갈색을 띠어야 하며 표면에 크레마가 거의 형성되지 않아야 좋은 맛이 난다.

( )

07 에스프레소를 순수한 물과 비교했을 때 밀도, 점도, 굴절률은 증가하고 전기전도도, 표면장력, pH는 감소하는 차이를 보인다.

( )

08 크레마는 에스프레소 머신에서 고압으로 추출되는 황토색 또는 갈색의 미세한 거품이자 커피 크림으로, 대체로 크레마 양이 많을수록 커피가 신선하다고 할 수 있다.

( )

09 에스프레소의 맛을 결정하는 4가지 요인에는 Mix(블렌딩), Mill(분쇄), Machine(기계), Man(바리스타)가 있다.

( )

10 일반적으로 바리스타는 에스프레소를 추출, 제조하는 능력을 소유한 사람만을 일컫는다.

( )

11 산타이스(Edourard Loysel de Santais)는 증기압을 이용한 커피 기계를 개발하여 1855년 ( ) 에서 선보였다.

12 루이지 베제라(Luigi Bezzera)는 1901년에 증기압을 이용하여 커피를 추출하는 원시적 에스프레소 머신을 개발하여 최초로 특허를 출원하였다.

( )

13 일리(Francesco Illy)는 스프링으로 동력을 전달하는 피스톤 방식의 머신을 발명하여 훨씬 강력한 압력으로 커피를 생산하게 되었으며, 9기압 이상의 압력에서 추출된 커피에서 우연히 '크레마(Crema)'라 불리는 커피 거품이 생성된 것을 발견하였다.

( )

14 1980년대 버튼을 통해 추출 시간을 조절할 수 있는 머신이 개발되었고, 프로그램에 따라 버튼 하나로 커피가 분쇄되고 우유 거품이 만들어지는 완전 자동방식의 에스프레소 머신인 ( )이 개발되었다.

15 에스프레소 머신 중 반자동 머신은 메모리 기능과 플로우 미터 없이 추출 버튼이 on/off로만 되어 있고, 자동 머신에는 메모리칩이 장착되어 있어 추출량을 자동으로 세팅하여 추출할 수 있다.

( )

16 반자동 머신은 탬핑 과정을 거치지만, 자동 머신과 완전 자동 머신은 그라인더가 기계에 내장되어 있어 별도의 탬핑 작업을 거치지 않는다.

( )

17 ( )는 커피 머신 내부에서 데워진 뜨거운 물을 추출하는 추출구이다.

18 기계적인 차이는 있으나 일반적으로 펌프압력계에는 0~3 단계의 숫자가 표시되어 있고, 보일러 압력계에는 0~15 단계의 숫자가 표시되어 있다.

( )

19 에스프레소 머신에서 스팀을 생성하기 위해 보일러에는 용량의 70%까지 물이 차도록 설계되어 있다.

( )

20 추출 시 고온 고압의 물이 새지 않도록 차단하는 부품인 개스킷(Gasket)은 반영구적인 부품이므로 따로 교체를 해줄 필요는 없다.

( )

21 샤워 홀더(Shower Holder)는 그룹헤드 본체에서 한 줄기로 나온 물이 홀더를 지나면서 4~6개의 물줄기로 갈라져 필터 전체에 골고루 압력이 걸리도록 해주는데, 커피와 직접 접촉하는 부품은 아니다.

( )

22 솔레노이드 밸브(Solenoid Valve)는 물의 흐름을 통제하는 부품으로, 찬물과 온수의 추출을 조절하는 역할을 한다.

( )

23 플랫형 그라인더는 커피 입자를 비교적 작고 균일하게 분쇄할 수 있으며 열의 발생 또한 적으므로 날의 주기가 길어 가장 널리 사용되는 날의 형태이다.

( )

24 원두 입자 조절 레버를 숫자가 큰 방향 또는 시계방향으로 돌리면 원두의 입자가 굵어지고 천천히 추출되며, 숫자가 작은 방향 또는 반시계방향으로 돌리면 입자가 가늘어지고 빠르게 추출된다.

( )

25 호퍼에는 분쇄할 원두를 담고, 도저에는 분쇄된 원두를 담아 보관한다.

( )

26 탬퍼(Tamper)는 분쇄할 원두를 포터필터에 담고 양을 잴 때 사용하는 도구를 말한다.

( )

27 일반적으로 에스프레소용 원두의 분쇄입도는 ( )mm 정도가 적절하다.

28 에스프레소용 원두는 다른 추출 방법과 달리 분쇄입도가 크고, 입자 표면적이 홀빈에 비해 상대적으로 작으므로 시간 단축을 위하여 미리 분쇄를 해두었다가 추출 시 사용해도 무방하다.

( )

---

29 그라인더의 날이나 연수기의 필터 등은 주기적으로 교체해 주어야 한다.

( )

---

30 호퍼의 분리가 가능하면 분리해서 세척해주고, 호퍼의 분리가 불가능한 경우에는 젖은 물수건으로 내부를 적시듯이 닦아주어야 한다.

( )

---

31 칼날이나 도저에 남아있는 커피가루는 다음에 내릴 커피의 향을 더욱 깊고 진하게 해주고, 시간이 지나면 자연히 사라지므로 일부러 제거해줄 필요는 없다.

( )

예상문제 정답

01 ×
02 ○
03 ×
04 데미타세
05 ○
06 ×
07 ×
08 ○
09 ○
10 ×
11 파리 만국 박람회
12 ○
13 ×
14 Acrto 990
15 ○
16 ×
17 온수 디스펜서(Hot Water Dispenser)
18 ×
19 ○
20 ×
21 ×
22 ○
23 ×
24 ×
25 ○
26 ×
27 0.3
28 ×
29 ○
30 ×
31 ×

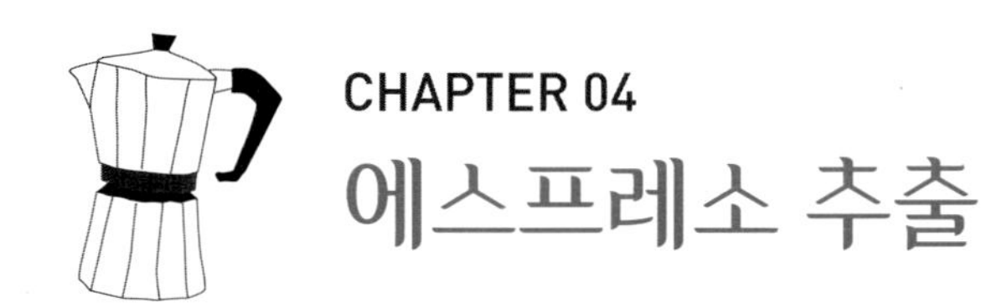

CHAPTER 04 에스프레소 추출

1. 에스프레소의 추출 과정

(1) 에스프레소 추출의 특징

① 일반적 특징

- 에스프레소 추출은 포터필터에 곱게 분쇄된 에스프레소용 원두를 담아 탬핑한 후, 그룹헤드에 결합해 높은 온도와 압력으로 단시간에 추출하는 것을 말한다.
- 다져진 커피 케이크에 고온고압의 물을 통과시키면 향미성분이 용해되며, 분쇄입도와 압축 정도에 따라 공극률이 변하고 추출 속도가 조절되며, 섬유소와 불용성 커피오일이 유화상태(Emulsification)로 함께 추출된다.

② 에스프레소 추출의 4요소

분쇄(Grinding)	• 에스프레소용 원두의 분쇄도는 0.2~0.3mm 정도이며, 분쇄도가 가늘수록 공기와 접촉하는 면적이 넓어 산패가 빨리 진행됨 • 분쇄 후 시험추출을 통해 분쇄도를 조정
담기(Dosing)	• 그라인더의 도저 레버를 당겨 배출된 원두를 포터필터에 담는 과정 • 한 잔용 포터필터에는 7~9g, 두 잔용에는 14~18g 정도의 원두를 채움
다지기(Tamping)	• 포터필터에 담긴 원두를 대략 15~20kg의 압력으로 다져줌 • 탬핑 시 수평을 유지해야 물이 균일하게 원두를 통과해 균일한 맛을 추출할 수 있음
추출(Extraction)	• 통상적 추출은 90~95℃의 온수로 7~9g의 원두를, 9bar의 압력을 가해 25±5초 동안 대략 30㎖ 정도를 추출하는 것 • 과다추출은 추출 시간과 양이 넘치는 것을 말하며, 과소추출은 미달하는 것을 말함

(2) 에스프레소 추출의 과정(방법)

① 잔 점검 및 커피 원두의 분쇄

- 사용할 잔이 있는지, 잔이 뜨거운 지의 여부 등을 확인한다(잔은 데워진 상태로 사용함).
- 에스프레소 추출에 맞게 분쇄도를 조절하여 그라인더로 원두를 분쇄한다.

② 포터필터 분리

- 포터필터를 그룹헤드에서 분리한다.
- 포터필터의 손잡이를 잡고 5시 방향에서 7시 방향으로 돌리면 분리할 수 있다.

③ 필터바스켓 청소

필터바스켓을 마른 행주로 깨끗이 닦아준다.

④ 분쇄 커피 담기(도징, Dosing)

그라인더 거치대에 필터홀더를 올려놓고 그라인더를 작동시킨 후, 도저 레버를 당겨 포터필터에 분쇄된 원두를 고르고 정확하게 채워주는 작업을 말한다.

⑤ 레벨링(Leveling)

- 분쇄된 커피 원두를 손이나 도저 뚜껑 등을 사용해 평평하게 하는 작업을 말한다.
- 레벨링 후 남는 커피를 깎아 커피량을 조절한다.

⑥ 탬핑(Tamping)

- 탬퍼를 이용해 분쇄 커피를 다져주는 것으로, 커피의 수평과 균일한 밀도 유지를 통해 물이 일정하게 통과할 수 있도록 탬핑을 해주어야 한다.
- 1차 탬핑은 살짝 눌러 2차 탬핑을 위한 준비를 해주고, 2차 탬핑은 약 15~20㎏의 압력으로 강하게 다져준다(한 번만 시행하기도 함).

⑦ 태핑(Tapping, 가장자리 털어주기) 및 청소

- 태핑(Tapping) 포터필터 가장자리에 묻어 있는 커피 찌꺼기를 털어주는 것을 말한다.
- 1차 탬핑 후 탬퍼의 뒷면으로 포터필터 가장자리에 묻은 원두가루를 털어 모아준다.
- 태핑 후 포터필터의 가장자리를 손으로 쓸어 잔 찌꺼기를 청소한다.

팩킹

적당량의 분쇄된 커피를 필터홀더에 담는 일련의 과정을 팩킹이라 한다. 팩킹과 관련되는 과정으로는 도징, 레벨링, 탬핑, 태핑이 있다.

⑧ 추출 전 물 흘려보내기(예비 추출)

- 그룹헤드에 포터필터를 장착하기 전에 추출 버튼을 2~5초 정도 눌러 과열된 물을 흘려버리는 것을 말한다.
- 이는 머신의 정상 작동여부를 확인하는 과정으로, 샤워 스크린 등에 묻은 찌꺼기를 제거하고 물의 적절한 온도를 유지하기 위해 시행한다.

⑨ 그룹헤드에 장착하기

- 그룹헤드에 장착할 것을 신속하게 정확히 장착하는 것이다.
- 포터필터의 경우 수평을 유지하면서 7시 방향에서 5시 방향으로 채워준다.

⑩ 추출

- 포터필터 밑에 에스프레소 잔을 받치고 추출 버튼을 눌러 추출한다.
- 시간과 양을 확인하여 정시에 정확한 양이 추출되도록 한다.

⑪ 포터필터 분리

추출이 완료된 후 포터필터를 5시 방향에서 7시 방향으로 돌려 분리한다.

⑫ 커피 찌꺼기(커피 케이크) 제거

추출한 커피의 서빙이 끝난 후 추출 후 발생한 커피 찌꺼기(케이크, 퍽)를 넉 박스(Knock box)에 버린다.

⑬ 포터필터 청소

추출 버튼을 눌러 그룹헤드에 물을 흘려 샤워 스크린과 포터필터에 묻어 있는 커피 찌꺼기를 제거하고, 필터바스켓 내부도 청소한다(리넨천으로 포터필터를 깨끗이 닦아줌).

⑭ 포터필터(필터홀더) 결합하기

- 포터필터(필터홀더)를 그룹헤드에 결합해 준다.
- 필터홀더는 항상 그룹헤드에 장착해 두어야 온도가 유지되고 다음 커피 추출에도 좋은 영향을 미친다.

블라인드 필터

블라인드 필터는 구멍이 없거나 막힌 필터로, 그룹헤드를 청소할 때 사용된다.

2. 에스프레소 추출 변수 및 결과

(1) 에스프레소의 추출 변수

① 로스팅 포인트

- 에스프레소용 원두의 로스팅에 따라 추출 후 맛이 달라지므로, 추출 시간과 양을 체크하면서 로스팅 강도에 따른 원두의 추출 정도를 결정해야 한다.
- 일반적으로 강배전의 원두를 사용할 경우 분쇄입자를 굵게 해서 추출해야 하며, 약배전의 경우 입자를 더 가늘게 해서 추출해야 한다.

② 원두의 양

- 그라인더에서 분쇄된 원두를 포터필터 바스켓에 담는 것을 도징(Dosing)이라고 한다.
- 에스프레소 한 잔 추출에 소요되는 원두는 7~9g인데, 원두의 양이 많은 경우 강한 맛이 나고

크레마도 더 짙게 나오며, 원두의 양이 적은 경우 더 부드러운 맛이 난다.

• 원두의 양이 많다고 해서 맛있는 커피가 나온다고 장담할 수는 없으므로, 사용하는 원두의 양을 항상 체크해서 일정한 맛이 나올 수 있도록 하는 것이 더 중요하다.

③ 분쇄도

• 분쇄도에 따라 포터필터 바스켓에 담기는 원두의 양이 달라진다.
• 추출 이전에 시험 추출을 해보고 과소추출이나 과다추출이 있는 경우 분쇄도를 알맞게 조절하는 것이 필요하다.

④ 물 온도

커피 성분은 90~95℃ 정도의 물로 추출할 때 가장 다양한 성분이 추출되므로, 커피 머신 내부에서 원두를 통과하는 물 온도도 이러한 범위에서 유지해야 한다.

⑤ 추출 압력

• 에스프레소 추출의 경우 다른 추출법보다 높은 압력(9±1bar)으로 빠른 시간에 추출한다.
• 압력 조절은 모터펌프의 압력조절 나사를 우측(압력을 높임) 또는 좌측(압력을 낮춤)으로 돌려 조절한다.

에스프레소의 추출 속도나 시간에 영향을 미치는 요인

로스팅 정도, 공기 중의 습도, 커피 분쇄 입자의 크기와 양, 물의 온도, 추출 압력 등

(2) 과소추출과 과다추출

① 과소추출과 과다추출의 비교

• 에스프레소는 짧은 시간에 추출되기 때문에 추출 요소, 즉 분쇄의 정도와 탬핑 강도, 커피 사용량, 물 온도 등에 따라 결과가 아주 달라진다.
• 커피 성분이 너무 적게 추출되거나 너무 많이 추출되면 커피가 너무 싱겁거나 자극적인 맛이 나타나므로, 항상 적정한 추출이 되도록 해야 한다.
• 과소추출이나 과다추출의 원인은 기계적 원인과 추출하는 사람에 의한 원인으로 구분되는데, 기계적 원인의 경우 일반적인 에스프레소 추출 기준에 맞게 설정해주면 되고, 사람이 원인인 경우는 제대로 추출하도록 연습을 통해 숙달하는 것이 필요하다.
• 과다추출과 과소추출을 비교 · 정리하면 다음과 같다.

구분	과소추출의 특징	과다추출의 특징
입자의 굵기(크기)	굵은 분쇄입자	가는 분쇄입자
탬핑의 강도	기준보다 약하게 됨	기준보다 강하게 됨

커피 사용량	기준보다 적은 커피 사용	기준보다 많은 커피 사용
물 온도	기준보다 낮은 온도	기준보다 높은 온도
압력 및 추출 시간	압력이 높고 추출 시간이 짧음	압력이 낮고 추출 시간이 김
필터바스켓 구멍	구멍이 넓음(큼)	구멍이 막혀 있음

② 과소추출(Under Extraction)

원인	내용 및 현상	개선 방법
입자의 굵기(크기)	입자가 무척 굵으며, 물의 통과 시간이 빨라 커피 고형성분이 제대로 추출되지 않음	그라인더 분쇄도의 조절
탬핑의 강도	기준보다 약하게 되며, 입자 사이의 공간이 넓어 물이 빨리 통과됨	15~20kg의 압력으로 탬핑
커피 사용량	기준보다 사용량이 적으며, 물의 통과가 빨라짐	2잔 기준 18±2g의 커피량 사용
물의 온도	기준보다 낮은 온도에서 추출하며, 낮은 온도에서는 고형성분이 너무 적게 추출됨	에스프레소 머신의 물 온도를 95℃ 내외로 유지
압력 및 추출 시간	압력이 높으며, 고압에서는 많은 양의 물이 빨리 통과해 과소추출됨	머신의 압력을 9bar로 유지
필터바스켓 구멍	필터를 오래 사용하면 바스켓 구멍이 커져 추출이 빨라짐	정기적인 소모품 교체(6개월~1년 단위의 교환)

③ 과다추출(Over Extraction)

원인	내용 및 현상	개선 방법
입자의 굵기(크기)	입자가 무척 가늘며, 물의 통과가 느리고 고형성분이 너무 많이 추출됨	그라인더 분쇄도의 조절
탬핑의 강도	기준보다 강하게 되며, 입자 사이의 틈을 좁게 하여 물이 통과하기 어려움	15~20kg의 압력으로 탬핑
커피 사용량	기준보다 사용량이 많으며, 물의 통과가 어려움	2잔 기준 18±2g의 커피량 사용
물의 온도	물 온도가 높으며, 높은 온도에서는 고형성분이 너무 많이 추출됨	에스프레소 머신의 물 온도를 95℃ 내외로 유지
압력 및 추출 시간	압력이 낮으며, 저압에서는 물이 천천히 통과해 잡다한 물이 많이 추출됨(과다추출)	머신의 압력을 9bar로 유지
필터바스켓 구멍	필터바스켓 구멍이 막혀 있으며 추출이 느리거나 되지 않음	정기적인 소모품 교체(6개월~1년 단위의 교환)

과다추출 시 발생하는 현상

에스프레소 머신에서 과다추출 시 발생하는 현상으로는 추출 버튼을 눌러도 추출액이 한참 후에 한 두 방울씩 떨어지거나, 추출 시간이 30초를 경과해도 적정 추출량(30㎖)에 못 미치는 현상 등을 들 수 있다. 과소추출 시 크레마의 색상이 연하고 빨리 사라지는데 비해, 과다추출 시 쓴맛과 불쾌한 맛이 나며 크레마가 짙은 색(검은색)을 띠게 된다.

(3) 탬퍼(Tamper)

① 탬퍼의 의미와 특징

- 탬퍼는 분쇄된 커피를 다져주는 데 사용되는 도구를 말한다.
- 탬퍼는 그라인더에 부착되어 있는 고정형부터 플라스틱, 알루미늄, 스테인레스 등 다양한 재질로 만들어진다.
- 플라스틱이나 알루미늄처럼 가벼운 것은 힘을 조절하면서 탬핑을 할 수 있고 스테인레스처럼 무거운 것은 적은 힘을 들이고도 탬핑을 할 수 있다.
- 탬퍼는 엄지와 검지로 잡고 팔을 직각에 가깝게 하여 탬핑하면 손목에 무리가 가지 않는다.

탬퍼의 핸들과 베이스

- 탬퍼는 원두를 직접 다져주는 도구이므로, 항상 청결을 유지하고 깨끗이 보관하여야 한다.

② 탬퍼의 종류

구분	내용
모양	• 주로 핸들의 두께와 크기에 의해 분류하는 것 • 크게 핸들의 길이가 긴 탬퍼인 'Tall Tamper'와 핸들의 길이가 짧은 'Short Tamper'로 구분됨
재질	• 탬퍼의 핸들은 나무와 플라스틱, 알루미늄, 스테인레스 등의 재질로 구분됨 • 나무는 그립감이 좋고 편안하며, 플라스틱은 가벼운 장점이 있으나 많이 사용되지는 않음 • 알루미늄은 비교적 가볍고 스테인레스 재질은 무거워 안정감이 있음

③ 탬퍼의 베이스

- 탬퍼의 베이스는 포터필터의 사이즈(주로 58mm를 사용함)와 같아야 한다.
- 탬퍼 베이스의 구체적 형태와 재질은 다음과 같다.

탬퍼 베이스의 형태	Flat	특별한 모양이 없는 평평한 형태
	Curve	베이스 중앙이 살짝 둥근 형태로, 밀착력이 높고 가장자리에 남는 분쇄 원두가 적어 탬핑이 용이함
	Mixed type	플랫형과 커브형을 결합한 형태
	Ripple	베이스 바닥에 물결무늬가 있어 탬핑 시 수평을 맞추기 쉽고, 물이 잘 스며들어 추출수율을 높여줌
	Z curve	가장자리의 밀도를 높여 바디감이 좋은 커피를 추출해줌
	Wave	베이스 중심부가 움푹 패여 있는 형태로, 안쪽의 추출수율을 높여 단맛을 표현하기에 적합함
탬퍼 베이스의 재질		• 플라스틱, 알루미늄, 구리, 동, 스테인레스 등 여러 재질이 사용됨 • 알루미늄은 상대적으로 무게가 가벼운 장점이 있고, 구리나 동은 약간의 무게감이 있어 압력을 쉽게 가할 수 있음 • 스테인레스는 가장 많이 사용되는 재질임

관련 용어 정리

- TDS(Total Dissolved Solids) : 커피 추출액의 총 용존 고형물로서, 커피 추출액에 남아 있는 고형성분의 총량을 말한다. TDS는 커피의 농도를 나타내며 강도로 표시하는데, 이 성분이 사실상 커피 맛을 좌우한다.
- **추출수율**(Brewing Ratio) : 추출수율은 커피 추출에 사용한 원두로부터 얼마나 많은 커피 성분을 추출했는지를 표현하는 수치를 말한다. 같은 양의 원두를 사용하여 추출한 경우 고형성분이 더 많은 것이 추출수율이 더 높다고 할 수 있다.

예상문제(OX, 단답형)

01 에스프레소 추출은 포터필터에 곱게 분쇄된 에스프레소용 원두를 담아 탬핑한 후 그룹헤드에 결합해 높은 온도와 압력으로 장시간 천천히 추출하는 것을 말한다.

( )

02 에스프레소 추출의 4요소는 분쇄(Grinding), ( ), 다지기(Tamping), 추출(Extraction)이다.

03 에스프레소 추출 시 잔은 항상 데워진 상태로 사용하는 것이 좋다.

( )

04 분쇄된 커피 원두를 손이나 도저 뚜껑 등을 사용해 평평하게 만드는 작업을 '도징(Dosing)'이라고 한다.

( )

05 탬핑(Tamping)은 분쇄된 커피를 탬퍼를 이용해 다져주는 것으로, 커피의 수평과 균일한 밀도 유지를 위해 물이 일정하게 통과할 수 있도록 해주는 작업이다.

( )

06 1차와 2차로 탬핑을 나눌 경우에 1차 탬핑 시에는 살짝만 눌러주고, 2차 탬핑 시에는 약 15~20kg의 압력으로 강하게 다져주어야 한다.

( )

07 ( )이란 적당량의 분쇄된 커피를 필터홀더에 담는 일련의 과정을 이르는 말로 그 과정에는 도징, 레벨링, 탬핑, 태핑이 있다.

08 그룹헤드에 포터필터를 장착하기 전에 항상 2~5초 정도 예비추출을 해주어야 한다.

( )

09 그룹헤드에 포터필터를 장착할 때에는 포터필터를 수평으로 들기보다는 약간 비스듬하게 든 상태로 장착해야 더 정확하게 끼울 수 있다.

( )

10 에스프레소 추출이 끝나고 나면 발생한 커피 찌꺼기를 버린 후, 추출 버튼을 눌러 그룹헤드에 물을 흘려 샤워 스크린과 포터필터에 묻어 있는 커피 찌꺼기를 제거해주어야 한다.

( )

11 포터필터는 절대 그룹헤드에 장착한 상태로 보관해서는 안 되므로 매번 추출이 끝날 때마다 포터필터를 잘 닦고 그룹헤드에서 분리한 채로 두어야 한다.

( )

12 에스프레소 커피의 추출 과정은 '커피 원두의 분쇄 – 포터필터 분리 – 도징 – 레벨링 – 태핑 – 탬핑 – 예비추출 – 포터필터 장착 – 추출'의 순서로 이루어진다.

( )

13 블라인드 필터는 그룹헤드를 청소할 때 사용하는 필터로, 일정한 크기의 구멍이 균일하게 뚫려 있는 필터이다.

( )

14 일반적으로 강배전의 원두를 사용할 경우에는 분쇄입자를 굵게 해서 추출해야 하고, 약배전의 원두를 사용할 경우에는 입자를 더 가늘게 해서 추출해야 한다.

( )

15 도징 시에 원두의 양이 많은 경우, 보다 강한 맛이 나는 대신 크레마는 거의 나오지 않고 원두의 양이 적은 경우에는 부드러운 맛이 나는 대신 크레마가 더 짙게 나온다.

( )

16 일반적으로 원두의 양이 많으면 많을수록 더 맛있는 커피가 나오기 때문에 도징 시에는 원두를 아끼지 말고 포터필터에 꾹꾹 눌러 담아야 한다.

( )

17 에스프레소 추출 시에 ( )℃ 정도의 물로 추출할 때 가장 다양한 성분이 추출된다.

18 로스팅 정도, 커피 분쇄 입자의 크기와 양, 물의 온도, 추출 압력 등은 에스프레소의 추출 속도나 시간에 영향을 미치는 요인이지만 습도는 추출에 딱히 영향을 미치지 않는다.

( )

19 분쇄 입자가 굵은 경우에는 과소추출이 될 수 있고, 분쇄 입자가 가는 경우에는 과다추출이 될 수 있다.

( )

20 탬핑의 강도가 기준보다 강한 경우에는 과소추출이 될 수 있고, 탬핑의 강도가 기준보다 약한 경우에는 과다추출이 될 수 있다.

( )

21 에스프레소 추출 시 기준보다 적은 커피를 사용하고 물의 온도가 기준보다 낮다면 과소추출이 일어난다.

( )

22 에스프레소 추출 시 압력이 높고 추출 시간이 길다면 과다추출이 일어난다.

( )

23 필터바스켓의 구멍이 막혀 있는 경우에는 과소추출이 일어나고, 구멍이 넓은 경우에는 과다추출이 일어난다.

( )

24 과다추출 시 에스프레소 머신에서 추출 버튼을 눌러도 추출액이 한참 후에나 한두 방울씩 떨어지거나, 추출 시간이 30초를 경과해도 적정 추출량에 못 미치는 현상이 일어난다. 또한 추출된 커피에서는 쓴맛과 불쾌한 맛이 나며 크레마가 짙은 색을 띠게 된다.

( )

25 입자의 굵기(크기)로 인한 과소추출 또는 과다추출을 개선하는 방법은 15~20kg의 압력으로 탬핑하는 것이다.

( )

26 필터바스켓 구멍으로 인한 과소추출 또는 과다추출을 개선하는 방법은 정기적으로 소모품을 교체해 주는 것이다.

( )

27 탬퍼는 스테인레스로만 만들어진다.

( )

28 탬퍼를 엄지와 검지로 잡고 팔을 60° 정도에 가깝게 하여 탬핑하면 손목에 무리가 가지 않는다.

( )

29 탬퍼 베이스 중에서 베이스 바닥에 물결무늬가 있어 탬핑 시 수평을 맞추기 쉽고 물이 잘 스며들게 해주는 형태는 'Ripple'이다.

( )

30 Wave 형태의 탬퍼 베이스를 사용하면 안쪽의 추출수율을 높여 신맛을 표현하기에 적합하다.

( )

31 ( )는 커피 추출액에 남아있는 고형성분의 총량을 이르는 말로, 사실상 커피 맛을 좌우하는 성분이라고 볼 수 있다.

예상문제 정답

01 ×

02 담기(Dosing)

03 ○

04 ×

05 ○

06 ○

07 팩킹

08 ○

09 ×

10 ○

11 ×

12 ×

13 ×

14 ○

15 ×

16 ×

17 90~95

18 ×

19 ○

20 ×

21 ○

22 ×

23 ×

24 ○

25 ×

26 ○

27 ×

28 ×

29 ○

30 ×

31 TDS

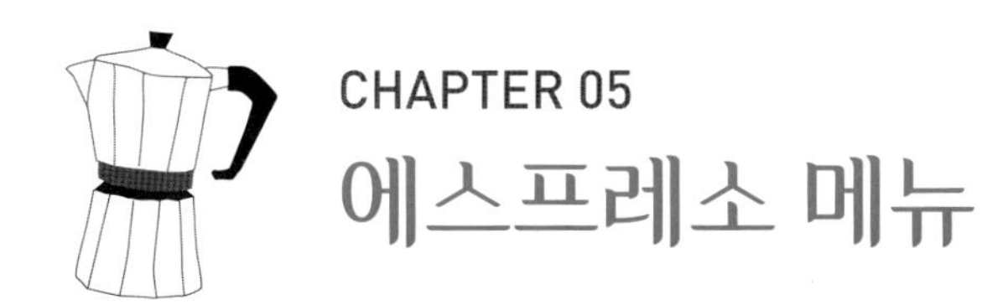

1. 에스프레소 메뉴의 종류

(1) 에스프레소(Espresso) 메뉴

- 에스프레소 메뉴는 정확하게는 '에스프레소 솔로(Solo)'에 해당하고 이탈리아에서는 에스프레소를 통상 '카페(Caffe)'라고 하며, 25~30㎖ 정도의 커피를 데미타세 잔에 제공한다.
- 에스프레소 메뉴(에스프레소 솔로)는 모든 에스프레소 메뉴의 기본이 되는 것으로, 추출 시간이 25~30초 정도이고 추출한 커피의 양이 25~30㎖ 정도이며, 사용되는 원두의 양이 7~9g 정도인 것을 말한다.

(2) 도피오(Doppio)

- 도피오는 더블 에스프레소(Double espresso)를 뜻하는데, 이는 솔로와 추출 조건이 같지만 솔로를 더블샷(Double shot) 또는 투샷(Two shot)의 양으로 맞춘 것을 말한다.
- 에스프레소의 양을 많이 해 마실 때나 커피맛을 강하게 내고 싶을 때 도피오를 이용한다.

(3) 리스트레토(Ristretto)

- 에스프레소 리스트레토는 솔로와 같은 조건에서 추출하되, 농도가 가장 강한 시점(Restrict 시점)에서 추출을 끊어주는 것을 말한다.
- 추출 시간을 짧게 하여(10~15초) 양이 적은(15~20㎖) 진한 에스프레소를 추출하는 것을 의미한다.
- 솔로보다 물의 양이 적어 진한 맛이 나는데, 강하고 진한 커피를 즐기는 사람들이 좋아하는 메뉴에 해당한다(이탈리아 사람들이 즐겨 마시는 메뉴).

(4) 룽고(Lungo)

- '룽고'는 '롱(Long)'이라는 의미로, 일반적 에스프레소보다 추출 시간을 길게 하여 양이 많게(40~50㎖) 추출한 에스프레소를 말한다.
- 솔로와 같은 조건에서 추출량을 두 배로 정도로 늘려준 것으로 커피를 좀 더 연하게 즐기고 싶은 사람들이 찾는 메뉴에 해당하지만, 에스프레소를 길게 추출하므로 잡맛이 배어나올 수 있다.

(5) 아메리카노(Americano)

- 아메리카노는 룽고와 유사하나 에스프레소에 뜨거운 물을 추가해 희석한 것이다.
- 에스프레소 샷에 뜨거운 물을 섞은 것으로, 가장 잘 알려진 대중적인 커피에 해당한다.
- 물은 수돗물을 정수한 연수가 가장 적합한데, 대부분의 커피전문점에서는 커피 머신에 장착된 연수기나 정수기의 물을 쓰고 있다.

비엔나 커피(Vienna Coffee)

비엔나 커피는 아메리카노에 휘핑크림을 얹어 만들며, 오스트리아에서 '아인스패너'라고 한다. 핸드 드립 또는 프렌치 프레스로 진하게 뽑은 커피 위에 크림을 올려서 만들기도 한다.

에스프레소 메뉴와 베리에이션 메뉴의 구분

베리에이션 메뉴는 에스프레소 이외에 우유나 크림 등이 첨가된 것을 말하며, 대표적인 것으로는 카페라떼와 카푸치노, 카페 모카 등이 있다.

2. 베리에이션(Variation) 메뉴

(1) 에스프레소 마끼아또(Espresso Macchiato)

- 에스프레소 위에 고운 우유 거품을 2~3스푼 올려 에스프레소 잔에 제공하는 것을 말한다.
- 고운 우유 거품을 통해 부드러운 맛을 추가한 메뉴로, 크레마가 사라지기 전에 우유 거품을 올려주는 것이 중요하다.
- 우유 거품의 부드러움과 고소함이 에스프레소의 강렬함을 희석시켜 주는 특성을 지닌다.
- '마끼아또(Macchiato)'는 '점', '얼룩'을 의미한다.

우유 거품 만들기(Milk frothing)

우유 거품이 곱게 만들어지는 경우 우유가 들어간 커피를 마실 때 입에 느껴지는 감촉이 좋으므로, 우유 거품이 쉽게 사라지지 않도록 하는 것이 중요하다. 우유 거품은 부드러운 벨벳 천 같다고 해서 '벨벳 밀크(Velvet milk)'라고도 한다. 우유 거품을 만드는 데 사용되는 우유로는 일반 우유(무조정 우유)가 좋으며, 냉장고에서 차게 보관한 것이 좋다. 우유 거품을 만들기 위해 우유에 스팀 노즐을 담글 때 노즐의 깊이를 적절히 조절해야 한다. 스팀 노즐을 우유 표면보다 위쪽에 두는 경우 거품 생성이 잘 되지 않는다. 거품이 형성되면 노즐을 피처 벽 쪽으로 이동시켜 혼합한다. 뜨거운 증기로 우유를 데우거나 우유 거품을 만드는 데 사용되는 주전자 모양의 용기를 스팀 피처(Steam pitcher, Milk frothing pitcher)라고 한다. 스팀 피처의 재료로는, 열전도율이 좋아 열을 빨리 흡수하여 우유 온도가 상승하는 속도를 늦춰주는 스테인레스가 주로 사용된다.

(2) 에스프레소 콘파나(Espresso Con panna)

- 에스프레소에 휘핑크림을 넣어 부드러움과 단맛을 동시에 추가한 메뉴이다.
- 휘핑크림이 부드러울수록 에스프레소 샷과 잘 어울리며, 휘핑크림을 먼저 잔에 넣고 샷을 넣어 주면 크레마가 살아 있어 맛이 좋다.

(3) 카페라떼(Caffè Latte)

- 에스프레소에 데운 스팀우유(70℃ 내외)와 거품이 섞인 커피로, 우유를 넣고 거품을 따로 넣는 것보다는 적정 비율로 섞어 한 번에 넣어야 맛이 더 좋다.
- 카푸치노보다 우유는 좀 더 많이 넣고, 거품은 거의 없거나 아주 조금만 넣는다.
- 우유는 지방이 많은 제품보다는 담백한 맛을 내는 우유가 더 좋다.

(4) 카푸치노(Cappuccino)

- 에스프레소에 우유와 거품이 조화를 이루는 커피 메뉴로, 150~200㎖의 잔에 제공된다.
- 카푸치노와 카페라떼의 차이는 우유와 거품의 양이 다르다는 것인데, 카푸치노는 우유를 덜 넣는 대신 고운 거품을 많이 넣어 주며(50% 정도), 전체적인 맛은 카페라떼보다 커피의 맛이 훨씬 강하다.
- 기호에 따라 시나몬이나 코코아 파우더를 뿌려 마시기도 한다.

(5) 카페오레(Cafè au Lait)

- 프렌치 로스트한 커피를 드립으로 추출하여 약하게(50℃) 데운 우유를 같은 비율로 카페오레 볼(bowl)에 동시에 부어 만들기도 하나, 일반적으로는 에스프레소와 거품 우유를 사용하여 만든다.
- 아침에 먹어도 부담이 없는 메뉴로 알려져 있다.
- 카페라떼와의 차이는, 카페라떼는 이탈리아식이고 카페오레는 프랑스식 음료라는 것이다.

(6) 카페모카(Caffè Mocha)

- 에스프레소에 초콜릿 소스나 파우더 또는 초콜릿 시럽과 데운 우유를 넣어 섞은 후, 휘핑크림을 얹고 초콜릿 시럽과 가루로 장식을 한 메뉴이다.
- 초콜릿 향과 부드럽고 달콤한 맛을 즐길 수 있으며, 초콜릿 시럽을 넣는 경우는 소스나 파우더를 넣은 것보다 감칠맛이 떨어진다.

(7) 카페 프레도(Caffè Freddo)

- 흔히 말하는 아이스커피에 해당하며, 에스프레소를 얼음이 담긴 잔에 부어 만든다.
- '프레도(Freddo)'는 이탈리아어로 '차갑다'라는 의미이다.

Tip

기타 주요 커피

- **칼루아 커피(Kahlua)** : 100% 멕시코산 최고급 아라비카 커피 원두와 사탕수수, 바닐라 향 등으로 만든 최상급 럼을 절묘하게 블렌딩하여 만들어낸 세계 1위의 커피 리큐어이다.
- **카페 로얄(Cafe Royal)** : 프랑스의 나폴레옹이 좋아했다는 환상적인 분위기의 커피로, 커피를 넣은 컵에 로얄 스푼을 걸치고 각설탕을 스푼 위에 올려놓은 뒤, 그 위로 브랜디를 붓고 불을 붙여 환상적인 연출이 가능하다.
- **아이리쉬 커피(Irish coffee)** : 위스키가 첨가된 대표적인 커피 메뉴이다.
- **갈리아노 커피** : 이태리 바닐라향 술인 갈리아노가 들어간 커피로, 각종 약초와 향초를 배합하여 만든 이탈리아산의 커피이다. 향이 짙고 달콤한 맛이 나는데, 갈리아노의 향기를 아니스향이라고도 한다.

(8) 첨가물의 종류

감미료	• 단맛을 느끼게 하는 조미료 및 식품첨가물을 말한다. • 커피에 첨가하는 재료로는 백설탕, 갈색 설탕, 커피 슈가, 각설탕, 과립당, 그레뉼당, 시럽 등이 있다.
유제품	• 가축의 젖을 가공하여 제품화한 것을 말한다. • 커피에 첨가하는 재료로는 우유, 생크림, 휘핑크림, 아이스크림, 버터 등이 있다.
술	• 술은 알코올이 함유된 음료를 말한다. • 커피에 첨가하는 재료로는 위스키, 브랜디, 럼, 리큐르 등이 있다.
향신료	• 음식에 풍미를 주어 식용을 촉진시키는 물질을 말한다. • 커피에 첨가하는 재료로는 계피, 올스파이스, 넛맥, 초콜릿, 박하, 오렌지, 레몬 껍질 등이 있다.

예상문제(OX, 단답형)

01 이탈리아에서 통상 '카페(Caffe)'라고 하며 데미타세 잔에 25~30㎖ 정도로 제공하는 커피는 '에스프레소 솔로'와 같은 커피이다.

( )

02 에스프레소 메뉴에서 에스프레소 솔로는 추출 시간이 25~30초 정도이고, 사용되는 원두의 양은 7~9g 정도이다.

( )

03 도피오(Doppio)는 더블 에스프레소를 뜻하며 커피맛을 강하게 내고 싶을 때 솔로와 양은 같지만 추출 조건을 다르게 하여 내린 커피를 말한다.

( )

04 리스트레토(Ristretto)는 솔로와 같은 조건에서 추출하되, 농도가 점점 묽어지는 시점에서 추출을 끊어주는 것을 말한다.

( )

05 룽고는 '롱(long)'의 의미로 일반적인 에스프레소보다 추출 시간을 길게 하여 보다 많은 양을 추출하는 에스프레소를 말한다.

( )

06 룽고는 커피를 좀 더 연하게 즐기고 싶은 사람들이 찾는 메뉴에 해당하며, 잡맛이 배어나오지 않고 깔끔하다.

( )

07 아메리카노는 에스프레소에 ( )을 추가해 희석한 것으로, 대중적으로 가장 널리 알려진 커피에 해당한다.

08 비엔나 커피(Vienna Coffee)는 아메리카노에 ( )을 얹어 만든 커피이다. 오스트리아에서는 '아인스패너'라 부르기도 한다.

09 아메리카노는 베리에이션 메뉴에 해당하지 않는다.

( )

10 에스프레소 마끼아또(Espresso Macchiato)는 에스프레소 위에 고운 우유 거품을 올려 에스프레소 잔에 제공하는 메뉴로, 크레마가 완전히 사라지고 나서 우유 거품을 올려주는 것이 중요하다.

( )

11 우유 거품을 만들 때에는 냉장고에서 차게 보관한 일반 우유(무조정 우유)를 사용하는 것이 좋다.

( )

12 좋은 우유 거품을 만들기 위해서는 노즐의 깊이와 위치를 적절히 조절해야 하는데, 거품이 형성되고 나면 노즐을 피처 중앙으로 이동시켜 혼합해주어야 한다.

( )

13 에스프레소 콘파냐(Espresso Con panna)를 만들 때 크레마가 살아 있게 하려면 휘핑크림을 먼저 잔에 넣고 샷을 넣어주면 된다.

( )

14 카페라떼에는 카푸치노보다 우유가 덜 들어간다.

( )

15 카페라떼(Caffe Latte)를 만들 때에는 우유를 먼저 넣은 다음 거품을 따로 올려 주는 것이 더 맛이 좋다.

( )

16 카푸치노(Cappuccino)는 기호에 따라 시나몬이나 코코아 파우더를 뿌려 마시기도 한다.

( )

17 카페라떼는 프랑스식 커피 음료이고, 카페오레는 이탈리아식 커피 음료이다.

( )

18 카페모카(Caffe Mocha)에는 초콜릿 소스나 파우더 또는 초콜릿 시럽과 데운 우유 등이 들어간다.

( )

19 칼루아 커피(Kahlua)는 프랑스의 나폴레옹이 좋아했다는 환상적인 분위기의 커피로, 커피를 넣은 컵에 스푼을 걸치고 각설탕을 그 위에 올려놓은 뒤 브랜디를 붓고 불을 붙여 환상적인 연출을 보여주는 커피이다.

( )

20 카페 프레도, 칼루아 커피, 카페 로얄, 아이리쉬 커피, 갈리아노 커피는 모두 술이 첨가되어 있는 커피 메뉴이다.

( )

21 아이리쉬 커피(Irish coffee)에는 ( )가 첨가되어 있다.

22 커피에 단맛을 느끼게 하기 위해 첨가하는 감미료에는 백설탕, 갈색 설탕, 시럽 등이 있고 커피에 풍미를 주어 식욕을 촉진시키기 위해 넣는 향신료에는 계피, 넛맥, 박하, 오렌지 껍질 등이 있다.

( )

예상문제 정답

01 ○
02 ○
03 ×
04 ×
05 ○
06 ×
07 뜨거운 물
08 휘핑크림
09 ○
10 ×
11 ○
12 ×
13 ○
14 ×
15 ×
16 ○
17 ×
18 ○
19 ×
20 ×
21 위스키
22 ○

PART 04
실전모의고사

제1회 실전모의고사

01 '와인'을 의미하는 고대 아랍어이자, 일반적으로 커피의 어원이라고 알려진 단어는?

① Cafe
② Qahwah
③ Koffie
④ Caffe

02 다음 중 커피와 관련된 전설에 대한 내용이 바른 것은?

① 아라비아의 사제 오마르는 빨간 열매를 먹고 활력을 되찾은 후 이 열매를 사람들의 치료에 이용하였다.
② 에티오피아의 목동 칼디는 사슴들이 빨간 열매를 따먹고 흥분하는 모습을 목격하고 이를 수도승에게 알렸다.
③ 밤낮으로 기도하느라 지친 마호메트를 위해 천사 미카엘이 커피를 하사하였다.
④ 에티오피아의 수도승은 빨간 열매가 잠이 오게 하는 효과가 있는 걸 깨닫고 섭취하기 시작하였다.

03 다음 커피 품종을 전세계 산출량이 많은 순서대로 바르게 나열한 것은?

가. 로부스타종
나. 아라비카종
다. 리베리카종

① 가 – 나 – 다
② 나 – 가 – 다
③ 나 – 다 – 가
④ 다 – 나 – 가

04 커피나무에 대한 설명으로 바르지 않은 것은?

① 꼭두서니과 코페아속에 속하는 다년생 쌍떡잎식물로 분류된다.
② 사시사철 푸른 열대성 상록수에 해당한다.
③ 대부분 고온다습한 열대성, 아열대성 지역에서 재배된다.
④ 재배에 용이하도록 5m 정도의 관목식물 형태를 유지해준다.

05 커피체리의 구조 중 생두를 감싸고 있는 딱딱한 껍질을 이르는 말은?

① 외과피 ② 펄프
③ 파치먼트 ④ 실버스킨

06 다음은 커피열매의 상태에 따른 명칭이다. (　　) 안을 바르게 채운 것은?

(　　)은/는 커피열매의 정제된 씨앗인 생두를 말하고, (　　)은/는 주로 분쇄하지 않은 상태의 원두를, (　　)은/는 원두를 분쇄한 것을 의미한다.

① 그린빈, 그라운드 커피, 홀빈
② 홀빈, 그린빈, 그라운드 커피
③ 그린빈, 홀빈, 그라운드 커피
④ 홀빈, 그라운드 커피, 그린빈

07 피베리(Peaberry)에 대한 설명으로 바르지 않은 것은?

① 카라콜(caracol) 또는 카라콜리(caracoli)라고도 부르는데, 달팽이 모양의 콩이라는 뜻이다.
② 미성숙두로 취급되며 저급 커피로 인식되어 싼 가격에 거래되고 있다.
③ 두 개의 생두가 마주하여 자리 잡고 있는 일반적인 커피체리와는 달리, 커피체리 안에 한 개의 생두가 자리 잡고 있는 것을 말한다.
④ 보통 커피나무 끝에서 자라며 크기가 다른 것보다 작아 육안으로 구별이 가능하다.

08 로부스타종 커피에 대한 설명으로 바르지 않은 것은?

① 아라비카종에 비해 향이 거의 없고 쓴맛이 강하다.
② 최대 생산국은 브라질이다.
③ 비나 바람에 의한 타가수분에 의해 번식한다.
④ 24~36℃의 기온에서 연평균 2,000~3,000mm 정도의 강수량을 받아야 한다.

09 아라비카종 커피의 하나인 버번(Bourvon) 품종에 대한 설명으로 바르지 않은 것은?

① 대표적인 버번 계통의 품종으로는 블루마운틴, 하와이 코나 등이 있다.
② 인도양의 레위니옹섬에서 발견된 일종의 돌연변이종이다.
③ 생두 크기가 작고 둥글며 향미가 우수한 편이다.
④ 중미, 브라질, 케냐, 탄자니아 등지에서 주로 재배된다.

10 문도노보와 카투라의 인공교배종으로, 병충해와 강풍에도 강해 매년 생산이 가능하나, 경제적 수명이 타 품종보다 10년 정도 짧은 품종은?

① 마라고지페(Maragogype)
② 켄트(Kent)
③ 카티모르(Catimor)
④ 카투아이(Catuai)

11 아라비카종과 로부스타종의 재배 특성에 대한 설명으로 바르지 않은 것은?

① 아라비카종이 로부스타종보다 가뭄에 더 강하다.
② 아라비카종을 재배하려면 강한 바람이 불지 않아야 하고, 서리도 내리지 않아야 하며 건기와 우기의 구분이 뚜렷해야 한다.
③ 로부스타종은 800~2,000m의 고지대에서 주로 재배가 이루어진다.
④ 로부스타종은 아라비카종보다 다소 기온이 높은 지역에 잘 적응한다.

12 다음 중 '셰이드 그로운(Shade-grown)' 방식의 장점만을 옳게 고른 것은?

가. 커피열매가 천천히 안정적으로 성숙된다.
나. 화학비료나 제초제의 사용량을 줄일 수 있다.
다. 커피 녹병을 방지할 수 있다.
라. 나무 마디 사이가 길어져 수확량이 증가한다.

① 가, 나
② 가, 다
③ 나, 라
④ 다, 라

13 핸드 피킹(Hand Picking)에 대한 설명으로 바르지 않은 것은?

① 여러 번에 걸쳐 선별적으로 수확한다.

② 인건비를 절감할 수 있다.

③ 균일한 커피의 생산이 가능하다.

④ 습식 가공 커피 생산국에서 주로 이용한다.

14 건식법(Dry Method)에 대한 설명으로 바르지 않은 것은?

① 수확한 커피체리의 펄프를 제거한 후 건조시키는 방법이다.

② 건식법을 사용하는 대표적인 생산국은 브라질, 에티오피아, 예멘 등이다.

③ 습식법에 비해 달콤함과 풍부한 바디감을 느낄 수 있다.

④ 건식법으로 생산된 커피를 내추럴 커피(Natural coffee)라고 한다.

15 다음 설명에 해당하는 커피 가공 방법은?

> 체리 수확 후 펄핑을 한 다음 점액질이 묻어 있는 파치먼트 상태로 건조시키는 방법으로, 점액질이 생두에 흡수되어 풍부한 단맛을 형성하게 하며 주로 브라질에서 사용하는 가공법이다.

① 습식법　　② 펄프드 내추럴

③ 세미 워시드　　④ 허니 프로세스

16 생두의 보관 환경에 대한 설명으로 바르지 않은 것은?

① 보관 온도 : 20℃ 이하

② 보관 습도 : 상대습도 60% 정도

③ 보관 고도 : 고지대에 보관하는 것이 저지대 보관의 경우보다 저장 수명이 더 깁

④ 보관 대기성분 : 산소일 때 저장수명이 더 길어짐

17 스크린 분류에 의한 커피 크기의 명칭을 작은 순서대로 나열한 것은?

① Bold Bean 〈 Good Bean 〈 Extra Large Bean 〈 Very Large Bean

② Bold Bean 〈 Good Bean 〈 Very Large Bean 〈 Extra Large Bean

③ Good Bean 〈 Bold Bean 〈 Extra Large Bean 〈 Very Large Bean

④ Good Bean 〈 Bold Bean 〈 Very Large Bean 〈 Extra Large Bean

18 다음 중 국가별 생두의 등급 분류 기호와 해당 국가의 연결이 바르지 않은 것은?

① SHB, HB : 코스타리카, 과테말라 등

② SHG, HG, LG : 멕시코, 온두라스 등

③ Blud Mountain, High Mountain, PW : 자메이카

④ Supremo, Excelso : 에티오피아

19 SCAA 분류법 중 스페셜티 그레이드(Specialty Grade)의 등급기준에 해당하지 않는 것은?

① 프라이머리 디펙트(Primary Defect)는 한 개도 허용되지 않는다.

② Aroma, Flavor, Acidity, Body, After taste의 특성을 가지고 있어야 한다.

③ 생두 350g 안에 풀 디펙트(Full defect)가 3 이내여야 한다.

④ 퀘이커(Quaker)는 한 개도 허용되지 않는다.

20 SCAA 기준에 따른 결점두의 종류와 그에 대한 설명으로 바르지 않은 것은?

① Immature : 너무 늦게 수확하거나 흙과 접촉하여 발효됨

② Fungus Damaged : 보관 상태에서 곰팡이가 발생함

③ Hull : 잘못된 탈곡이나 선별과정에서 발생함

④ Withered : 발육 기간 동안의 수분 부족으로 발생함

21 다음 중 좋은 생두의 조건으로 가장 적절한 것은?

① 생두의 색깔이 밝은 청록색이고 밀도가 크며 수분 함량은 12~13%에 가까운 것
② 생두의 색깔이 어두운 갈색이고 밀도가 크며 수분 함량은 5~6%에 가까운 것
③ 생두의 색깔이 밝은 청록색이고 밀도가 작으며 수분 함량은 5~6%에 가까운 것
④ 생두의 색깔이 어두운 갈색이고 밀도가 작으며 수분 함량은 12~13%에 가까운 것

22 최초로 커피의 상업적 재배를 시작한 나라로, 전통적인 가내 수공업 방식으로 커피를 재배 · 가공하는 나라의 대표적인 커피는?

① 버번(Bourbon), 파카스(Pacas), 파카마라(Pacamara)
② 마타리(Matari), 모카 마타리(Mocha Matari)
③ 이가체페(Yirgacheffe), 하라(Harrar)
④ KL28, KL34

23 다음은 우유의 종류에 대한 내용이다. (　　) 안을 바르게 채운 것은?

> (　　)는 해로운 유산균과 지방분해 효소를 완전히 사멸시킨 우유이고, (　　)는 세균의 포자까지 완전히 사멸시킨 우유이다.

① 무균질우유, 균질우유
② 균질우유, 무균질우유
③ 멸균우유, 살균우유
④ 살균우유, 멸균우유

24 우유를 구성하는 성분에 대한 설명으로 바르지 않은 것은?

① 우유의 단백질은 약 80%가 카세인이라는 단백질로 구성되어 있다.
② 우유의 지방은 우유의 맛을 결정하며 우유 스티밍 과정에서 거품의 안정성에 중요한 역할을 한다.
③ 우유에 포함되어 있는 당질의 대부분은 자당이다.
④ 우유에는 칼슘이 많고, 칼슘은 카세인과 결합한 형태로 존재한다.

25 좋은 우유 거품을 만들기 위한 조건으로 바르지 않은 것은?

① 탈지우유보다 전지우유를 사용하는 것이 좋다.

② 초고온 순간 살균법으로 살균한 우유가 저온 장시간 살균법으로 살균한 우유보다 안정된 거품을 만들 수 있다.

③ 온도가 높을수록 밀도가 높고 안정된 거품을 만들 수 있다.

④ 우유의 저장 기간이 짧고 신선해야 한다.

26 식재료의 적절한 저장 온도로 바르지 않은 것은?

① 건조 : 온도 15~21℃, 습도 50~60%

② 상온 : 15~25℃

③ 냉장 : 5℃ 이하에 저장(상하기 쉬운 재료는 3℃ 정도를 유지)

④ 냉동 : −5℃ 이하에 저장

27 일반적으로 올바른 살균 및 소독의 과정은?

① 세척 → 헹굼 → 살균 및 소독

② 세척 → 살균 및 소독 → 헹굼

③ 헹굼 → 살균 및 소독 → 세척

④ 헹굼 → 세척 → 살균 및 소독

28 식중독 예방의 3대 원칙이 아닌 것은?

① 청결의 원칙

② 기다림의 원칙

③ 신속의 원칙

④ 냉각 또는 가열의 원칙

29 위해요소 분석과 중요 관리점의 영문 약자로서 식품을 만드는 과정에서 생물학적 · 화학적 · 물리적 위해 요인이 발생할 수 있는 상황을 분석, 규명함으로써 사전에 위해 요인의 발생 여건을 차단하여 소비자가 안전하고 깨끗한 제품을 공급받을 수 있도록 하는 시스템을 이르는 용어는?

① HACCP

② WHO

③ FAO

④ KS마크

30 커피가 인체에 미치는 영향으로 바른 것만을 옳게 고른 것은?

> 가. 두통과 불면증, 신경과민, 불안감 감소
> 나. 철분 흡수의 방해
> 다. 위산 분비의 감소
> 라. 이뇨작용의 촉진

① 가, 나　　② 가, 다
③ 나, 라　　④ 다, 라

31 로스팅 정도가 강해질수록 발생하는 변화로 바르지 않은 것은?

① 중량이 증가한다.
② 색이 점점 어두워진다.
③ 쓴맛이 증가한다.
④ 신맛이 감소한다.

32 로스팅의 진행에 따른 생두의 색변화로 바른 것은?

① 노란색(Yellow) → 녹색(Green) → 짙은 갈색(Dark brown) → 갈색(Medium brown) → 밝은 갈색(Light brown) → 검은색(Dark)
② 노란색(Yellow) → 녹색(Green) → 밝은 갈색(Light brown) → 갈색(Medium brown) → 짙은 갈색(Dark brown) → 검은색(Dark)
③ 녹색(Green) → 밝은 갈색(Light brown) → 갈색(Medium brown) → 짙은 갈색(Dark brown) → 노란색(Yellow) → 검은색(Dark)
④ 녹색(Green) → 노란색(Yellow) → 밝은 갈색(Light brown) → 갈색(Medium brown) → 짙은 갈색(Dark brown) → 검은색(Dark)

33 로스팅의 8단계 분류 중 풀 시티(Full-City Roast)에 해당되는 SCAA 분류법의 명칭은?

① Dark roast　　② Moderately dark roast
③ Medium roast　　④ Very dark roast

34 로스팅 후에 일어나는 물리적 성분 변화로 바르지 않은 것은?

① 로스팅이 진행되면서 수분 함량은 가장 많이 감소한다.

② 로스팅이 진행되면서 가장 많이 발생하는 가스는 이산화탄소(CO_2)이다.

③ 자당은 갈변반응을 통해 원두가 갈색을 띠게 하는데, 로스팅 후에 2배 가량 증가한다.

④ 클로로겐산의 양은 감소하며 퀸산과 카페산으로 바뀐다.

35 다음 중 갈변반응에 의해 생기는 향만을 옳게 고른 것은?

가. Caramelly
나. Herby
다. Nutty
라. Flowery
마. Turpeny

① 가, 다
② 나, 라
③ 가, 나, 마
④ 다, 라 ,마

36 커피맛을 구성하는 기본 맛과 구성 성분이 바르게 짝지어진 것은?

① 신맛 : 환원당, 캐러멜당, 단백질

② 단맛 : 카페인, 트리고넬린, 카페산, 퀸산, 페놀 화합물

③ 쓴맛 : 클로로겐산, 유기산

④ 짠맛 : 산화칼륨, 산화인, 산화칼슘, 산화마그네슘

37 다음 설명에 해당하는 향커피는?

바닐라 향에 개암나무의 열매인 개암의 견과 향을 섞어 만든 향을 커피에 입힌 것으로 고소하고 달콤하다.

① 헤이즐넛(Hazelnut)
② 아이리쉬 크림(Irish Cream)
③ 서던 피칸(Southern Pecan)
④ 프렌치 바닐라(French Vanilla)

38 SCAA 커핑 규정에 있어 샘플 준비에 대한 내용으로 바르지 않은 것은?

① 로스팅은 커핑 전 24시간 이내에 이루어져야 한다.
② 적어도 8시간 정도 숙성시켜야 한다.
③ 로스팅 정도는 라이트에서 라이트 미디엄 사이가 되어야 한다.
④ 물 150㎖ 당 커피 원두 6.25g의 비율로 준비해야 한다.

39 다음은 커피 추출 조건에 대한 내용이다. ( ) 안을 바르게 채운 것은?

> SCAA에 따른 최적의 추출 수율은 ( )이고, 커피의 적정 추출 농도는 ( )이다.

① 12~16%, 0.5~0.7%
② 18~22%, 1.1~1.3%
③ 24~28%, 1.5~1.7%
④ 30~34%, 2.0~2.2%

40 추출 종류에 따른 적정 분쇄도의 굵기가 작은 순서대로 바르게 나열한 것은?

① 프렌치 프레스 – 핸드드립 – 사이펀 – 에스프레소
② 프렌치 프레스 – 사이펀 – 핸드드립 – 에스프레소
③ 에스프레소 – 사이펀 – 핸드드립 – 프렌치 프레스
④ 에스프레소 – 핸드드립 – 사이펀 – 프렌치 프레스

41 커피를 보관하는 방법으로 바르지 않은 것은?

① 밀폐 용기나 지퍼백을 이용하여 산소 노출을 최소화한다.
② 향기를 잘 보존할 수 있도록 해야 한다.
③ 산패의 진행을 막기 위해 높은 습도를 유지해야 한다.
④ 빛을 차단, 억제할 수 있는 곳에 보관해야 한다.

42 다음 설명에 해당하는 커피 추출 기구는?

> 드리퍼와 서버가 하나로 연결된 일체형으로, 리브(Rib)가 없어 그 역할을 대신하는 공기 통로가 상단부에 설치되어 있다. 독일 출신의 화학자 쉴럼봄(Schlumbohm)에 의해 개발된 기구이다.

① 케멕스 커피메이커
② 체즈베
③ 에어로 프레스
④ 사이펀

43 커피를 추출하는 방식 중 침출식에 해당하지 않는 것은?

① 퍼컬레이터(Percolator)
② 이브릭(Ibrik)
③ 프렌치 프레스(French press)
④ 모카포트(Mocha pot)

44 에스프레소의 일반적 추출 기준으로 바르지 않은 것은?

① 원두의 양 : 7.0±1.0g
② 물 온도 : 80~85℃
③ 추출 압력 : 9±1bar
④ 추출 시간 : 25±5초

45 에스프레소 머신을 구성하고 있는 요소의 명칭과 설명이 바르지 않은 것은?

① 드립 트레이(Drip Tray) : 커피 추출 시 컵을 놓는 컵 받침대
② 온수 디스펜서(Hot Water Dispenser) : 커피 머신 내부에서 데워진 뜨거운 물을 추출하는 장치
③ 그룹헤드(Group Head) : 장착된 포터필터를 통해 물을 공급받아 에스프레소를 추출하는 부분
④ 솔레노이드 밸브(Solenoid Valve) : 물의 흐름을 통제하는 부품

46 에스프레소 머신 관리에 대한 설명으로 바르지 않은 것은?

① 그룹헤드의 샤워필터는 매일 청소해야 한다.
② 그라인더의 칼날을 분리하고 다시 결합할 때마다 다시 그라인더를 세팅해야 한다.
③ 연수기 필터는 반영구적이므로 주기적으로 교체할 필요가 없다.
④ 호퍼의 분리가 가능하면 분리해서 세척한 후 완전히 건조해야 한다.

47 에스프레소 추출 전 물 흘려보내기에 대한 내용으로 바르지 않은 것은?

① 그룹헤드에 빈 포터필터를 장착하고 나서 추출 버튼을 2~5초 정도 누르는 동작이다.
② 머신의 정상 작동 여부를 확인하는 과정이다.
③ 그룹헤드 샤워 스크린 등에 묻은 찌꺼기를 제거하기 위함이다.
④ 과열된 물을 흘려보내고 물의 적절한 온도를 유지하기 위해 시행한다.

48 에스프레소 추출 시간이 기준보다 짧았을 때의 원인으로 바른 것은?

① 커피 사용량이 많았다.
② 탬핑이 약하게 되었다.
③ 높은 온도에서 추출하였다.
④ 압력이 낮았다.

49 다음 중 우유가 들어가지 않은 커피 메뉴는?

① 카페모카
② 카페오레
③ 카푸치노
④ 리스트레토

50 다음 중 술이 들어가지 않은 커피 메뉴는?

① 칼루아 커피
② 카페 로얄
③ 아이리쉬 커피
④ 아인스패너

제2회 실전모의고사

01 다음 국가들을 먼저 커피가 전파된 순서대로 바르게 나열한 것은?

① 이탈리아 – 영국 – 미국 – 프랑스 – 브라질
② 이탈리아 – 프랑스 – 영국 – 브라질 – 미국
③ 영국 – 이탈리아 – 프랑스 – 미국 – 브라질
④ 영국 – 미국 – 브라질 – 이탈리아 – 프랑스

02 다음 중 이탈리아에 현존하는 가장 오래된 카페는?

① 거트리지 커피하우스(Gutteridge coffeehouse)
② 카페 프로코프(cafe de Procope)
③ 카페 플로리안(Caffe Florian)
④ 더 킹스 암스(The King's Arms)

03 커피나무에 대한 설명으로 바른 것은?

① 커피나무의 열매는 처음에 붉은색이었다가 점차 노란색, 녹색으로 변한다.
② 커피나무의 안정적인 수확은 5년 후부터 가능하고, 6~10년째에 수확량이 가장 많다.
③ 커피나무의 경제적 수명은 대략 40~50년 정도이다.
④ 커피나무의 잎은 타원형의 얇은 형태이며, 잎의 앞면은 짙은 녹색이고 광택이 없다.

04 커피체리의 구조에 대한 설명으로 바르지 않은 것은?

① 겉껍질 : 커피체리를 감싸고 있는 맨 바깥의 껍질을 말하며 외과피라고도 한다.
② 펄프 : 생두 가운데 있는 S자 형태의 홈을 말한다.
③ 실버스킨 : 파치먼트 내부에서 생두에 부착되어 있는 얇은 반투명의 껍질을 말한다.
④ 파치먼트 : 생두를 감싸고 있는 딱딱한 껍질을 말하며 내과피라고도 한다.

05 커피체리 안에는 보통 두 개의 생두가 자리 잡고 있는데, 여기서 마주보는 면이 납작한 형태를 보이는 일반적인 생두를 부르는 명칭은?

① 플랫 빈(Flat bean)
② 카라콜(Caracol)
③ 커플 빈(Couple bean)
④ 스몰 빈(Small bean)

06 아라비카종 커피에 대한 설명으로 바르지 않은 것은?

① 원산지는 에티오피아이고, 주요 생산지는 브라질, 콜롬비아, 멕시코 등이다.
② 15~24℃의 기온에서 연평균 1,500~2,000mm 정도의 강수량을 받아야 한다.
③ 병충해 및 서리에 강하고 체리 성숙 기간이 로부스타종에 비해 길다.
④ 재배 고도 800m 이상의 열대 지방의 서늘한 고원지대에서 주로 생산되며 커피나무는 5~6m 정도까지 자란다.

07 다음은 아라비카 커피와 로부스타 커피를 비교한 내용이다. ( ) 안을 바르게 채운 것은?

> 로부스타 커피는 아라비카 커피에 비해 전체 생산량이 적고, 가격이 ( ). 향미가 다소 약하며, 쓴맛이 강해 ( )으로 주로 쓰이며 카페인 함량은 더 ( ). 생두의 형태는 ( )이고, 지방 함량은 아라비카의 절반 수준이다.

① 저렴하다, 블렌딩용, 적다, 둥근형태
② 저렴하다, 원두커피용, 많다, 타원형
③ 저렴하다, 블렌딩용, 많다, 둥근형태
④ 비싸다, 원두커피용, 적다, 타원형

08 티피카(Typica) 품종에 대한 설명으로 바른 것은?

① 로부스타의 주요 품종으로, 라틴아메리타와 아시아에서 주로 재배된다.
② 대표적인 티피카 계통의 품종으로는 블루마운틴, 하와이 코나 등이 있다.
③ 생두의 길이가 짧은 편이고 작은 타원형 모양을 하고 있다.
④ 좋은 향과 신맛을 가지고 있으며 녹병 등 병충해에 강해 생산성이 높은 품종이다.

09 1870년 브라질의 한 농장에서 발견된 티피카의 돌연변이종으로, 생두와 잎의 크기가 타 품종에 비해 매우 커 '코끼리 콩(Elephant bean)'으로도 불리는 품종은?

① 게이샤(Geicha)
② 파카스(Pacas)
③ 아라부스타(Arabusta)
④ 마라고지페(Maragogype)

10 커피에 대한 설명으로 바르지 않은 것은?

① 커피는 일반적으로 파치먼트 상태의 생두를 묘판에 심고 발아 후에 용기에 옮겨 심고, 어느 정도 자라면 재배지에 이식하는 방법을 사용한다.
② 커피나무는 꽃봉오리 상태에서 2~3개월 정도의 휴면기를 보내고 건기가 끝나고 비가 내리면 비가 그친 후 5~12일 후에 개화한다.
③ 커피체리는 익은지 21일 정도 지나면 나무에서 떨어지므로 그 이후에 자연히 떨어진 열매를 채집하는 것이 좋다.
④ 컵 오브 엑설런스(COE)는 1999년 브라질에서 처음 시작되었다.

11 커피의 수확에 대한 설명으로 바른 것은?

① 사람에 의한 수확 방법에는 핸드 피킹이 있고, 기계에 의한 수확 방법에는 스트리핑이 있다.
② 기계에 의한 수확은 에티오피아에서 처음 개발되어 사용되기 시작하였다.
③ 핸드 피킹과 스트리핑 방법을 사용하면 품질이 균일하지만, 기계에 의한 수확 방법을 사용하면 품질이 균일하지 않다.
④ 핸드 피킹은 습식 가공 커피 생산국에서 주로 이용하고, 스트리핑은 건식 가공 커피 생산국에서 주로 이용한다.

12 건식법으로 생산된 커피를 이르는 말은?

① Natural coffee
② Sustainable coffee
③ Sun grown coffee
④ Mild coffee

13 습식법의 세부적 과정을 순서대로 바르게 나열한 것은?

① 분리 → 발효 → 펄핑 → 세척 → 건조
② 분리 → 펄핑 → 발효 → 세척 → 건조
③ 분리 → 세척 → 발효 → 펄핑 → 건조
④ 분리 → 건조 → 세척 → 펄핑 → 발효

14 커피의 건조에 대한 설명으로 바르지 않은 것은?

① 생두의 수분함유율을 12%로 낮춰 미생물의 증식을 막기 위함이다.
② 파티오(Patio) 건조를 사용하여 파치먼트를 건조하는 데에는 7~15일 정도가 소요된다.
③ 건조대(Table) 건조를 사용하여 파치먼트를 건조하는 데에는 5~10일 정도 소요된다.
④ 기계건조는 워시드 커피보다 내추럴 커피에 더 많이 사용한다.

15 다음은 커피 탈곡에 대한 내용이다. (　　) 안을 바르게 채운 것은?

> 탈곡은 껍질이나 파치먼트, 실버스킨을 제거하는 과정을 말한다. 내추럴 커피의 체리 껍질 또는 파치먼트를 제거하는 것을 (　　)이라 하고, 워시드 커피의 파치먼트를 벗겨내는 것을 (　　)이라고 하며, 실버스킨을 제거하는 것을 (　　)이라 한다.

① Hulling, Polishing, Husking
② Husking, Polishing, Hulling
③ Hulling, Husking, Polishing
④ Husking, Hulling, Polishing

16 브라질에서 사용되는 맛에 따른 생두의 등급을 우수한 순서대로 바르게 나열한 것은?

① Strictly Soft – Soft – Softish – Hard – Riada – Rio – Rio Zona
② Strictly Soft – Softish – Soft – Hard – Riada – Rio – Rio Zona
③ Strictly Soft – Soft – Softish – Hard – Rio – Rio Zona – Riada
④ Strictly Soft – Softish – Soft – Hard – Rio – Rio Zona – Riada

17 다음 중 생두 분류의 기준이 커피 생산 지역의 고도가 아닌 국가는?

① 코스타리카　② 과테말라
③ 파나마　④ 탄자니아

18 SCAA 기준에 따른 결점두의 종류와 그 원인으로 바르지 않은 것은?

① Full Black : 너무 늦게 수확하거나 흙과 접촉하여 발효됨
② Full Sour : 너무 익은 체리나 땅에 떨어진 체리를 사용함
③ Foreign Matter : 커피 이외의 외부 이물질이 있음
④ Floater : 미성숙한 어린 체리를 수확함

19 다음 중 결점두를 분류하는 기준에서 Primary Defect 그룹에 속하는 것들만 바르게 묶은 것은?

① Full Black, Severe Insect Damage, Withered
② Dried Cherry, Fungus Damaged, Foreign Matter
③ Partial Black, Floater, Shell
④ Full Sour, Partial Sour, Slight Insect Damage

20 주로 아라비카종을 생산하며, 기후 특성상 생두가 회녹색을 띠는 경향이 있고, 캐러멜과 초콜릿향, 너트향이 잘 어우러져 신맛을 내는 커피로 알려져 있다. 특히 킬리만자로 커피가 유명한 이 나라는?

① 콜롬비아　② 탄자니아
③ 과테말라　④ 온두라스

21 다음 중 포장 단위가 다른 국가는?

① 에티오피아　② 케냐
③ 브라질　④ 멕시코

22 국제커피기구(ICO)에 대한 설명으로 바르지 않은 것은?

① 10월 1일을 세계 커피의 날로 지정하였다.
② 커피 생산국가와 소비국가가 함께 가입되어 있다.
③ 1963년 런던에서 출범하였다.
④ 우리나라도 현재 국제커피기구에 가입되어 있다.

23 우유에 함유된 당질에 대한 설명으로 바른 것은?

① 유당불내증을 유발하여 통증과 설사를 유발할 수도 있다.
② 우유 스티밍 시 단백질과 함께 거품의 안정성에 중요한 역할을 한다.
③ 우유에서 당질을 떼어 내 함유량을 0.1% 이내로 줄인 우유를 탈지우유라 한다.
④ 철분 흡수를 촉진하고 유해균을 억제한다.

24 다음은 우유의 살균법에 대한 내용이다. (　　) 안을 바르게 채운 것은?

> (　　　　)은 유산균, 단백질, 비타민이 살아 있어 영양 성분은 뛰어나지만 제조비용이 많이 들고 살균 효과도 떨어져, 현재는 잘 사용되지 않는 방법이다. (　　　　)은 유산균과 단백질이 일부 파괴되나, 제조비용이 적게 들고 유통기한이 길며 원유의 변화를 최소화할 수 있다. (　　　　)은 살균 효과는 높지만 가열취가 발생하거나 유청단백질의 응고 및 갈변화 현상이 나타난다.

① 저온 장시간 살균법, 고온 순간 살균법, 고온 단시간 살균법
② 저온 장시간 살균법, 고온 단시간 살균법, 고온 순간 살균법
③ 고온 단시간 살균법, 고온 순간 살균법, 저온 장시간 살균법
④ 고온 단시간 살균법, 저온 장시간 살균법, 고온 순간 살균법

25 커피의 영양학적 효능으로 바르지 않은 것은?

① 커피는 오렌지 주스보다 수용성 식이섬유의 함량이 많다.
② 원두커피의 경우 항산화 효과가 있는 페놀류를 다량 함유하고 있어 노화를 예방한다.
③ 장 건강에 유익한 유산균을 활성화시킨다.
④ 카페인 성분은 폐경기 여성의 골다공증 위험성을 줄여준다.

26 디카페인 커피의 카페인 추출방법으로 바르지 않은 것은?

① 에탄올 추출법　　② 용매추출법
③ 물 추출법　　④ 초임계 추출법

27 일일 적정재고량을 뜻하는 말은?

① 스톡　　② 인벤토리
③ 파 스톡　　④ 익세스 스톡

28 바리스타가 인수인계 시에 주의해야할 사항으로 바르지 않은 것은?

① 업무 진행사항 등을 상세히 기재한다.
② 업무 인계자의 인적사항을 정확히 기재하여 문제 발생 시에 즉각 수습 가능하도록 한다.
③ 업무 관련 사항 외에도 비품 사용, 관련 기관 등에 대한 내용도 포함시킨다.
④ 전 근무자의 근무시간대별 고객 현황과 불만 사항 등은 인계자의 프라이버시와 관련이 있으므로 전달해서는 안 된다.

29 다음은 로스팅의 열 전달 방식에 대한 내용이다. (　　) 안을 바르게 채운 것은?

(　　)는 로스팅 머신에 들어간 생두끼리 서로 부딪히며 열을 흡수한 생두가 차가운 생두에 열을 전달해주는 현상을 말한다. 드럼에서 발생하는 (　　)에 의해 로스팅이 이루어질 수 있으며, 기체나 액체 등의 유체에서 상하운동으로 열이 전달되는 것은 (　　)에 의한 현상이다.

① 전도, 복사, 대류
② 전도, 대류, 복사
③ 복사, 대류, 전도
④ 복사, 전도, 대류

30 로스팅의 과정 중 1차 크랙 이후부터 2차 크랙이 일어나기 전까지의 과정에서 나타나는 변화가 아닌 것은?

① 생두의 색이 갈색에서 검정색에 가까운 어두운 갈색으로 변한다.
② 생두가 점점 팽창하여 주름이 펴지고 부피가 증가한다.
③ 무게가 가벼워지고 알갱이가 쓸리는 듯한 소리가 난다.
④ 신향이 사라지고 탄 향과 초콜릿향이 난다.

31 로스팅 전에 비해 로스팅 후 성분 구성비가 감소하는 성분만을 바르게 고른 것은?

가. 당분
나. 지방질
다. 섬유소
라. 염기성산

① 가, 다
② 가, 라
③ 나, 다
④ 나, 라

32 커피 로스팅의 기본적인 세 단계에 포함되지 않는 것은?

① 건조(Dry)
② 압축(Compression)
③ 열분해(Pyrolysis)
④ 냉각(Cooling)

33 로스팅 단계에 대한 설명으로 바르지 않은 것은?

① 로스팅이 강할수록 로스팅 단계를 나타내는 L값은 감소한다.
② '약배전 – 중배전 – 중강배전 – 강배전' 순으로 로스팅이 강하다.
③ 로스팅이 약할수록 신맛이 강하고 로스팅이 강할수록 쓴맛이 난다.
④ 원두의 스펀지화는 로스팅 초반에 주로 일어나는 현상이다.

34 로스팅 머신에 대한 설명으로 바르지 않은 것은?

① 직화식 머신은 댐퍼의 미세한 조작이 불가능하여 평범하고 균일한 커피가 만들어진다.
② 열풍식 머신은 로스팅 시간이 직화식보다 훨씬 짧아 짧은 시간에 매우 균일한 로스팅이 가능하다.
③ 반열풍식 머신은 초기 흡열반응 시간이 비교적 길어 안정적인 커피의 맛과 향을 얻을 수 있다.
④ 로스팅 머신은 종류에 관계없이 모두 드럼과 버너, 쿨러를 가지고 있다.

35 블렌딩의 목적으로 바르지 않은 것은?

① 기존 커피 본연의 맛과 향을 더욱 극대화
② 한 가지 원두가 지닌 맛의 단점 보완 · 극복
③ 일정 수준의 향미가 없는 경우 생두를 대체
④ 전체 생산 원가를 절감

36 다음 중 커피에 함유된 무기질 성분 중 가장 많은 비율을 차지하는 것은?

① Ca(칼슘)
② K(칼륨)
③ P(인)
④ Mn(망간)

37 캐러멜화(Caramelization) 반응에 대한 설명으로 가장 바른 것은?

① 생두의 당분과 아미노산 성분이 열로 인해 결합하여 갈색으로 변화하는 반응이다.
② 원두의 색과 향에는 큰 영향을 미치지 않는다.
③ 생두의 당 성분이 고온으로 가열되면서 열분해나 산화과정을 거쳐 캐러멜로 변화하는 반응이다.
④ 멜라노이딘이 형성되는 반응이다.

38 다음 중 커피의 효소작용에 의해 생기는 향이 아닌 것은?

① 플라워리(Flowery)
② 프루티(Fruity)
③ 허비(Herby)
④ 너티(Nutty)

39 커피 향을 인식하는 순서를 바르게 나열한 것은?

① Fragrance – Aroma – Nose – Aftertaste
② Aroma – Fragrance – Nose – Aftertaste
③ Nose – Aroma – Fragrance – Aftertaste
④ Aftertaste – Nose – Aroma – Fragrance

40 다음 중 커피의 쓴맛 성분이 아닌 것은?

① 트리고넬린
② 퀸산
③ 카페인
④ 산화칼륨

41 바디의 강도를 지방 함량에 따라 나타낼 때 바르게 나타낸 것은?

① Buttery 〉 Creamy 〉 Smooth 〉 Watery
② Smooth 〉 Creamy 〉 Buttery 〉 Watery
③ Buttery 〉 Smooth 〉 Watery 〉 Creamy
④ Smooth 〉 Buttery 〉 Watery 〉 Creamy

42 SCAA 커핑 방법에 따라 샘플을 평가할 때 바르지 않은 것은?

① 커피에 물을 고르게 붓고 뜨거울 때 바로 커피 층을 깨주고 향기를 맡는다.
② 커피의 온도가 70℃ 정도가 되면 플레이버와 애프터테이스트를 평가한다.
③ 커피의 온도가 70℃ 이하가 되면 신맛, 바디, 밸런스를 평가한다.
④ 커피의 온도가 37℃ 이하가 되면 단맛, 균일성, 클린컵, 오버롤을 평가한다.

43 커피 추출의 과정을 순서대로 바르게 나열한 것은?

① 침투 – 분리 – 용해
② 침투 – 용해 – 분리
③ 용해 – 분리 – 침투
④ 용해 – 침투 – 분리

44 커피 분쇄 시 유의사항으로 바르지 않은 것은?

① 분쇄 입자 크기의 균일성을 유지한다.
② 물과 접촉하는 시간이 길수록 입자를 가늘게 하고, 접촉 시간이 짧을수록 굵게 한다.
③ 분쇄 시 발생하는 미분의 생성을 최소화한다.
④ 추출하기 직전에 분쇄한다.

45 일반적으로 커피 맛을 음미하기에 가장 좋은 온도는?

① 95~100℃ ② 85~90℃
③ 75~80℃ ④ 65~70℃

46 커피 추출 도구에 대한 설명이 바르게 연결된 것은?

① 드리퍼 : 물줄기를 세밀하게 해주기 위해 만들어진 도구
② 드립 포트 : 드리퍼 밑에 받쳐 추출된 커피를 받아내는 계량 용기
③ 리브 : 드리퍼 내부에 물을 부었을 때 커피 내부의 공기가 원활히 배출되게 하는 통로
④ 서버 : 커피를 여과하는 도구

47 커피 추출 기구의 특성 대한 설명으로 바르지 않은 것은?

① 융 드립 : 바디가 묵직하며 맛이 풍부하면서도 진하고 부드러운 커피를 추출한다.
② 워터 드립 : 텁텁함이 없고 깔끔하며 부드러운 다크 초콜릿 맛과 스모키한 향이 나는 커피를 추출한다.
③ 에어로 프레스 : 깊고 풍부하며 깔끔한 맛의 커피를 신속하면서도 손쉽게 추출한다.
④ 프렌치 프레스 : 바디감이 가볍고 깔끔하며 전체적인 향미가 좋은 커피를 추출한다.

48 에스프레소 머신의 발전에 대한 설명으로 바르지 않은 것은?

① 1935년 일리는 증기를 압축공기로 대체하여 에스프레소를 추출하는 머신을 발명하였다.
② 1946년 가지아는 피스톤 방식의 머신을 발명하여 훨씬 강한 압력으로 커피를 생산하게 되었다.
③ 1960년 발렌테는 우연히 '크레마'라 불리는 커피 거품을 발견하였다.
④ 1980년대 버튼을 통해 추출시간을 조절할 수 있는 머신이 개발되었다.

49 에스프레소 추출의 4요소에 대한 설명으로 바르지 않은 것은?

① 분쇄 : 에스프레소용 원두의 분쇄도는 0.5~0.6mm 정도이다.
② 담기 : 한 잔용 포터필터와 두 잔용 포터필터에는 각각 다른 양의 원두를 채워야 한다.
③ 탬핑 : 약 15~20kg의 압력으로 다져준다.
④ 추출 : 일반적인 에스프레소는 약 9bar의 압력으로 20~30초 동안 대략 30㎖를 추출한다.

50 다음에서 설명하는 커피 메뉴는?

프랑스식 커피 음료로, 프렌치 로스트한 커피를 드립으로 추출하여 약하게 데운 우유를 같은 비율로 볼(bowl)에 동시에 부어 만들거나, 에스프레소와 거품 우유를 사용하여 만든다. 아침에 먹어도 부담이 없는 메뉴로 알려져 있다.

① 카페라떼
② 카페오레
③ 카페모카
④ 카페 프레도

제3회 실전모의고사

01 다음 중 커피의 어원과 관련이 없는 것은?

① Qahwah
② Kaffa
③ Bun
④ Mocha

02 우리나라에서 처음 커피를 마신 고종은 덕수궁 안에 서양식 정자를 짓고 그곳에서 커피를 마셨다고 한다. 이곳의 이름은?

① 정관헌
② 손탁호텔
③ 근정전
④ 난다랑

03 커피체리에 대한 설명으로 바르지 않은 것은?

① 보통 커피체리에는 두 개의 생두가 마주하여 자리 잡고 있다.
② 한 개의 커피체리 안에 세 개의 생두가 들어있는 경우를 피베리(Peaberry)라고 한다.
③ 생두 가운데 있는 S자 형태의 홈을 센터컷이라 한다.
④ 다 익은 커피체리의 길이는 15~18mm 정도이다.

04 다음은 아라비카종과 로부스타종에 대한 내용이다. (　　) 안을 바르게 채운 것은?

> 현재 커피 전체 품종의 최대 생산국은 브라질인데, 개별 품종의 생산량을 보면 아라비카 커피는 (　　　)이 최대 생산국이며, 로부스타 커피는 (　　　)이 최대 생산국의 지위를 보유하고 있다.

① 베트남, 브라질
② 브라질, 베트남
③ 에티오피아, 콩고
④ 콩고, 에티오피아

05 여러 가지 아라비카 품종에 대한 설명으로 바르지 않은 것은?

① 문도노보(Mundo Novo)는 버번(Bourbon)과 티피카(Typica) 계열의 자연교배종이다.
② 카투라(Caturra)는 브라질에서 발견된 버번(Bourbon)의 돌연변이종이다.
③ 카티모르(Catimor)는 HDT와 카투라(Caturra)의 인공교배종이다.
④ 아라부스타(Arabusta)는 엘살바도르에서 발견된 버번(Bourbon)의 돌연변이종이다.

06 리베리카 품종에 대한 설명으로 바르지 않은 것은?

① 아프리카의 라이베리아 등 서부지역에서 주로 생산된다.
② 생산량이 아주 적은 편이며 자국에서 소비되기보다는 주로 해외로 수출된다.
③ 열매가 다른 품종보다 크고, 저지대에서도 잘 자란다.
④ 기후나 토양 등에도 잘 적응한다.

07 커피의 재배조건에 대한 설명으로 바른 것은?

① 커피 재배를 위한 적절한 일조량은 연 1,000~1,200시간 정도이다.
② 토양의 색이 옅을수록 커피 재배에 더 적합하다.
③ 커피는 열대와 아열대 지역에 위치하는 60여 개의 나라에서만 생산되고 있다.
④ 토양은 약염기(pH7.5~8)를 띠는 것이 좋다.

08 다음 중 커피와 관련된 용어에 대한 설명으로 바르지 않은 것은?

① 커피 벨트(Coffee belt) : 세계지도상에 남위 25도, 북위 25도 사이의 커피 생산이 가능한 지역을 나타낸 것
② 묘포(Nursery) : 파종부터 묘목이 될 때까지의 과정이 이루어지는 곳
③ 파티오(Patio) : 파치먼트나 커피체리를 건조하는 공간
④ 밀링(Milling) : 건조가 끝난 생두를 크기, 밀도, 수분함유율 등에 따라 등급을 나누는 과정

09 스크린 분류에 대한 설명으로 바른 것은?

① 생두의 색깔에 따라 분류하는 것이다.
② 스크린 사이즈 18이라면 18/64인치 구멍의 체를 통과하는 콩을 의미한다.
③ 1스크린 사이즈는 1/64인치로 대략 0.4mm이다.
④ 등급은 1부터 20까지 총 20단계로 구분되어 있다.

10 스크린 사이즈 16을 부르는 명칭이 잘못 연결된 것은?

① Spanish – Segunda
② Colombia – Excelso
③ India – C
④ Jamaica – Blue Mountain No.2

11 다음 중 퀘이커(Quaker)에 대한 설명 중 바른 것만을 옳게 고른 것은?

가. 퀘이커는 생두 상태에서 발견하기 가장 쉽다.
나. 퀘이커는 결점두에 해당한다.
다. 커피체리 수확 시 생기는 결점두이다.
라. 유난히 작은 콩을 말한다.

① 가, 나
② 나, 다
③ 나, 라
④ 다, 라

12 SCAA 기준에 따른 결점두의 종류와 그에 대한 설명으로 바르지 않은 것은?

① Shell : 환경적인 원인으로 둥근 홈이 생긴 기형 콩
② Severe Insect Damage Bean : 해충이 생두에 파고 들어가 세 군데 이상 벌레 먹은 구멍이 있는 것
③ Dried Cherry : 잘못된 펄핑이나 탈곡으로 인해 일부 또는 전체가 검은 외피에 둘러싸여 있는 것
④ Broken/Chopped/Cut : 잘못 조정된 장비 또는 과도한 마찰력으로 인한 깨진 콩이나 깨진 콩의 파편

13 다음 중 결점두에 의한 분류를 하지 않는 나라는?

① 브라질　　② 인도네시아
③ 에티오피아　　④ 케냐

14 다음 설명에 해당되는 커피 생산 국가는?

- 아라비카종의 원산지로, 화려한 맛과 향이 특징적이어서 '커피의 귀부인'으로도 불린다.
- 결점두 수에 따라 G1부터 G8까지 등급을 매긴다.
- 대표적인 커피로는 이가체페, 짐마, 시다모, 하라 등이 있다.

① 에티오피아　　② 케냐
③ 브라질　　④ 짐바브웨

15 커피 재배 국가인 코스타리카에 대한 설명으로 바르지 않은 것은?

① 대표적인 커피로는 따라주(Tarrazu)가 있다.
② 주로 습식법을 사용한다.
③ 아라비카종의 재배가 법적으로 금지되어 있다.
④ 포장단위는 69kg이다.

16 다음 중 세계 3대 커피에 해당되지 않는 것은?

① 블루마운틴(Blue Mountain)　　② 하와이안 코나(Hawaiian Kona)
③ 모카 마타리(Mocha Mattari)　　④ 코피 루왁(Kopi Luwak)

17 커피의 지역별 생산량이 많은 순서대로 바르게 나열한 것은?

① 남아메리카 〉 아시아 · 태평양 지역 〉 중앙아메리카 〉 아프리카
② 남아메리카 〉 아프리카 〉 아시아 · 태평양 지역 〉 중앙아메리카
③ 아프리카 〉 남아메리카 〉 아시아 · 태평양 지역 〉 중앙아메리카
④ 아프리카 〉 아시아 · 태평양 지역 〉 중앙아메리카 〉 남아메리카

18 우유에 대한 설명으로 바르지 않은 것은?

① 우유의 유당은 칼슘과 아연 등이 체내에 잘 흡수될 수 있도록 촉진한다.
② 우유 속의 락토페린은 활성화 에너지를 낮추어 물질대사의 반응속도를 증가시킨다.
③ 우유 단백질은 인체 내에서 합성되지 않는 필수 아미노산을 많이 함유하고 있다.
④ 우유는 탄수화물 과잉 섭취로 인한 혈당 급증을 억제하고 비만을 예방한다.

19 우유를 40℃ 이상에서 가열하는 경우에 생성되는 얇은 피막의 주성분이자, 가열취의 원인이 되는 우유의 성분은?

① 알파-락트알부민
② 카세인
③ 베타-락토글로불린
④ 리포단백질

20 물의 소독에 대한 내용으로 바르지 않은 것은?

① 염소 소독법은 잔류효과가 크고 가격이 저렴하다.
② 오존 소독법은 잔류효과가 떨어지나 비용이 저렴하다.
③ 자외선 소독법은 살균력은 강하나 비용이 많이 든다.
④ 염소 소독법은 오존, 자외선 소독법보다 살균력이 떨어진다.

21 식품 온도계의 사용 지침으로 바르지 않은 것은?

① 온도계를 깨끗이 씻고 소독한 후에 사용한다.
② 식품에 찔러 넣고 5초 뒤에 수치를 읽는다.
③ 식품의 가장 깊은 곳까지 찔러 넣어 온도를 측정한다.
④ 감지 부분이 바닥이나 가장자리에 닿지 않게 한다.

22 다음 중 소화기계 감염병에 해당하지 않는 것은?

① 장티푸스
② 세균성 이질
③ 파라티푸스
④ 디프테리아

23 디카페인 커피에 대한 설명으로 바른 것은?

① 독일의 룽게가 커피에서 카페인을 최초로 분리하였다.
② 커피 속의 카페인 성분을 100% 제거한 커피이다.
③ 디카페인 가공 과정에서 커피 향의 손실이 크게 발생한다.
④ 물추출법은 카페인의 불용성을 이용해 제거하는 방식이다.

24 바리스타의 근무 태도로 바르지 않은 것은?

① 항상 단정하고 바른 자세로 반갑게 고객을 맞이한다.
② 고객과 대화 시에 이미 알고 있는 내용이 언급되면 고객의 말 중간중간에 자신이 아는 내용을 덧붙인다.
③ 고객의 대화 시 방해되지 않도록 곁에서 기다리며 상황과 분위기를 잘 파악한다.
④ 고객 응대 시 너무 가까이 붙어 대화하는 것은 어색함이나 불쾌감을 줄 수 있으므로 지나치게 밀착되지 않도록 한다.

25 로스팅의 과정을 순서대로 바르게 나열한 것은?

① 냉각 – 건조 – 열분해
② 열분해 – 건조 – 냉각
③ 열분해 – 냉각 – 건조
④ 건조 – 열분해 – 냉각

26 로스팅 전후로 성분의 양적 변화가 가장 작은 것은?

① 수분
② 카페인
③ 섬유소
④ 용해성 추출물

27 로스팅 시 맛 성분과 향에 대한 설명으로 바르지 않은 것은?

① 라이트에서는 강한 단맛과 강한 바디를 갖는다.

② 미디엄에서는 약한 신맛과 풍성한 향기를 갖는다.

③ 다크에서는 단맛과 약한 탄맛이 난다.

④ 모더리트리 다크에서는 미미한 신맛과 강한 향기를 갖는다.

28 로스팅 머신에 대한 설명으로 바른 것은?

① 직화식 머신은 드럼과 분리된 곳에서 열을 만든 후 그 열을 바람을 통해 드럼 내부로 보내는 방식이다.

② 열풍식 머신은 드럼 내부의 생두에 버너로 열을 가하는 방식이다.

③ 가열된 생두는 연기를 발생시키는데, 배기팬으로 배연하지 않으면 커피의 풍미를 저하시키는 요인이 된다.

④ 후지로얄은 대표적인 반열풍식 머신이다.

29 다음 중 댐퍼(Damper)의 기능이 아닌 것은?

① 드럼 내부의 공기 흐름 조절

② 드럼 내부의 열량 조절

③ 향미의 조절

④ 냉각의 강약 조절

30 다음에서 설명하는 커피는?

- 한 국가에서 생산된 한 종류의 커피를 말하며, 싱글오리진(Single Origin)이라고도 한다.
- 커피 본연의 맛과 향을 즐기는 목적으로 애용되고 있다.
- 하와이안 코나, 콜롬비아 수프리모, 케냐 AA 등이 대표적이다.

① 더블 로스팅 커피

② 스트레이트 커피

③ 몬순 커피

④ 지속가능 커피

31 로스팅 전 블렌딩(BBR)에 대한 내용으로 바른 것만을 옳게 고른 것은?

> 가. 전체적으로 고른 색깔의 원두를 얻을 수 있다.
> 나. 맛과 향의 상승효과가 BAR에 비해 뛰어나다.
> 다. 생두별로 밀도와 수분함량의 차이가 클 때 BBR 방식을 사용한다.
> 라. 간편하고 일의 능률이 좋다.

① 가, 다
② 가, 라
③ 나, 다
④ 나, 라

32 로스팅 시 원두에서 가장 많이 발생하는 가스는?

① 이산화탄소(CO_2)
② 산소(O_2)
③ 질소(N_2)
④ 아르곤(Ar)

33 유리아미노산에 대한 설명으로 바르지 않은 것은?

① 생두의 성분 중 0.3~0.8%를 차지하며 향기 형성의 중요한 성분이다.
② 로스팅이 진행되면 증가한다.
③ 일부 성분은 쓴맛 성분과 결합하여 갈색 색소의 성분으로 변한다.
④ 당과 반응하여 멜라노이딘과 향기 성분으로 변한다.

34 커피의 유기산에 대한 설명으로 바르지 않은 것은?

① 시트르산, 타타르산, 아세트산 등이 있다.
② 커피의 신맛을 결정하는 성분이다.
③ 커피의 쓴맛과는 관련이 없다.
④ 아라비카가 로부스타보다 유기산이 더 많다.

35 생두의 당분과 아미노산 성분이 열로 인해 결합하여 갈색으로 변하는 반응은?

① 마이야르 반응
② 캐러멜화 반응
③ 클로로겐산 반응
④ 건류 반응

36 다음 중 건류반응에 의해 생기는 향만을 옳게 고른 것은?

가. 터페니(Turpeny)
나. 허비(Herby)
다. 스파이시(Spicy)
라. 카보니(Carbony)

① 가, 나, 다
② 가, 나, 라
③ 가, 다, 라
④ 나, 다, 라

37 커피 플레이버를 평가하는 순서로 바른 것은?

① 향기(Aroma) – 맛(Taste) – 바디(Body)
② 맛(Taste) – 향기(Aroma) – 바디(Body)
③ 향기(Aroma) – 바디(Body) – 맛(Taste)
④ 바디(Body) – 향기(Aroma) – 맛(Taste)

38 다음 중 아로마(Aroma) 단계에서 주로 나는 향기가 아닌 것은?

① 너트 라이크(Nutty–like)
② 허벌(Herbal)
③ 프루티(Fruity)
④ 플라워(Flower)

39 다음 중 커피 향기의 강도를 표현하는 말이 아닌 것은?

① Rich
② Flat
③ Rounded
④ Clean

40 다음 중 커피의 단맛 성분이 아닌 것은?

① 환원당
② 캐러멜당
③ 단백질
④ 트리고넬린

41 향커피의 종류와 특징이 바르게 짝지어지지 않은 것은?

① 헤이즐넛 : 고소함과 달콤함
② 초콜릿 헤이즐넛 : 달콤쌉쌀, 부드러움
③ 서던 피칸 : 짭짤함과 새콤함
④ 프렌치 바닐라 : 부드럽고 달콤함

42 컵 오브 엑설런스(CoE)의 평가항목에 대한 설명으로 바르지 않은 것은?

① Flavor : 맛과 향을 평가한다.
② Mouthfeel : 커피를 시음하고 후에 남는 향을 평가한다.
③ Clean cup : 잡미가 없이 깔끔한지를 평가한다.
④ Defect : 결점두에 의해 느껴지는 맛이 있는지를 평가한다.

43 다음은 커피 추출 수율과 추출 농도에 대한 내용이다. ( ) 안을 바르게 채운 것은?

> 추출 수율이 18%보다 낮으면 과소추출이 일어나 ( )가 나고, 22%를 초과할 경우 과다추출이 일어나 쓰고 ( )이 난다. 추출 농도가 ( )%보다 낮으면 너무 약한 맛이 나고, ( )% 이상이면 너무 강한 맛을 내게 된다.

① 풋내, 떫은 맛, 2, 2.5
② 떫은 맛, 풋내, 2, 2.5
③ 풋내, 떫은 맛, 1, 1.5
④ 떫은 맛, 풋내, 1, 1.5

44 커피 분쇄에 대한 설명으로 바르지 않은 것은?

① 분쇄를 하는 이유는 물과 접촉하는 커피의 표면적을 넓혀 추출이 잘 되게 하기 위함이다.
② 코니컬형 그라인더보다는 플랫형 그라인더가 분쇄할 때 열이 더 많이 발생한다.
③ 커피 향은 분쇄 후 빠르게 소진되므로 추출 직전에 분쇄하는 것이 좋다.
④ 수동 핸드밀과 전동 그라인더는 분쇄속도가 느린 대신 분쇄 입자가 균일하다.

45 산패의 요인에 대한 설명으로 바르지 않은 것은?

① 온도가 상승할 때마다 향기 성분이 빨리 소실되므로 가급적 낮은 온도로 보관하는 것이 좋다.
② 일정량의 산소는 커피 향을 유지하는 데 도움이 되므로 포장 내 소량의 산소는 넣어주어야 한다.
③ 로스팅이 강하게 된 원두일수록 산패가 빨리 진행된다.
④ 분쇄된 원두가 홀빈 상태의 원두보다 빠르게 산패된다.

46 페이퍼 필터 드립에 대한 설명으로 바르지 않은 것은?

① 드리퍼의 재질은 플라스틱, 도기, 유리, 동 등으로 다양하다.
② 필터 드립을 처음 시작한 사람은 독일의 멜리타 부인이다.
③ 다른 추출 방식에 비해 커피 본연의 맛과 향을 그대로 표현할 수 있다.
④ 추출 템포가 빠른 사람은 리브 수가 적고 높이가 낮은 드리퍼를 선택하는 것이 좋다.

47 터키식 커피 추출 기구 중 하나인 이브릭(Ibrik)의 추출 방식은?

① 우려내기(Steeping)
② 삼출법(Percolation)
③ 드립추출(Drip-filtration)
④ 달임법(Decoction)

48 다음에서 설명하는 에스프레소 머신의 부품은?

- 물의 흐름을 통제하는 부품
- 보일러에 유입되는 찬물과 보일러에서 데워진 온수의 추출을 조절함

① 솔레노이드 밸브(Solenoid Valve)
② 개스킷(Gasket)
③ 플로우 미터(Flower Meter)
④ 샤워 스크린(Shower Screen)

49 에스프레소에 휘핑크림을 넣고 부드러움과 단맛을 동시에 추가한 커피 메뉴는?

① 아인스패너
② 에스프레소 콘파냐
③ 에스프레소 마끼아또
④ 카페모카

50 다음에서 설명하는 커피 메뉴는?

> 이탈리아 사람들이 즐겨 마시는 것으로, 강하고 진한 커피를 즐기는 사람들이 좋아하는 메뉴이다. 에스프레소 솔로와 같은 조건에서 추출하되 농도가 가장 강한 시점에서 추출을 끊어주어 양이 적고 진한 에스프레소를 추출해낸다.

① 아메리카노(Americano)　② 도피오(Doppio)
③ 리스트레토(Ristretto)　④ 룽고(Lungo)

제4회 실전모의고사

01 커피의 전파에 대한 설명으로 바르지 않은 것은?

① 브라질은 1727년에 장교 팔레타가 기아나에서 커피를 들여왔다.
② 일본은 메이지 유신 시대에 커피가 전파되었다.
③ 인도 출신의 이슬람 승려 바바부단은 커피씨앗을 몰래 숨겨와 인도의 마이소어 지역에 심었다.
④ 카리브해 지역에서 커피가 처음 재배된 곳은 마르티니크 섬이다.

02 다음 중 유럽 최초의 커피 수출국은?

① 네덜란드　② 영국
③ 프랑스　④ 오스트리아

03 커피나무에 대한 설명으로 바른 것은?

① 아라비카종은 대부분 타가수분을 한다.
② 로부스타종은 자가수분을 한다.
③ 커피체리는 익은 지 7일 정도 지나면 나무에서 떨어지므로 그 안에 수확해야 한다.
④ 커피의 이식은 보통 우기 중 비가 많이 온 다음 날에 진행한다.

04 몬순 커피(Monsooned coffee)에 대한 설명으로 바르지 않은 것은?

① 건식가공 커피를 습한 몬순 계절풍에 2~3주 가량 노출시켜 숙성하여 만든 커피이다.
② 바디와 신맛이 강하다.
③ 원목향이나 짚풀향 같은 독특한 향을 가지고 있다.
④ 인도산 커피로, 인도 몬순 말라바르 AA가 대표적이다.

05 다음에서 설명하는 커피는?

> 1931년 에티오피아에서 발견되어 케냐로 보내졌다가 코스타리카, 탄자니아 등으로 이동해 파나마로 유입되었고, 달콤함과 독특한 향미, 균형잡힌 바디감으로 현재 최고의 커피로 불리우고 있으며 희소성으로 인해 최고가로 거래된다.

① 게이샤 ② 켄트
③ 비야 사르치 ④ 루이루 11

06 습식법의 세부적 과정에 대한 설명으로 바르지 않은 것은?

① 분리 : 체리 상태에 따른 비중의 차이로 분리가 가능하다.
② 펄핑 : 최대한 천천히 작업해야 체리의 품질 하락을 방지할 수 있다.
③ 발효 : 펄핑 후에도 파치먼트에 남아있는 점액질을 제거하는 과정이다.
④ 세척 : 세척을 통해 커피의 쓴맛을 감소시킬 수 있다.

07 건식법과 습식법에서 가장 큰 차이를 보이는 공정 과정은?

① 펄핑작업 ② 선별과정
③ 이물질 제거 ④ 건조과정

08 스크린 사이즈 13에 해당하는 커피 생두의 크기는 대략 얼마 정도인가?

① 7.5mm ② 6.7mm
③ 5.2mm ④ 4.8mm

09 SCAA 기준에 따른 결점두의 종류와 그에 대한 설명으로 바르지 않은 것은?

① 파셜 블랙빈 : 콩의 절반 이상이 검정색
② 파셜 사우어 빈 : 콩의 절반 미만이 붉은 빛이나 황 · 갈색
③ 파치먼트 : 일부 또는 전체가 마른 파치먼트에 둘러싸임
④ 슬라이트 인섹트 데미지 빈 : 세 군데 미만의 벌레 먹은 구멍이 있음

10 다음 중 국가별 생두의 분류기준이 아닌 것은?

① 생두의 크기　　② 생두의 재배고도
③ 생두의 무게　　④ 결점두 개수

11 다음 커피 중 재배되는 국가가 다른 하나는?

① 시다모　　② 만델링
③ 코케　　④ 하라

12 인도네시아 커피에 대한 설명으로 바르지 않은 것은?

① 주로 로부스타를 재배하지만 아라비카종의 생산도 점차 늘려가고 있다.
② 일년 내내 커피 수확이 가능하다.
③ 생두 등급은 재배 고도에 따라 분류한다.
④ 포장단위는 60kg이다.

13 수프레모 등급을 받은 최상급의 생두만을 사용한다고 알려진 콜롬비아의 커피로, 우수한 원두와 세계 최고 수준의 로스팅 기술로 완성된 프리미엄 커피 브랜드는?

① 후안 발데스　　② 코피 루왁
③ 블루마운틴　　④ 이가체페

14 우유를 마시고 나서 장이 자극되어 통증과 설사가 유발되는 현상은 우유 중 어떤 성분 때문인가?

① 유당　　② 지방
③ 무기질　　④ 카세인

15 다음은 우유와 관련된 용어에 대한 내용이다. (　　) 안을 바르게 채운 것은?

> 우유에서 지방이 풍부한 부분을 (　　)이라 하고, 나머지 부분을 (　　)라 한다. 전유는 (　　)을 제거하지 않은 원래의 우유를 말한다.

① 탈지유, 크림, 단백질
② 크림, 탈지유, 단백질
③ 탈지유, 크림, 지방
④ 크림, 탈지유, 지방

16 다음 우유의 구성 성분 중 칼슘 흡수 촉진을 하는 성분이 아닌 것은?

① 베타 카세인
② 락토페린
③ 알파 유당
④ 알파락트알부민

17 에스프레소에 스팀우유를 이용하여 다양한 예술작품을 만들어 내는 것을 이르는 말은?

① 스티밍
② 라떼아트
③ 드리즐
④ 탬핑

18 우유 스티밍에 대한 설명으로 바른 것은?

① 우유의 지방이 적을수록 폼을 만들기 좋다.
② 거품이 형성되면 노즐을 피처 벽쪽으로 이동시켜 혼합한다.
③ 온도가 너무 높으면 우유가 밋밋해질 수 있다.
④ 온도가 너무 낮으면 우유에서 비린 맛이 난다.

19 커피의 효과 또는 특징이 아닌 것은?

① 하루 5잔 이상의 커피를 마실 경우 심장 수축력과 심장 박동수를 증가시킨다.
② 수면 부족에 따른 스트레스를 억제한다.
③ 긴장감을 풀어주고 몸을 나른하게 해준다.
④ 카페인은 모유를 통해서도 배설될 수 있다.

20 디카페인 커피에 대한 설명으로 바르지 않은 것은?

① 커피 향의 손실은 거의 발생하지 않는다.

② 디카페인 커피라 해도 아주 소량의 카페인은 포함하고 있다.

③ 초임계추출법은 질소(N_2)를 이용하여 카페인을 제거하는 방법이다.

④ 상업적 차원에서의 카페인 제거 기술을 개발한 사람은 독일의 로셀리우스이다.

21 유리잔에 대한 설명으로 바르지 않은 것은?

① 유리잔 세척 시 비눗물, 더운물, 찬물의 순서로 세척해야 한다.

② 유리잔의 다리가 길게 되어 있는 것은 미관상의 목적이 가장 크다.

③ 유리잔 사용 전에 파손여부를 잘 살펴봐야 한다.

④ 유리잔을 사용한 후에 바로 세척하는 것이 좋다.

22 커피 맛에 대한 비중을 많이 차지하는 것부터 순서대로 나열한 것은?

① 생두 〉 로스팅 〉 추출

② 생두 〉 추출 〉 로스팅

③ 추출 〉 로스팅 〉 생두

④ 추출 〉 생두 〉 로스팅

23 로스팅 시의 중량과 밀도 변화에 대한 설명으로 바르지 않은 것은?

① 중량은 Light roast에서 12~14% 정도 감소한다.

② 중량은 Medium Roast에서 15~17% 정도 감소한다.

③ 중량은 Dark Roast에서 18~25% 정도 감소한다.

④ 로스팅이 진행되면 중량, 부피, 밀도는 모두 감소한다.

24 다음은 크랙(Crack)에 대한 내용이다. (　　) 안을 바르게 채운 것은?

> 크랙은 로스팅 과정에서 들리는 두 번의 파열음을 말하며, '팝(Pop)' 또는 '파핑(Popping)'이라고도 한다. 1차 크랙은 커피콩 세포 내부의 수분이 열과 압력에 의해 (　　)되면서 발생하며, 2차 크랙은 (　　)의 생성과 오일의 압력에 따른 목질조직의 파괴(균열)가 일어나면서 발생한다.

① 기화, 산소
② 기화, 이산화탄소
③ 응고, 산소
④ 응고, 이산화탄소,

25 로스팅 단계에 대한 설명으로 바르지 않은 것은?

① 약배전 단계에서는 단맛이 강하게 난다.
② 원두의 갈색 정도를 표준 샘플과 비교하여 로스팅 단계를 정하기도 한다.
③ 시티(City Roast)에 해당하는 SCAA 단계 명칭은 #55인 미디엄(Medium)이다.
④ 로스팅 단계는 로스팅 과정의 가열 온도와 시간에 의해 결정된다.

26 다음 중 로스팅 단계의 명칭과 약칭이 바르게 연결되지 않은 것은?

① 약배전 – 시나몬(Cinnamon Roast)
② 중배전 – 하이(High Roast)
③ 중강배전 – 미디엄(Medium Roast)
④ 강배전 – 프렌치(French Roast)

27 로스팅 과정에 대한 설명으로 바른 것은?

① 예열 시에는 처음부터 강한 화력을 가하여 예열하도록 한다.
② 라이트 옐로우 시점에는 화력을 낮추고 원두의 색과 향의 변화를 확인한다.
③ 1차 크랙 시점에는 열량을 높여주어야 한다.
④ 2차 크랙 시점에서는 원두의 부푼 정도와 색깔을 확인한다.

28 로스팅 후 블렌딩(BAR)에 대한 설명으로 바르지 않은 것은?

① 맛과 향의 상승효과가 BBR에 비해 뛰어나다.
② 일의 능률이 떨어지며 로스팅 횟수가 많아진다.
③ 블렌딩된 커피의 색이 균일하지 않다.
④ 대형 로스터나 커피 업체는 주로 BAR을 사용한다.

29 블렌딩 원칙에 대한 설명으로 바르지 않은 것은?

① 기본이 되는 원두를 50% 이상 섞어주어야 한다.
② 유사한 향미의 원두끼리 블랜딩하면 특색이 없어진다.
③ 블렌딩 하는 원두 가짓수와 맛의 품질은 반드시 비례하진 않는다.
④ 로스팅 전 생두 상태에서의 크기, 밀고, 수분함량, 생산연도 등을 확인해야 한다.

30 1차 크랙 전후로 원두를 배출해 식힌 다음 다시 로스팅 머신에 투입해 원하는 포인트까지 로스팅하는 방법으로 떫은 맛을 조절하는 로스팅은?

① 혼합 로스팅
② 더블 로스팅
③ 중간 로스팅
④ 교환 로스팅

31 다음에서 설명하는 커피의 성분은?

> 카페인의 약 25% 정도의 쓴맛을 내며 열에 불안정하여 로스팅이 진행됨에 따라 50~80% 정도가 분해되어 비휘발성 성분으로 바뀌어 감소하는 성분이다. 아라비카종에 많이 포함되어 있다.

① Trigonelline
② Melanoidine
③ Glucose
④ Triglyceride

32 커피 플레이버(Flavor)에 대한 관능평가 단계가 아닌 것은?

① 후각
② 미각
③ 시각
④ 촉각

33 다음 중 애프터테이스트(Aftertaste)에서 주로 나는 향기는?

① 프루티(Fruity)
② 스파이시(Spicy)
③ 캔디(Candy)
④ 플라워(Flower)

34 다음은 아이리쉬 크림(Irish Cream)에 대한 내용이다. (　　) 안을 바르게 채운 것은?

> 아이리쉬 크림 커피는 1950년대 아일랜드 (　　　　)에서 승객들의 추위를 달래기 위해 제공하던 음료라고 알려져 있다. 재료로는 (　　　　), 커피, 생크림, 갈색 설탕 등이 있다.

① 샤논 공항, 위스키
② 샤논 공항, 보드카
③ 더블린 공항, 위스키
④ 더블린 공항, 보드카

35 커핑 방법에 대한 설명으로 바르지 않은 것은?

① 커피에 물을 붓기 전 프래그런스의 속성과 강도를 먼저 체크한다.
② 커피에 물을 부은 후 4분 정도 침지 후 커피 층을 깨서 아래의 향기를 맡는다.
③ 스푼으로 커피 층을 떠서 먼저 시음한다.
④ 커피를 강하게 흡입하면 입안의 모든 부위에서 맛을 느낄 수 있다.

36 커피 추출 시 사용하는 물에 대한 내용으로 바르지 않은 것은?

① 50~100ppm의 무기질이 함유된 물이 좋다.
② 난류로 인해 물이 커피가루 사이에서 불규칙하게 흐르면 안 된다.
③ 수돗물보다는 정수기나 연수기를 통한 물을 이용해야 한다.
④ 냄새가 나지 않고 불순물이 적거나 없어야 한다.

37 커피의 포장 방법으로 바르지 않은 것은?

① 밸브포장
② 진공포장
③ 압축포장
④ 산소포장

38 커피 추출 기구에 대한 설명으로 바른 것은?

① 페이퍼 필터 드립의 보관 · 관리의 어려움을 개선하여 개발된 것이 융 드립이다.
② 콜드 브루는 찬물로 빠르게 커피를 추출하는 방식이다.
③ 사이펀으로 추출한 커피는 핸드 드립에 비해 맛과 향이 다양하다.
④ 모카포트는 이탈리아의 비알레띠에 의해 탄생한 기구이다.

39 순수한 물에 비해 에스프레소에서 감소하는 물리적 특성만을 바르게 묶은 것은?

① 밀도, 점도
② 굴절률, 밀도
③ 표면장력, pH
④ 전기전도도, pH

40 에스프레소와 관련된 용어에 대한 설명으로 바르지 않은 것은?

① 데미타세 : 에스프레소 제공에 사용되는 작고 도톰한 형태의 전용 잔
② 에스프레소 : 이탈리아어로 '빠르다'라는 의미를 지님
③ TDS : 커피 추출에 사용한 원두로부터 얼마나 많은 커피 성분을 추출했는지의 수치
④ 베리에이션 메뉴 : 에스프레소 이외에 우유나 크림 등이 첨가된 커피 메뉴

41 에스프레소 머신의 부품 중 커피와 직접 접촉하여 오일이 끼는 부품은?

① 디퓨저(Diffuser)
② 로터리 펌프(Rotary Pump)
③ 솔레노이드 밸브(Solenoid Velve)
④ 플로우 미터(Flower Meter)

42 연수기에 대한 설명으로 바르지 않은 것은?

① 연수기는 주기적으로 갈아주어야 한다.
② 연수란 염류 함량이 많은 물을 뜻하며 연수기는 경수를 연수로 만드는 역할을 한다.
③ 연수기를 청소할 때에는 연수기를 열어 소금을 넣고 물을 이용하여 청소를 한다.
④ 수돗물에 함유된 칼슘이 히터를 고장내거나 관을 막히게 하는 것을 방지한다.

43 다음 중 에스프레소 머신에서 매일 점검해야 할 사항만을 옳게 고른 것은?

가. 그라인더 날
나. 보일러 압력
다. 그룹헤드의 개스킷 상태
라. 추출 압력
마. 물의 온도
바. 연수기 필터 교환

① 가, 나, 다
② 나, 라, 마
③ 다, 라, 마
④ 라, 마, 바

44 에스프레소 추출 과정에 대한 내용 중 바른 것만을 옳게 고른 것은?

가. 포터필터는 항상 그룹헤드에서 분리한 상태로 보관해야 한다.
나. 추출 후 발생한 커피 찌꺼기(커피 케이크)는 호퍼에 잘 모아서 버린다.
다. 커피 케이크의 수평과 균일한 밀도 유지를 위해 탬핑 작업을 한다.
라. 포터필터를 그룹헤드에 장착할 때에는 수평을 유지해야 한다.

① 가, 나
② 나, 다
③ 나, 라
④ 다, 라

45 에스프레소 추출 과정을 순서대로 바르게 나열한 것은?

① 도징 – 레벨링 – 탬핑 – 태핑
② 도징 – 레벨링 – 태핑 – 탬핑
③ 도징 – 태핑 – 탬핑 – 레벨링
④ 도징 – 태핑 – 레벨링 – 탬핑

46 에스프레소 추출에 대한 설명으로 바르지 않은 것은?

① 강배전의 원두를 사용할 경우 분쇄입자를 굵게 해서 추출해야 하고, 약배전의 경우에는 입자를 더 가늘게 해서 추출해야 한다.
② 도징 전에는 필터 바스켓의 물기를 제거하고 깨끗이 닦아주어야 한다.
③ 분쇄도에 따라 원두의 양이 달라지므로 알맞게 조절해야 한다.
④ 90~95℃ 정도의 물로 추출하면 커피 다양한 커피 성분이 추출되지 못 한다.

47 다음은 과소추출 또는 과다추출 시 발생하는 현상에 대한 내용이다. (　　) 안을 바르게 채운 것은?

> 에스프레소 머신에서 과다추출이 일어나면 추출 시간이 30초를 경과했을 때 적정 추출량(30㎖)을 (　　). 또한 과소추출 시 크레마의 색상이 (　　) 빨리 사라지는데 비해, 과다추출 시 쓴맛과 불쾌한 맛이 나며 크레마가 (　　)을 띠게 된다.

① 훨씬 초과한다, 진하고, 연한 색
② 훨씬 초과한다, 연하고, 짙은 색
③ 다 채우지 못한다, 진하고, 연한 색
④ 다 채우지 못한다, 연하고, 짙은 색

48 에스프레소 추출 시 과다추출이 일어나는 조건으로 바르지 않은 것은?

① 탬핑이 기준보다 강하게 된 경우
② 물의 온도가 높을 경우
③ 필터바스켓의 구멍이 커진 경우
④ 머신의 압력이 낮을 경우

49 다음 중 브랜디가 첨가된 커피 메뉴는?

① 칼루아 커피　　② 카페 로얄
③ 아이리쉬 커피　　④ 갈리아노 커피

50 에스프레소를 얼음이 담긴 잔에 부어 만드는 메뉴로, 흔히 말하는 아이스커피에 해당하는 것은?

① 카페오레　　② 카페 프레도
③ 에스프레소 콘파냐　　④ 비엔나 커피

실전모의고사
정답 및 해설

제1회 실전모의고사 정답 및 해설

01 **정답 ②**

'커피'라는 단어는 아랍어가 어원인 카와(Khawah 또는 Qahwa)라는 설과 에티오피아어 카파(Kaffa)라는 설 등 몇몇 견해가 있다. 일반적으로 커피의 어원은 와인을 의미하는 고대 아랍어 '카와(Qahwah)'에서 유래하였다고 보며, '커피(Coffee)'라는 명칭은 고대 아랍어인 '카와(Qahwa 또는 Qahwah)'에서 유래하여 터키어 '카흐베(Kahve)'를 거쳐 탄생한 명칭이라 할 수 있다.

02 **정답 ①**

아라비아의 사제였던 오마르는 길을 잃고 배가 너무 고파 새가 쪼아 먹던 빨간 열매를 먹게 되었다. 이때 활력을 되찾으면서 이 열매(커피 체리)의 효능을 알게 되었고 이 열매를 사람들의 치료에 이용하면서 널리 알려지게 되었다.

② 에티오피아의 목동 칼디는 염소들이 빨간 열매를 따먹고 흥분하는 모습을 목격하고 이를 수도승에게 알렸다.
③ 밤낮으로 기도하느라 지친 마호메트를 위해 천사 가브리엘이 커피를 하사하였다.
④ 에티오피아의 수도승은 빨간 열매가 잠을 쫓고 정신이 맑아지게 하는 효과가 있는 걸 깨닫고 섭취하기 시작하였다.

03 **정답 ②**

아라비카종은 전세계 총생산량의 약 70% 정도를, 로부스타종은 약 20~30% 정도를 차지하며 리베리카종은 매우 소량 생산된다. 그러므로 전세계 산출량이 많은 순서대로 나열하면 '나(아라비카종) – 가(로부스타종) – 다(리베리카종)'가 된다.

04 **정답 ④**

커피나무는 자연 상태에서는 10m 이상으로도 자랄 수 있지만, 통상 재배에 용이하도록 2~2.5m 정도의 관목식물 형태를 유지해준다.

05 **정답 ③**

생두를 감싸고 있는 딱딱한 껍질은 파치먼트라고 하며, 내과피라고도 부른다.

06 **정답 ③**

그린빈(green bean)은 커피열매(커피체리)의 정제된 씨앗인 생두(커피콩)를 말하며, 그린커피(green coffee)라고도 한다. 홀빈(Whole bean)은 주로 분쇄하지 않은 상태의 원두(Roasted bean)를 의미하고, 그라운드 커피(Ground coffee)는 원두를 분쇄한 것을 말한다.

07 **정답 ②**

피베리는 커피체리 안에 한 개의 생두가 자리 잡고 있어, 한때는 미성숙두 또는 결점두로 취급되기도 하였으나, 오늘날에는 그 희소성으로 인해 일반 생두에 비해 더 비싼 가격에 거래되고 있다.

08 **정답 ②**

로부스타 커피의 최대 생산국은 베트남이고, 아라비카 커피의 최대 생산국이 브라질이다.

09 **정답 ①**

블루마운틴, 하와이 코나 등은 티피카(Typica) 계통의 품종이다.

10 **정답 ④**

카투아이(Catuai)는 문도노보와 카투라의 인공교배종으로, 나무의 키가 작고 생산성이 높다는 장점이 있다. 병충해와 강풍에도 강해 매년 생산이 가능하나, 경제적 수명(생산 기간)이 타 품종보다 10년 정도 짧다는 단점도 가지고 있다.

11 **정답 ③**

로부스타종은 700m 이하의 저지대에서 주로 재배가 이루어지고, 아라비카종의 경우 800~2,000m의 고지대에서 주로 재배가 이루어진다.

12 **정답 ①**

커피나무 주위에 다른 나무를 심어 커피나무가 받는 일조량을 줄이는 방식을 '셰이드 그로운(Shade-grown)' 방식이라 한다. 커피열매가 천천히 안정적으로 성숙되어 품질을 향상시킬 수 있고, 화학비료나 제초제의 사용량을 줄일 수 있어 친환경적이며 수분 함량을 증가시켜 건기에도 수분 공급이 이루어질 수 있다는 장점이 있으나, 햇볕이 차단되어 커피 녹병이 더 많이 발생할 수 있고, 광합성이 저하되어 나무 마디 사이가 길어져 수확량이 감소한다는 등의 단점도 있다.

13 정답 ②
핸드 피킹은 여러 번에 걸쳐 잘 익은 커피체리만을 골라 수확하는 방법으로, 커피 품질이 좋고 균일한 커피 생산이 가능하다는 장점이 있지만, 여러 번에 걸쳐 선별적으로 수확하기 때문에 인건비 부담이 크다는 단점이 있다.

14 정답 ①
건식법은 커피체리를 수확한 후에 펄프를 제거하지 않고 자연 그대로 건조시키는 방법을 말한다.

15 정답 ②
펄프드 내추럴은 체리 수확 후 펄핑을 한 다음 점액질이 묻어 있는 파치먼트 상태로 건조시키는 방법으로, 건식법과 습식법의 중간적인 방식에 해당한다.

16 정답 ④
보관 장소의 대기성분은 이산화탄소일 때 저장수명이 더 길어진다. 보관 장소에 산소가 많을 경우, 원두가 산패되기 시작하므로 적절하지 않다.

17 정답 ③
스크린 분류표에 의하면 가장 큰 크기에 해당하는 Very Large Bean은 대략 8mm(≒7.94mm) 정도이며 그 뒤로 Extra Large Bean(7.54mm), Large Bean(7.14mm), Bold Bean(6.75mm), Good Bean(6.35mm), Medium Bean(5.95mm), Small Bean(5.55mm), Peaberry로 이어진다.

18 정답 ④
'Supremo, Excelso'는 콜롬비아에서 커피 생두의 크기와 외관을 분류하는 등급 기호이다. 에티오피아에서는 결점두의 수를 기준으로 분류하는 G1~G8의 등급 기호를 가지고 있다.

19 정답 ③
스페셜티 그레이드에서 생두 350g 안에 풀 디펙트(Full defect)는 5 이내여야 한다.

20 정답 ①
Immature(이머춰)는 미성숙한 상태에서 수확한 생두에서 발생하는 결점으로, 발육 부진으로 인해 녹색 빛을 띠거나 실버스킨이 붙어 있는 결점두이다.

21 정답 ①
통상 생두의 색깔이 밝은 청록색이고 밀도가 크며, 수분 함량이 12~13%에 가까울수록 품질이 좋은 것으로 평가된다. 또한 결점두는 적어야 하고 크기가 균일할수록 좋은 생두가 되며 높은 고지대에서 생산될수록 향미가 우수하다.

22 정답 ②
최초로 커피의 상업적 재배를 시작한 나라는 예멘으로, 국토의 대부분이 사막 지역으로 커피의 생산량이 매우 적으며, 전통적인 가내 수공업 방식으로 커피를 재배 · 가공하는 나라이다. 예멘의 커피는 대부분 1,500m 이상의 서쪽 산악지역에서 생산되며, 대표적인 커피는 마타리(Matari), 모카 마타리(Mocha Matari) 등이 있다.
① 엘살바도르
③ 에티오피아
④ 케냐

23 정답 ④
살균우유는 순간적 살균으로 해로운 유산균과 지방분해 효소를 완전히 사멸시킨 우유이고, 멸균우유는 세균의 포자까지 완전히 사멸시킨 우유로 상온에서 7주 이상 유통이 가능하다.

24 정답 ③
우유에 포함되어 있는 당질의 대부분(99.8%)은 유당이다. 유당은 포유동물 특유의 당질로서 우유에 감미를 부여하지만, 자당에 비해 단맛이 훨씬 약하다.

25 정답 ③
온도가 낮을수록 우유 거품을 만드는 시간이 충분히 확보되므로, 밀도가 높고 안정된 거품을 만들기 위해서는 온도가 낮아야 한다.

26 정답 ④
냉동의 경우 −18℃ 이하에 저장해야 한다.

27 정답 ①
오염물은 살균 및 소독에 방해가 되므로, 가장 우선적으로 해야 하는 것은 오염물에 대한 세척이다. 그 후에 헹궈주고 살균 및 소독을 한다.

28 정답 ②
식중독 예방의 3대 원칙에는 청결의 원칙, 신속의 원칙, 냉각 또는 가열의 원칙이 있다.

29 **정답 ①**

HACCP(해썹)은 위해요소 분석(HA)과 중요 관리점(CCP)의 영문 약자로, 위해 방지를 위한 사전 예방적 식품 안전관리 체계를 의미한다.

30 **정답 ③**

커피의 폴리페놀 성분이 철분의 체내 흡수를 방해하고, 커피의 카페인 성분은 신장에서 아데노신 반응을 억제하여 이뇨 효과를 일으킬 수 있다. 커피를 과다 섭취한 경우, 두통과 불면증, 신경과민, 불안감을 유발할 수 있으며 위산 분비를 촉진하므로 위염이나 위궤양 환자의 경우 커피 섭취를 자제해야 한다.

31 **정답 ①**

생두에 열이 전달되면 수분을 포함한 여러 성분이 증발하므로, 로스팅이 진행될수록 중량이 감소한다.

32 **정답 ④**

녹색의 생두는 로스팅을 통해 수분이 증발하고 옅은 노란색, 밝은 갈색, 갈색, 짙은 갈색, 검은색으로 색이 변화한다.

33 **정답 ②**

풀 시티(Full-City Roast)는 명도 16.8에 해당하는 분류 기준으로 SCAA 분류법에서 #45인 모더리트리 다크(Moderately dark roast)에 해당된다.

34 **정답 ③**

자당은 플레이버와 아로마 물질을 형성하며, 로스팅 후 거의 대부분이 소실된다.

35 **정답 ①**

생성 원인에 따른 향기의 종류는 다음과 같다.

- **효소작용** : Flowery, Fruity, Herby
- **갈변반응** : Nutty, Caramelly, chocolaty
- **건류반응** : Turpeny, Spicy, Carbony

36 **정답 ④**

산화무기물인 산화칼륨, 산화인, 산화칼슘, 산화마그네슘 등은 짠맛의 성분이며 약간의 짠맛은 커피의 감칠맛을 갖게 한다.

① **신맛** : 클로로겐산, 유기산

② **단맛** : 환원당, 캐러멜당, 단백질

③ **쓴맛** : 카페인, 트리고넬린, 카페산, 퀸산, 페놀 화합물

37 **정답 ①**

바닐라 향에 개암나무의 열매인 개암의 견과 향을 섞어 만든 향을 커피에 입힌 것으로 고소하고 달콤한 커피는 헤이즐넛이다.

38 **정답 ④**

커핑 샘플 준비 시에는 물 150㎖ 당 커피 원두 8.25g의 비율로 준비해야 한다.

39 **정답 ②**

SCAA는 최적의 추출 수율은 18~22%이고, 커피의 적정 추출 농도는 1.1~1.3%일 때 커피가 가장 맛있다고 하였다. 추출 수율이 18%보다 낮으면 과소추출이 일어나고, 22%를 초과할 경우 과다추출이 일어나며 추출 농도가 1%보다 낮으면 너무 약한 맛이 나고, 1.5% 이상이면 너무 강한 맛을 내게 된다.

40 **정답 ③**

에스프레소(0.2~0.3mm) – 사이펀(0.5~0.7mm) – 핸드드립(0.7~1.0mm) – 프렌치 프레스(1.0mm 이상)

41 **정답 ③**

원두는 습도가 높을수록 습도 흡수율이 빨라 산패가 빨리 진행되므로, 산패를 막기 위해 낮은 습도를 유지해야 한다.

42 **정답 ①**

케멕스 커피메이커는 드리퍼와 서버가 하나로 연결된 일체형으로, 리브(Rib)가 없어 그 역할을 대신하는 공기 통로가 상단부에 설치되어 있다. 물 빠짐이 페이퍼 드립에 비해 좋지 않다는 단점을 갖는다.

43 **정답 ④**

모카포트는 가압추출을 이용하는 여과식 추출 방식에 해당한다.

44 **정답 ②**

일반적인 에스프레소 한 잔의 추출 기준은 다음과 같다.

- **원두의 양** : 7.0±1.0g
- **물 온도** : 90~95℃
- **추출 압력** : 9±1bar
- **추출 시간** : 25±5초
- **pH** : 5.2
- **추출량** 25±5cc

45 **정답 ①**

커피 추출 시 컵을 놓는 컵 받침대는 '드립 트레이 그릴(Drip Tray Grill)'이다. 드립 트레이는 기계에서 떨어지는 물이나 커피 추출액 등을 받아 흘려보내는 배수 받침대이다.

46 **정답 ③**

연수기의 필터는 주기적으로 교체해 주어야 한다.

47 **정답 ①**

추출 전 물 흘려보내기는 그룹헤드에 포터필터를 장착하기 전에 추출 버튼을 2~5초 정도 눌러 과열된 물을 흘려버리는 동작을 말한다.

48 **정답 ②**

에스프레소 추출 시간이 기준보다 짧았다는 것은 과소추출이 일어났다는 뜻이다. 기준보다 탬핑을 약하게 한 경우, 입자 사이의 공간이 넓어 물이 빨리 통과되어 과소추출이 일어나게 된다. 나머지는 모두 과다추출이 일어나는 원인이다.

49 **정답 ④**

리스트레토는 에스프레소 솔로와 같은 조건에서 추출하되 농도가 가장 강한 시점에서 추출을 끊어주는 것을 말하며, 강하고 진한 커피를 즐기는 사람들이 좋아하는 메뉴에 해당한다. 우유가 들어가지는 않는다.

50 **정답 ④**

아인스패너는 비엔나 커피라고도 부르며, 아메리카노에 휘핑 크림을 얹어 만든 커피를 말한다. 술이 들어가지는 않는다.

제2회 실전모의고사 정답 및 해설

01 정답 ①

커피는 아라비아 상인들과 무역을 하던 베니스 무역상들에 의해 유럽에 최초로 소개되었다. 그러므로 커피의 전파를 시대순으로 나열해보면 '이탈리아(1616년) – 영국(1650년) – 미국(1668년) – 프랑스(1669년) – 브라질(1727년)'이 된다.

02 정답 ③

이탈리아에 현존하는 가장 오래된 카페는 1720년에 베네치아 산 마르코 광장에 문을 연 '카페 플로리안(Caffe Florian)'이다.

① 영국 식민지 시대에 보스턴에서 물을 연 미국 최초의 커피숍이다.

② 프랑스 파리에서 오픈한 커피하우스이다.

④ 미국 뉴욕의 최초의 커피숍니다.

03 정답 ②

커피나무는 심은 지 약 3년 후부터 수확할 수 있지만 안정적인 수확은 5년 후부터 가능하고, 6~10년째에 수확량이 가장 많다.

① 커피나무의 열매는 처음에 녹색이었다가 점차 노란색, 붉은색으로 변한다.

③ 커피나무의 경제적 수명은 20~30년 정도이다.

④ 커피나무의 잎은 타원형의 두꺼운 형태이며 잎의 앞면은 짙은 녹색이고 광택이 있다.

04 정답 ②

펄프란 단맛이 나는 과육부분을 말하며 중과피라고도 한다. 생두 가운데 있는 S자 형태의 홈은 '센터컷'이라고 한다.

05 정답 ①

두 개의 생두가 마주하여 자리잡고 있는 일반적인 형태의 생두를 플랫 빈(Flat bean)이라 한다.

06 정답 ③

아라비카 커피나무는 로부스타에 비해 나무의 성격이 예민해 기온이나 기후, 토양에 제약이 따르며 질병이나 병충해에도 약하다. 또한 체리 성숙 기간도 9~11개월인 로부스타 종에 비해 6~9개월로 짧다.

07 정답 ③

로부스타 커피는 아라비카 커피에 비해 전체 생산량이 적고(약 30~35%), 가격이 저렴하다. 향미가 다소 약하며, 쓴맛이 강해 인스턴트 및 블렌딩용으로 주로 쓰이며 카페인 함량은 평균 2.2%로 평균 1.2~1.4% 가량인 아라비카 커피에 비해 더 많다. 생두의 형태는 둥근형태이고, 지방 함량은 아라비카의 절반 수준이다.

08 정답 ②

티피카 계통의 대표 품종에는 블루마운틴, 하와이 코나 등이 있다.

① 아라비카의 주요 품종으로, 네덜란드에 의해 예멘에서 아시아로 유입된 후 라틴아메리카 지역으로 전파되었으며 현재는 중남미와 아시아에서 주로 재배된다.

③ 생두의 길이가 긴 편이고, 작은 타원형 모양을 하고 있다.

④ 좋은 향과 신맛을 가지고 있으나, 녹병 등 병충해에 약한 편이라 생산성이 낮은 품종이다.

09 정답 ④

마라고지페는 1870년 브라질의 한 농장에서 발견된 티피카의 돌연변이종으로, 생두와 잎의 크기가 타 품종에 비해 매우 커 '코끼리 콩(Elephant bean)'으로 불리기도 한다. 브라질, 멕시코, 니카라과 등지에서 주로 재배되지만 생산성이 낮은 품종으로 많이 재배되지는 않는다.

10 정답 ③

커피체리는 10~14일 정도 지나면 나무에서 떨어지므로 그 안에 수확해야 한다.

11 정답 ④

핸드 피킹은 습식 가공 커피 생산국에서 주로 이용하고, 스트리핑은 건식 가공 커피 생산국 및 대부분의 로부스타 생산국에서 주로 이용한다.

① 핸드 피킹과 스트리핑 모두 사람에 의한 수확 방법이고 기계에 의한 수확 방법은 따로 있다.

② 기계에 의한 수확은 브라질에서 처음 개발되어 사용되기 시작하여 브라질의 대규모 농장 지역이나 노동력은 부족하고 임금은 비싼 지역(하와이 등)에서 주로 시행된다.

③ 핸드 피킹 방법을 사용하면 커피 품질이 좋고 균일한 커피 생산이 가능하지만, 스트리핑과 기계에 의한 수확 방법을 사용하면 품질이 균일하진 않지만 비용이 절약된다.

12 정답 ①
건식법으로 생산된 커피는 내추럴 커피(Natural coffee) 또는 언워시드 커피(Unwashed coffee)라고 한다.
② 지속가능한 커피로 커피 재배농가의 삶의 질을 개선하여 장기적 관점에서 안정적으로 커피를 생산하도록 돕기 위한 커피 인증프로그램
③ 셰이딩을 하지 않고 재배한 커피
④ 습식법으로 가공된 커피

13 정답 ②
습식법은 '수확 → 분리 → 펄핑(과육제거) → 발효 → 세척 → 건조 → 탈곡 → 선별 → 포장 → 보관'의 과정을 거친다.

14 정답 ④
기계건조는 내추럴 커피보다 워시드 커피에 더 많이 사용하며, 일반적으로 햇볕 건조보다 균일한 건조가 가능하다는 장점을 지닌다.

15 정답 ④
내추럴 커피의 체리 껍질 또는 파치먼트를 제거하는 것을 Husking(허스킹)이라 하고, 워시드 커피의 파치먼트를 벗겨내는 것을 Hulling(헐링)이라고 하며, 실버스킨을 제거하는 것을 Polishing(폴리싱)이라 한다.

16 정답 ①
브라질은 결점두에 의한 분류 외에 맛에 의한 분류(향미 등급)도 시행하고 있는데, 맛에 의한 분류의 경우 가장 우수한 등급부터 순서대로 나열하면 'Strictly Soft – Soft – Softish – Hard – Riada – Rio – Rio Zona'가 된다.

17 정답 ④
코스타리카와 과테말라, 파나마는 모두 커피 생산 지역의 고도에 따라 SHB, HB로 구분하지만, 탄자니아는 스크린 사이즈에 따라 AA, A, B, C, PB로 구분한다.

18 정답 ④
Floater Bean의 경우 부적절한 보관이나 건조 상태에서 발생되는 결점두로, 색이 엷고 밀도가 낮다.

19 정답 ②
결점두 분류 기준은 향미에 크게 영향을 미치는 결점두인 Primary Defect 그룹과 향미에 미치는 영향이 적은 결점두인 Secondary Defect 그룹으로 나뉜다.
- **Primary Defect 그룹** : Full Black, Full Sour, Dried Cherry/Pod, Fungus Damaged, Severe Insect Damage, Foreign Matter
- **Secondary Defect 그룹** : Partial Black, Partial Sour, Parchment, Floater, Immature/Unripe, Withered, Shell, Broken/Chipped/Cut, Hull/Husk, Slight Insect Damage

20 정답 ②
탄자니아는 북쪽 지역의 화산지대와 서쪽 지역의 고원지대에서 커피가 대부분 생산되는데, 주로 아라비카종이 생산되며 로부스타종도 소량 생산된다. 대표적인 커피로는 킬리만자로 커피가 있다.

21 정답 ④
에티오피아, 케냐, 탄자니아, 브라질, 인도네시아 등은 포장단위가 60kg이고, 멕시코, 과테말라, 코스타리카 등은 포장단위가 69kg이다.

22 정답 ④
우리나라는 아직 국제커피기구에 가입되어 있지 않다.

23 정답 ①
우유에 포함된 당질은 대부분 유당인데, 소장의 점막상피세포의 외측막에 락타아제가 결손되면 유당의 분해, 흡수가 되지 않아 장을 자극하여 통증과 설사가 유발될 수 있다. 이러한 현상을 유당불내증이라 한다.
② 거품의 안정성에 중요한 역할을 하는 성분은 지방과 단백질이다.
③ 탈지우유란 우유에서 지방을 떼어 내 함유량을 0.1% 이내로 줄인 우유이다.
④ 철분 흡수를 촉진하고 유해균을 억제하는 성분은 우유 정제 단백질인 락토페린이다.

24 정답 ②
순서대로 저온 장시간 살균법, 고온 단시간 살균법, 고온 순간 살균법에 대한 내용이다.

25 정답 ④
하루 2~3잔의 커피는 골다공증에 영향을 미치지 않으나, 폐경기 여성의 경우 카페인이 소변을 통해 칼슘 배출을 촉진해 골다공증 위험성을 증가시킬 수 있다.

26 정답 ①
디카페인 커피의 카페인 추출방법에는 용매추출법, 물 추출법, 초임계 추출법이 있다.

27 정답 ③

일일 적정재고량을 뜻하는 말은 파 스톡(Par stock)이다.

① **스톡(Stock)** : 매매를 위한 여분의 재고

② **인벤토리(Inventory)** : 재고 목록 또는 광의의 재고

④ **익세스 스톡(Excess stock)** : 과잉재고

28 정답 ④

바리스타 업무의 인수인계에 있어서는 전 근무자의 근무시간대별 고객 현황과 불만 사항, 식자재 재고 현황, 근무자 배치 사항 등을 정확하게 인수인계하는 것이 중요하다.

29 정답 ①

전도는 로스팅 머신에 들어간 생두끼리 서로 부딪히며 열을 흡수한 생두가 차가운 생두에 열을 전달해주는 현상을 말한다. 드럼에서 발생하는 복사에 의해 로스팅이 이루어질 수 있으며, 기체나 액체 등의 유체에서 상하운동으로 열이 전달되는 것은 대류에 의한 현상이다.

30 정답 ④

로스팅 시 1차 크랙을 전후하여 신향과 고소한 향이 어우러지다가, 2차 크랙에서 신향은 사라지고 탄 향이 강하게 나기 시작하며 2차 크랙 이후에 초콜릿향과 탄 향이 난다.

31 정답 ②

로스팅 이후 성분 구성비가 감소하는 성분에는 수분, 당분, 염기성산 등이 있고, 로스팅 이후 성분 구성비가 증가하는 성분에는 지방질, 섬유소, 재 등이 있다.

32 정답 ②

로스팅의 과정은 '건조, 열분해, 냉각'의 세 단계로 이루어진다.

33 정답 ④

원두 세포벽의 파괴와 함께 갇혀있던 내부의 오일이 흘러나와 표면으로 스며드는 현상을 뜻하는 원두의 스펀지화는 주로 로스팅의 마지막 단계인 이탈리안(Italian Roast)에서 일어나는 현상이다.

34 정답 ①

직화식 머신은 댐퍼의 미세한 조작이 가능하여 맛을 정교하게 컨트롤해 개성 있는 커피를 만들 수 있다.

35 정답 ①

블렌딩은 서로 특성이 다른 2가지 이상의 커피를 혼합하여 새로운 향미를 가진 커피를 만드는 것으로, 기존 커피 본연의 맛과 향을 극대화하기보다는 새로운 향미를 지닌 커피를 창조하는 데 목적이 있다.

36 정답 ②

커피에 함유된 무기질 성분 중 K(칼륨)이 약 40%로 가장 많은 비율을 차지한다.

37 정답 ③

캐러멜화는 당 성분을 오래 끓일 때 갈색으로 착색되면서 캐러멜화되는 반응으로, 열분해에 의해 발생한다.

①·④ 마이야르 반응에 대한 설명이다.

② 캐러멜화는 원두의 색과 향에 큰 영향을 미친다.

38 정답 ④

너티(Nutty)는 커피의 갈변반응에 의해 생성되는 향이다.

39 정답 ①

커피 향을 인식하는 순서는 다음과 같다.

- Fragrance : 분쇄된 커피 입자에서 나는 향기
- Aroma : 추출 커피의 표면에서 맡을 수 있는 향기
- Nose : 마실 때 느껴지는 향기
- Aftertaste : 마시고 난 다음에 입 뒤쪽에 느껴지는 향기

40 정답 ④

산화칼륨은 짠맛을 내는 성분이다.

41 정답 ①

바디의 강도는 지방 함량에 따라 'Buttery 〉 Creamy 〉 Smooth 〉 Watery'로 표시하며, 고형성분의 양에 따라 'Thick 〉 Heavy 〉 Light 〉 Thin'으로 표시한다.

42 정답 ①

커피에 물을 붓고 아로마를 맡은 후에는 4분간 침지 후 커피 층을 깨주고(Break) 향기를 맡아야 한다.

43 정답 ②

커피 추출의 과정은 '침투, 용해, 분리'의 세 과정을 거친다. 즉, 분쇄된 커피 원두에 물을 부으면 커피 입자 속으로 물이 침투하게 되고, 커피 성분 중 물에 녹는 가용성 성분이 용해되어 커피 입자 밖으로 용출되며, 용출된 성분을 물을 이용해 뽑아내는 분리 과정을 거치게 된다.

44 정답 ②

커피 분쇄 시 물과 접촉하는 시간이 짧을수록 입자를 가늘게 하고, 접촉 시간이 길수록 굵게 한다.

45 정답 ④

일반적으로 커피를 마실 때 가장 향기롭고 맛을 음미하기에도 가장 적당한 온도는 65~70℃ 정도로 알려져 있다.

46 **정답 ③**

리브(Rib)는 드리퍼 내부의 요철에 물을 부었을 때 커피 내부의 공기가 원활히 배출되도록 하는 통로로, 리브가 촘촘하고 높을수록 커피액이 아래로 잘 배출된다.

① **드리퍼** : 커피를 여과하는 도구
② **드립 포트** : 물줄기를 세밀하게 해주기 위해 만들어진 도구
④ **서버** : 드리퍼 밑에 받쳐 추출된 커피를 받아내는 계량 용기

47 **정답 ④**

프렌치 프레스는 우려내기 방식과 가압추출 방식이 혼합된 것으로, 바디감이 강한 커피를 추출할 수 있다. 하지만 금속 필터로 여과하기 때문에 깔끔하지 않고 텁텁한 맛이 나며 전체적인 향미는 다소 떨어진다.

48 **정답 ③**

커피의 크레마를 발견한 것은 '가지아'이다. 1960년 발렌테는 전동펌프에 의해 뜨거운 물을 커피로 보내는 것이 가능한 'Faema E61'을 개발하였고, 열교환기를 채택하여 에스프레소 머신의 크기가 더욱 작아지게 하는 계기가 되었다.

49 **정답 ①**

에스프레소용 원두의 분쇄도는 0.2~0.3mm 정도이다.

50 **정답 ②**

카페오레는 프렌치 로스트한 커피를 드립으로 추출하여 약하게(50℃) 데운 우유를 같은 비율로 카페오레 볼(bowl)에 동시에 부어 만들기도 하나, 일반적으로는 에프스레소와 거품 우유를 사용하여 만든다. 카페라떼는 이탈리아식이며, 카페오레는 프랑스식 커피 음료이다.

제3회 실전모의고사 정답 및 해설

01 정답 ④
Mocha는 커피를 최초로 수출한 예멘의 항구 명칭이자, 예멘과 에티오피아에서 생산되는 최상급 커피의 총칭이며 초콜릿이 들어간 음료에 붙이는 이름이기도 하다. 커피의 어원과는 관련이 없다.

02 정답 ①
고종은 아관파천 이후 환궁하여 덕수궁 안에 정관헌을 짓고 그곳에서 커피를 즐겼다고 한다.

03 정답 ②
한 개의 커피체리 안에 한 개의 생두만 자리 잡고 있는 경우를 피베리(Peaberry)라고 한다.

04 정답 ②
현재 커피 전체 품종의 최대 생산국은 브라질인데, 개별 품종의 생산량을 보면 아라비카 커피는 브라질이 최대 생산국이며, 로부스타 커피는 베트남이 최대 생산국의 지위를 보유하고 있다.

05 정답 ④
엘살바도르에서 발견된 버번의 돌연변이종은 '파카스(Pacas)'이다. 아라부스타는 염색체가 2배체인 로부스타를 4배체 염색체를 갖도록 변이시킨 후 다시 아라비카와 결합시켜 탄생시킨 교배종이다.

06 정답 ②
리베리카는 생산량이 미미해 해외로 수출되기보다는 자국에서 주로 소비되는 편이다.

07 정답 ③
커피는 적도를 기준으로 대략 남위 25도에서 북위 25도 사이의 열대와 아열대 지역에 위치하는 60여개의 나라에서만 생산되고 있다.
① 커피 재배를 위한 적절한 일조량은 연 2,000~2,200시간 정도이다.
② 일반적으로 검은색, 붉은색 등 짙은 색 흙에 유기물이 풍부하므로 토양의 색이 짙을수록 더 좋다.
④ 토양은 약산성(pH5~5.5)를 띠는 것이 좋다.

08 정답 ④
밀링(Milling)은 탈곡이라는 뜻으로, 커피체리의 껍질이나 파치먼트, 실버스킨을 제거하는 과정을 말한다. 건조가 끝난 생두를 크기, 밀도, 수분함유율 등에 따라 등급을 나누는 과정은 '선별(Grading)'이라 한다.

09 정답 ③
1스크린 사이즈는 1/64인치로 대략 0.4mm이다.
① 생두의 크기에 따라 분류하는 것이다.
② 스크린 사이즈 18이라면 18/64인치 구멍의 체를 통과하지 않는 콩을 의미한다.
④ 등급은 8부터 20까지 총 13단계로 구분되어 있다.

10 정답 ③
India에서 스크린 사이즈 16은 B이다.

11 정답 ②
퀘이커는 커피체리 상태에서 제대로 발육하지 못하거나 익지 않은 채로 수확될 때 생기는 결점두로, 로스팅 시 색깔이 다른 콩과 구별되는 덜 익은 콩을 말한다.
가. 퀘이커는 생두 상태에서는 구별하기 어렵고 로스팅 후에 발견될 가능성이 가장 크다.
라. 로스팅 시 유난히 색이 밝은 콩을 말한다.

12 정답 ①
Shell은 유전적인 원인으로 둥근 홈이 생긴 기형 콩을 뜻한다.

13 정답 ④
케냐는 생두의 크기에 따른 스크린 사이즈 분류만 있을 뿐, 결점두에 의한 분류를 하지는 않는다.

14 정답 ①
에티오피아에 대한 내용이다.

15 정답 ③
코스타리카에서는 로부스타종의 재배가 법적으로 금지되어 있다.

16 정답 ④

전통적으로 세계 3대 커피로 꼽히는 것은 자메이카의 '블루 마운틴(Blue Mountain)', 하와이의 '하와이안 코나(Hawaiian Kona)', 예멘의 '모카 마타리(Mocha Mattari)'이다.

17 정답 ①

지역별 생산량을 보면, 남아메리카가 전체 생산량의 절반 정도를 차지하고 있으며, 다음으로 아시아 · 태평양 지역, 중앙아메리카, 아프리카의 순서로 생산량이 많다.

18 정답 ②

락토페린은 우유 속에 들어 있는 단백질 성분으로, 면역력을 높여 대장암 예방에 도움을 주며, 혈압 강하와 체중 및 내장 지방 감소에도 도움을 주는 기능을 가지고 있다. 활성화 에너지를 낮춰 물질대사의 반응속도를 증가시키는 것은 효소이다.

19 정답 ③

베타-락토글로불린은 가열에 의해 변성되기 쉬운데, 우유를 40℃ 이상으로 가열하는 경우 생성되는 얇은 피막의 주성분이 된다. 또한 우유를 가열하는 경우 베타-락토글로불린의 시스테인(Cysteine)으로부터 휘발성의 황화수소가 발생하는데, 이러한 황화수소가 휘발되면서 가열취와 이상취를 만들게 된다.

20 정답 ②

오존 소독법은 강한 산화력을 가진 오존(O_3)을 이용하여 소독하는 방법을 말한다. 강한 살균력과 침전물이나 이취를 발생시키지 않는 장점이 있지만, 비용이 많이 들고 잔류성이 떨어진다는 단점이 있다.

21 정답 ②

식품에 온도계를 찔러 넣고 약 15초 정도 후에 수치를 읽는 것이 좋다.

22 정답 ④

디프테리아는 호흡기계 감염병이다. 미생물에 의한 감염병은 다음과 같이 구분할 수 있다.

- **소화기계 감염병** : 장티푸스, 콜레라, 세균성 이질, 폴리오, 유행성간염, 파라티푸스 등
- **호흡기계 감염병** : 디프테리아, 백일해, 홍역, 성홍열, 유행성 이하선염, 풍진, 인플루엔자, 중증급성호흡기증후군(SARS), 중동호흡기증후군(MERS), 코로나(COVID)

23 정답 ①

1819년 독일의 룽게(F. Runge)가 커피에서 카페인을 최초로 분리하였으며, 1903년 독일의 로셀리우스(L. Roselius)가 상업적 차원의 카페인 제거 기술을 개발하면서 본격적인 디카페인 커피로 탄생하였다.

② 디카페인 커피라도 원래의 카페인 성분 중 아주 소량의 카페인은 포함하고 있다.

③ 커피 향의 손실은 거의 발생하지 않는다.

④ 물추출법은 카페인의 수용성을 이용해 제거하는 방식이다.

24 정답 ②

알고 있는 내용이라도 모른 체 다 들어주며, 고객의 말을 중간에 끊지 않는다.

25 정답 ④

로스팅 과정은 '건조 – 열분해 – 냉각'의 세 딘계로 이루어진다.

26 정답 ②

로스팅 전후로 양적 변화가 가장 작은 것은 카페인이고, 가장 큰 것은 수분이다.

27 정답 ①

라이트에서는 강한 신맛이 나고 미미한 바디를 가진다.

28 정답 ③

드럼 내부에서 가열된 생두는 많은 연기를 발생시키므로 배기 상태가 원활하지 않으면 커피에 짙은 향이 배어든다. 이러한 향은 커피의 풍미를 저하시키는 요인이 될 수 있으므로, 배기팬을 통해 강제적으로 배연시키는 것이 좋다.

① 직화식 머신은 드럼 내부의 생두에 버너로 직접 열을 가하는 방식이다.

② 열풍식 머신은 드럼과 분리된 곳에서 열을 만든 후 그 열을 바람을 통해 드럼 내부로 보내는 방식이다.

④ 후지로얄은 대표적인 직화식 머신이다.

29 정답 ④

댐퍼는 드럼과 연통사이를 개폐하는 장치로, 로스팅 시 드럼과 실린더 내부의 공기 흐름, 드럼 내부의 열량을 조절한다. 또한 드럼 내부의 매연과 은피를 배출시키고 댐퍼 개폐를 통해 향미를 조절할 수도 있다.

30 정답 ②

스트레이트 커피에 대한 내용이다.

31 정답 ②

생두를 일정 비율로 혼합한 뒤 한번에 로스팅하는 BBR방식은 전체적으로 고른 색깔의 커피 원두를 얻을 수 있고,

간편하며 일의 능률이 좋다.

나. 로스팅 후 블렌딩(BAR)의 경우 커피마다 로스팅 포인트가 다르기 때문에 맛과 향의 상승효과가 BBR보다 더 뛰어나다.

다. 생두별 밀도와 수분함량의 차이가 크지 않을 때 BBR 방식을 사용하고, 차이가 큰 생두는 BAR 방식을 사용한다.

32 **정답 ①**

로스팅이 진행되는 과정에서 생두 1g당 2~5㎖의 가스가 발생한다. 가스 성분 중 87%는 이산화탄소(CO_2)로, 이는 고온의 열로 인한 건열반응에 의해 생성된다.

33 **정답 ②**

유리아미노산은 로스팅이 진행되면서 급격히 소실되는 성분이다.

34 **정답 ③**

유기산은 아로마와 커피 추출액의 쓴맛과도 관련이 있다.

35 **정답 ①**

마이야르 반응은 생두의 당분과 아미노산 성분이 열로 인해 결합하여 갈색으로 변하고 커피 고유의 맛과 향을 생성하는 반응을 말한다.

36 **정답 ③**

허비(Herby)는 효소작용에 의하여 생기는 향이다.

37 **정답 ①**

커피를 마실 때 느낄 수 있는 커피의 향기와 맛의 복합적인 느낌을 플레이버(Flavor, 향미)라고 하며, 평가하는 순서는 '향기(Aroma) – 맛(Taste) – 바디(Body)'이다.

38 **정답 ④**

플라워는 프래그런스(Fragrance)에서 주로 나는 향기이다.

39 **정답 ④**

커피의 강도는 향을 이루는 유기화합물의 풍부함과 세기의 정도에 따라 다음과 같이 표현한다.

- **리치(Rich)** : 풍부하면서도 강한 향기
- **풀(Full)** : 풍부하지만 강도가 약한 향기
- **라운디드(Rounded)** : 풍부하지도 않고 강하지도 않은 향기
- **플랫(Flat)** : 향기가 없을 때

40 **정답 ④**

트리고넬린은 쓴맛을 내는 성분이다.

41 **정답 ③**

서던 피칸은 미국 남부와 멕시코에서 재배되는 피칸나무의 열매인 '피칸'이라는 열매의 향을 커피에 입힌 것으로, 피칸이 긴 타원형의 호두이므로 고소한 호두의 향이 난다.

42 **정답 ②**

Mouthfeel은 커피의 바디감과 질감을 평가하는 항목이다. 커피를 시음하고 후에 남는 향을 평가하는 것은 'Aftertaste'이다.

43 **정답 ③**

추출 수율이 18%보다 낮으면 과소추출이 일어나 풋내가 나고, 22%를 초과할 경우 과다추출이 일어나 쓰고 떫은맛이 난다. 추출 농도가 1%보다 낮으면 너무 약한 맛이 나고, 1.5% 이상이면 너무 강한 맛을 내게 된다.

44 **정답 ④**

가정에서 주로 사용하는 수동 핸드밀과 전동 그라인더는 가격이 저렴하여 널리 보급되고 있으나, 속도가 느리고 분쇄입자가 균일하지 못하다는 단점이 있다.

45 **정답 ②**

산소는 원두를 산화시키는 가장 큰 요인으로, 포장 내 소량의 산소만 존재해도 커피는 완전 산화된다.

46 **정답 ④**

추출 템포가 빠른 사람은 리브 수가 많고 높이가 높으며 추출구가 큰 드리퍼를 선택하고, 템포가 느린 사람은 반대의 드리퍼를 택하는 것이 좋다.

47 **정답 ④**

터키식 커피 추출 기구인 이브릭(Ibrik)과 체즈베(Cezve)는 동이나 철로 만들어진 작은 용기에 곱고 미세한 커피를 담은 후 물을 붓고 불 위에서 달여 추출하는 '달임법(Decoction)' 방식이다.

48 **정답 ①**

솔레노이드 밸브(Solenoid Valve)는 물의 흐름을 통제하는 부품으로, 보일러에 유입되는 찬물과 보일러에서 데워진 온수의 추출을 조절하는 역할을 한다. 그룹헤드에 부착된 3극 솔레노이드 밸브는 커피 추출에 사용되는 물의 흐름을 통제한다.

49 **정답 ②**

에스프레소 콘파냐는 에스프레소에 휘핑크림을 넣어 부드러움과 단맛을 동시에 추가한 메뉴이다. 휘핑크림이 부드러

울수록 에스프레소 샷과 잘 어울리며, 휘핑크림을 먼저 잔에 넣고 샷을 넣어주면 크레마가 살아 있어 맛이 좋다.

50 **정답 ③**

리스트레토는 솔로와 같은 조건에서 추출하되 농도가 가장 강한 시점에서 추출을 끊어주는 것을 말한다. 이는 추출 시간을 짧게 하여(10~15초) 양이 적은(15~20㎖) 진한 에스프레소를 추출하는 것을 의미한다. 리스트레토는 솔로보다 물의 양이 적기 때문에 진한 맛이 나는데, 특히 강하고 진한 커피를 즐기는 사람들이 좋아하는 메뉴에 해당한다. 이탈리아 사람들이 즐겨 마시는 것으로 알려져 있다.

제4회 실전모의고사 정답 및 해설

01 정답 ②
일본에는 에도시대에 커피가 다른 여러 서양 문물과 함께 전파되었다.

02 정답 ①
네덜란드는 1616년 예멘의 모카에서 커피 묘목을 밀반출하여 암스테르담 식물원에서 재배했으며, 1696년에는 인도네시아 자바 지역에 옮겨 재배함으로써 유럽 국가 중 최초의 커피 수출국가가 되었다.

03 정답 ④
묘목이 될 때까지 키우다가 재배지에 이식을 할 때는 지표면 아래 50cm까지 충분히 젖은 상태가 좋으므로, 습도가 높고 흐린 날(우기가 시작될 무렵)에 이식하는 것이 좋다. 그러므로 이식은 보통 우기 중 비가 많이 온 다음 날에 진행한다.
① 아라비카종은 대부분 자가수분을 한다.
② 로부스타종은 타가수분을 한다.
③ 커피체리는 익은 지 10~14일 정도 지나면 나무에서 떨어지므로 그 안에 수확해야 한다.

04 정답 ②
몬순 커피는 바디가 강하고 신맛은 약하다.

05 정답 ①
게이샤 커피에 대한 내용이다.

06 정답 ②
펄핑은 체리에서 펄프(과육)를 벗겨 제거하는 과정으로, 펄프에는 수분과 당분 함량이 많아 썩기 쉽고 해충이 번식할 가능성도 많아 빨리 제거하는 것이 좋다. 그러므로 펄핑은 최대한 신속히 작업해야 체리의 품질 하락을 방지할 수 있다.

07 정답 ①
건식법은 커피체리 수확 후 펄프를 제거하지 않고 자연 그대로 건조시키는 방법이고, 습식법은 커피체리의 펄프를 벗겨내 제거하는 펄핑과정을 거친 후 파치먼트 상태로 건조시키는 방법이다.

08 정답 ③
1스크린 사이즈가 대략 0.4mm이므로 스크린 사이즈 13은 대략 0.4×13=5.2mm이다.

09 정답 ①
파셜 블랙빈은 콩의 절반 미만이 검정색일 때를 말한다.

10 정답 ③
생두의 무게는 생두 분류기준으로 쓰이지 않는다.

11 정답 ②
만델링은 인도네시아의 대표적인 커피이다. 시다모, 코케, 하라는 모두 에티오피아에서 생산되는 커피이다.

12 정답 ③
인도네시아는 생두 등급을 결점두의 수를 가지고 G1부터 G6까지로 나누고 있다.

13 정답 ①
콜롬비아의 후안 발데스 커피는 마일드 커피의 대명사로 평가받는 콜롬비아 커피 중에서도 우수한 원두와 세계 최고 수준의 로스팅 기술로 완성된 프리미엄 커피 브랜드로 인정되고 있다. 수프레모(Supremo) 등급을 받은 최상급의 생두만을 사용한다고 알려져 있다.

14 정답 ①
소장의 점막상피세포의 외측막에 락타아제가 결손되면 유당의 분해 · 흡수가 되지 않아 장을 자극하여 통증과 설사가 유발될 수 있는데, 이러한 현상을 유당불내증이라 한다.

15 정답 ④
우유에서 지방이 풍부한 부분을 크림이라 하고, 나머지 부분을 탈지유라 한다. 전유는 지방을 제거하지 않은 원래의 우유를 말한다.

16 정답 ②
락토페린은 칼슘이 아닌 철분 흡수를 촉진하는 성분이다.

17 정답 ②

라떼아트는 에스프레소에 스팀우유를 이용하여 다양한 예술작품을 만들어 내는 것을 말한다. 라떼아트는 나뭇잎, 꽃, 로제타, 동물, 캐릭터 등의 표현 방법이 있고, 잔의 모양이나 따르는 높이에 따라 표현하기 때문에 에스프레소 크레마, 고운 우유 거품, 바리스타의 숙련된 솜씨가 중요한 요소이다.

18 정답 ②

우유 거품을 만들기 위해 우유에 스팀 노즐을 담글 때는 노즐의 깊이를 적절히 조절해야 한다. 스팀 노즐이 우유 표면보다 위쪽에 두는 경우 거품 생성이 잘 되지 않는다. 거품이 형성되면 노즐을 피처 벽 쪽으로 이동시켜 혼합한다.

① 우유의 지방이 적을수록 폼을 만들기 어렵다.
③ 온도가 너무 높으면 우유에서 비린 맛이 난다.
④ 온도가 너무 낮으면 우유가 밋밋해질 수 있다.

19 정답 ③

카페인은 뇌의 신경전달물질을 생성하고 분비를 촉진함으로써 각성효과와 긴장감을 유지시키는 작용을 한다.

20 정답 ③

초임계추출법은 이산화탄소(CO_2)를 이용하여 카페인을 제거하는 방법이다.

21 정답 ②

유리잔의 다리가 길게 되어 있는 것은 미관상의 목적도 있으나, 손이나 테이블로 잔의 열이 직접 전달되는 것을 방지하기 위함이 가장 크다.

22 정답 ①

커피가 완성되는 과정은 크게 '생두, 로스팅, 추출'의 세 단계로 구분할 수 있는데, 커피의 맛에 대한 비중은 생두가 70%, 로스팅이 20%, 추출이 10%를 차지한다고 알려져 있다.

23 정답 ④

로스팅이 진행되면 중량은 감소하고 부피는 증가하기 때문에 밀도는 감소한다.

24 정답 ②

크랙은 로스팅 과정에서 들리는 두 번의 파열음을 말하며, '팝(Pop)' 또는 '파핑(Popping)'이라고도 한다. 1차 크랙은 커피콩 세포 내부의 수분이 열과 압력에 의해 기화되면서 발생하며, 2차 크랙은 이산화탄소의 생성과 오일의 압력에 따른 목질조직의 파괴(균열)가 일어나면서 발생한다.

25 정답 ①

약배전 단계에서는 신맛이 강하게 난다.

26 정답 ③

미디엄은 중배전에 해당된다. 로스팅 단계의 명칭과 약칭은 각각 다음과 같다.

- **약배전** : 라이트, 시나몬
- **중배전** : 미디엄, 하이
- **중강배전** : 시티, 풀 시티
- **강배전** : 프렌치, 이탈리안

27 정답 ④

2차 크랙 시점에서는 배출포인트를 설정하고 원두의 부풂 정도와 색깔을 확인한다.

① 처음부터 강한 화력으로 예열하지 않도록 주의한다.
② 라이트 옐로우 시점에는 댐퍼를 완전히 열어 충분한 열량을 공급하며 화력을 낮추지 않고 유지한다.
③ 1차 크랙 시점에서는 열량을 유지하거나 반으로 줄인다.

28 정답 ④

대형 로스터나 커피 업체는 BBR을 주로 사용하는데, 그 이유는 색깔이 고르고, 질 낮은 생두를 적당히 배합해 향미의 중화작용을 기대할 수 있으며, BAR 시 발생하는 원두 재고와 비효율성을 감소할 수 있기 때문이다.

29 정답 ①

기본이 되는 원두를 30% 이상 섞어주어야 한다.

30 정답 ②

더블 로스팅은 생두를 로스터기에 넣고 Light Yellow 시점과 1차 크랙 시점 사이에 배출해 쿨링한 후 다시 로스팅하는 방법으로 이를 통해 떫은 맛을 조정할 수 있다. 이렇게 더블 로스팅한 원두는 맛이 연하고 부드러워지는 경향이 있다.

31 정답 ①

Trigonelline(트리고넬린)은 카페인의 약 25% 정도의 쓴맛을 내며 열에 불안정하여 로스팅이 진행됨에 따라 급속히 감소한다.

32 정답 ③

커피 플레이버에 대한 관능평가(Sensory Evaluation)는 후각(Olfaction), 미각(Gustation), 촉각(Mouthfeel)의 세 단계로 구분된다.

33 정답 ②

애프터테이스트는 마시고 난 다음에 입 뒤쪽에 느껴지는 향기로, 주로 스파이시(Spicy)와 터페니(Turpeny)가 난다.

34 정답 ①

아이리쉬 크림 커피는 1950년대 아일랜드 샤논 공항에서 승객들의 추위를 달래기 위해 제공하던 음료라고 알려져 있다. 재료로는 위스키, 커피, 생크림, 갈색 설탕 등이 있다.

35 정답 ③

커피 층은 스푼으로 걷어 제거하고 커피를 시음한다.

36 정답 ②

난류(Turbulence)는 커피가 추출되면서 발생하는 물길로, 추출 시 커피가루 위로 거품층이 형성되는 것으로 확인할 수 있다. 난류로 인해 물이 커피가루 사이에서 불규칙하게 흐를수록 맛이 좋은 커피가 된다.

37 정답 ④

커피의 포장 방법에는 밸브포장, 진공포장, 압축포장, 질소가스 포장이 있다. 원두는 산소에 노출되면 산패되므로 산소포장은 적절하지 않다.

38 정답 ④

모카포트는 1933년 이탈리아의 비알레띠(Bialetti)에 의해 탄생한 것으로 알려져 있으며, 가정에서 손쉽게 에스프레소를 즐길 수 있도록 고안된 기구이다.

① 필터 드립에서 처음 사용된 필터가 융(Flannel)이었는데, 보관과 관리에 어려움이 있어 페이퍼 필터 드립이 개발되었다.

② 콜드브루는 찬물로 커피를 아주 천천히 추출하는 방식이다.

③ 사이펀으로 추출한 커피는 핸드 드립에 비해 맛과 향이 다양하지 않다.

39 정답 ③

에스프레소는 가용성 고형성분과 불용성 커피오일이 추출되어 커피 추출액에 함유되어 있으므로, 순수한 물과 비교했을 때 다음과 같은 물리적 특성에서 차이가 있다.

- **증가** : 밀도, 점도, 굴절률, 전기전도도
- **감소** : 표면장력, pH

40 정답 ③

TDS는 커피 추출액의 총 용존 고형물로, 커피 추출액에 남아 있는 고형성분의 총량을 말한다. 커피 추출에 사용한 원두로부터 얼마나 많은 커피 성분을 추출했는지의 수치를 나타내는 말은 '추출수율'이다.

41 정답 ①

디퓨저(샤워 홀더)는 그룹헤드 본체에서 한 줄기로 나온 물이 홀더를 지나면서 4~6개의 물줄기로 갈라져 필터 전체에 골고루 압력이 걸리도록 해주는 부품이다. 커피와 직접 접촉하여 오일이 끼므로 청소해 주어야 한다.

42 정답 ②

염류 함량이 적은 물을 연수라 하며, 연수기는 경수를 연수로 만들어 주는 역할을 한다.

43 정답 ②

보일러 압력, 추출 압력, 물의 온도는 매일 점검하고 그라인더 날과 그룹헤드의 개스킷 상태 점검, 연수기 필터 교환은 주기적으로 해주어야 한다.

44 정답 ④

다와 라는 바른 설명이다.

가. 포터필터는 그룹헤드에 장착해 두어야 온도가 유지되고 다음 추출에 좋은 영향을 미친다.

나. 추출 후 발생한 커피 찌꺼기는 호퍼가 아닌 넉 박스(Knock box)에 버려야 한다.

45 정답 ①

도징은 포터필터에 분쇄된 원두를 채워주는 작업이고, 레벨링은 분쇄된 원두를 평평하게 하고 커피량을 조절하는 과정이다. 탬핑은 포터필터에 담긴 분쇄 원두를 다져주는 작업이고 태핑은 포터필터 가장자리에 묻은 커피 찌꺼기를 털어주는 작업이다.

46 정답 ④

커피 성분은 90~95℃ 정도의 물로 추출할 때 가장 다양한 성분이 추출되므로, 커피 머신 내부에서 원두를 통과하는 물 온도는 이러한 범위에서 유지해야 한다.

47 정답 ④

에스프레소 머신에서 과다추출이 일어나면 추출 시간이 30초를 경과했을 때 적정 추출량(30㎖)을 다 채우지 못한다. 또한 과소추출 시 크레마의 색상이 연하고 빨리 사라지는데 비해, 과다추출 시 쓴맛과 불쾌한 맛이 나며 크레마가 짙은 색을 띠게 된다.

48 **정답 ③**

필터를 오래 사용하면 바스켓 구멍이 커져 추출이 빨라지게 되는데, 이는 과소추출을 일으키는 원인이 된다. 이를 방지하기 위해서는 정기적으로 소모품을 교체해 주어야 한다. 필터바스켓의 구멍이 막혀있는 경우에 과다추출이 일어나게 된다.

49 **정답 ②**

카페 로얄은 프랑스의 나폴레옹이 좋아했다는 환상적인 분위기의 커피로, 커피를 넣은 컵에 로얄 스푼을 걸치고 각설탕을 스푼 위에 올려놓은 뒤 그 위로 브랜디를 붓고 불을 붙여 환상적인 연출이 가능한 메뉴이다.

50 **정답 ②**

카페 프레도(Caffe Freddo)는 흔히 말하는 아이스커피에 해당하며, 에스프레소를 얼음이 담긴 잔에 부어 만든다. 'Freddo'는 이탈리아어로 '차갑다'라는 의미이다.

부록

주요 용어 정리

ㄱ

- **가브리엘 드 클리외**(Gabriel De Clieu) : 프랑스의 해군 장교로, 1723년경 프랑스 왕립 식물원에서 커피 묘목을 구해와 자기가 근무하는 마르티니크 섬에 재배한 이후 카리브해와 중남미 지역에 커피가 전파되었다.

- **갈리아노커피**(Galiano Coffee) : 이태리 바닐라향 술인 갈리아노가 들어간 커피로, 각종 약초와 향초를 배합하여 만든 이탈리아산의 커피이다.

- **개스킷**(Gasket) : 에스프레소 머신의 내부 부품 중 하나로, 커피 추출 시 고온 고압의 물이 새지 않도록 차단하는 역할을 한다. 개스킷이 마모되는 경우 커피 추출 시 샐 수 있으므로, 통상 6개월마다 교환해 주는 것이 좋다.

- **건식법**(Dry method/processing) : 커피체리를 수확한 후에 펄프를 제거하지 않고 자연 그대로 건조시키는 방법으로, 물이 부족하여 건조하고 햇볕이 좋은 지역에서 주로 이용하는 전통적 방법이다. 건식법으로 생산된 커피를 '내추럴 커피(Natural coffee)' 또는 '언워시드 커피(Unwashed coffee)'라 한다.

- **결점두**(Defect Bean) : 생두가 비었거나 곰팡이에 의해 발효된 경우, 벌레 먹은 경우 등의 이유로 손상된 것을 말하며, 생두의 재배와 수확 과정과 가공 및 탈곡, 보관 등의 과정에서 발생할 수 있다. 결점두의 수가 적을수록 생두의 등급이 높다.

- **고소한 향**(너티, Nutty) : 커피의 향기를 생성 원인에 따라 분류할 때, 갈변반응에 의해 생성된 커피 향기 중 하나이다.

- **고온단시간살균법** : 우유를 열교환기에 통과시켜 단시간에 가열 살균하는 방법으로, HTST 살균법이라고도 한다. 저온 장시간 살균법을 대신해 보급된 방법으로, 72~75℃에서 15초 정도만 가열 처리하므로 저온 살균법보다 더 효율적이다.

- **고온순간살균법** : 고온(80~95℃)에서 순간적으로 가열 처리하는 살균법으로, 유럽의 일부 국가에서 이용되고 있다. 저온 장시간 살균법에 비해 살균 효과는 높지만 가열취가 발생하거나 유청단백질의 응고 및 갈변화 현상이 나타나므로, 우유를 신선하게 유지하기 어려운 방법이 된다.

• **고형분, 고형물**(Solids) : 고형분은 식용으로 사용하기 위하여 가루를 뭉쳐 일정한 덩어리 모양으로 만든 것을 말하며, 고형물은 굳어진 덩어리를 말한다. 한편, TDS(Total Dissolved Solids)는 커피 추출액의 총 용존 고형물로서, 커피 추출액에 남아 있는 고형성분의 총량을 말한다. TDS는 커피의 농도를 나타내며 강도로 표시하는데, 이 성분이 사실상 커피 맛을 좌우한다.

• **과소추출**(Under extraction) : 적당한 추출 수율을 벗어나 추출시간과 양이 미달하는 것을 말하며, 원인은 굵은 분쇄입자, 기준보다 약한 탬핑 강도, 기준보다 적은 커피 사용, 기준보다 낮은 물 온도, 기준보다 낮은 온도, 필터바스켓 구멍이 넓음(큼) 등이다. 과소추출 시 크레마의 색상은 연하고 빨리 사라진다.

• **과육**(펄프, Pulp) : 커피열매(커피체리)의 단맛이 나는 과육부분을 말하며, 중과피(mesocarp)라고도 한다.

• **과육제거**(펄핑, Pulping) : 체리에서 펄프(과육)를 벗겨 제거하는 과정으로, 최대한 신속히 작업해야 체리의 품질 하락을 방지할 수 있다.

• **과육제거기**(펄퍼, Pulper) : 과육제거(Pulping)에 사용되는 설비나 기기(기계장치)를 펄퍼(Pulper)라고 한다. 이러한 펄퍼의 종류에는 '디스크 펄퍼(Disc Pulper)', '스크린 펄퍼(Screen Pulper)', '드럼 펄퍼(Drum Pulper)'가 있다.

• **과다추출**(Over extraction) : 적당한 추출 수율을 벗어나 추출시간과 양이 넘치는 것을 말하며, 원인은 가는 분쇄입자, 기준보다 강한 탬핑 강도, 기준보다 많은 커피 사용, 기준보다 높은 물 온도, 압력이 낮고 추출 시간이 김, 필터바스켓 구멍이 막혀 있음 등이다. 과다추출 시 쓴맛과 불쾌한 맛이 나며 크레마가 짙은 색(검은색)을 띠게 된다.

• **관능평가** : 후각(Olfaction), 미각(Gustation), 촉각(Mouthfeel)의 세 단계로 커피의 향미를 평가하는 것을 말한다.

• **교반**(Agitation, Stirring) : 휘저어 섞음 또는 섞어 주는 것

• **균질**(Homogenization) : 우유의 지방구 크기를 소화되기 쉽게 잘게 부수는 과정으로, 균질화 과정을 거치는 경우 지방구가 미세하게 작아져 소화율이 높아지게 되고, 크림 라인이 형성되는 것을 방지할 수 있으며, 흰색에 가까운 우윳빛을 나타내게 된다.

- **그늘 경작법**(셰이드 그로운, Shade grown) : 강한 햇볕과 열을 차단해 주기 위해 다른 나무를 커피 나무 주위에 심어 커피를 재배하는 방식을 말한다.

- **그룹헤드**(Group head) : 에스프레소 머신에 장착된 포터필터를 통해 물을 공급받아 에스프레소를 추출하는 부분으로, 그룹 숫자에 따라 1그룹, 2그룹, 3그룹으로 구분된다. 일반적으로 그룹헤드는 샤워 홀더(디퓨저), 샤워 스크린(디스퍼전 스크린), 개스킷, 고정 나사로 구성되며, 사용 빈도나 기간에 따라 개스킷을 주기적으로 교체해 주어야 한다.

ㄴ, ㄷ

- **뉴크롭**(New crop) : 수확 후 1년 이내의 생두로, 12~13%의 적정한 수분을 함량하고 있다. 향미와 수분, 유지 성분이 풍부하며, 로스팅 시 열전도가 빠르다. 색깔은 대체로 짙은 초록(Dark green)이다.

- **다크 로스트**(Dark roast) : 검은색이 돌 정도로 오래 볶은 원두를 말한다. 대체로 로스팅 정도가 강해질수록 신맛은 감소하고 쓴맛이 증가하며, 당도의 경우 약간 증가하나 로스팅이 지나치게 강해지면 당도가 거의 사라진다. 로스팅이 진행될수록 생두의 수분은 감소하고 조직은 팽창하며, 밀도와 무게는 감소한다.

- **단백질**(Protein) : 단백질은 우리 몸에서 생명활동의 촉매인 효소나 호르몬, 근육, 신경계, 산소를 공급하는 적혈구 등을 공급하는 중요한 성분이며, 단백질의 영양학적 가치는 구성하고 있는 아미노산이 인체가 필요로 하는 아미노산을 얼마나 잘 충족시켜주는가에 따라 달라진다. 커피를 좀 더 부드럽게 하고 고소하게 해 주는 재료로 사용되는 우유의 단백질은 인체 내에서 합성되지 않는 필수 아미노산을 많이 함유하고 있다. 스팀을 이용하여 우유 거품을 만드는 경우 거품 형성에 가장 중요한 역할을 하는 우유 성분은 바로 이러한 우유 단백질이다.

- **단종커피**(Straight coffee) : 한 국가에서 생산된 한 종류의 커피를 말하며, 싱글오리진(Single Origin)이라고도 한다. 스트레이트 커피는 하와이안 코나와 콜롬비아 수프리모, 케냐 AA 등이 대표적이며, 커피 본연의 맛과 향을 즐기는 목적으로 애용되고 있다.

• **달임법**(Decoction) : 침출식 커피 추출 방식의 하나로, 커피가루를 용기에서 달이는 방식이다.

• **더치커피**(Dutch coffee) : 더치커피(워터 드립, 콜드 브루)는 찬물(상온수)을 사용하여 장시간(3시간 이상) 추출하며, 향기를 그대로 담아 둘 수 있고 오랫동안 냉장 보관해두고 마실 수 있는 커피이다.

• **데미타세**(Demitasse) : 에스프레소 제공에 사용되는 작고 도톰한 형태의 전용잔을 말한다. 잔의 재질은 도기이며, 용량은 일반 컵에 비해 절반 정도인 60~70㎖(약 2온스) 정도이고 두께가 더 두꺼워 커피가 빨리 식지 않는다.

• **도징챔버**(Dosing chamber) : 도저, 도저통, 또는 도징챔버라고 하며 분쇄된 원두를 담아 보관하는 통으로, 계량을 위한 칸막이가 설치 된 것도 있다.

• **뒷맛**(애프터테이스트, Aftertaste) : 커피를 마시고 난 다음에 입 뒤쪽에 느껴지는 향기이며, 주로 나는 향기로는 스파이시(Spicy)와 터페니(Turpeny)가 있다.

• **드라이 체리**(Dry cherry) : 결점두의 하나로, 일부 또는 전체가 검은 외피에 둘러싸여 있으며, 잘못된 펄핑이나 탈곡으로 발생한다.

• **드리퍼**(Dripper) : 커피를 여과하는 기구로 플라스틱, 도기, 유리, 동 등의 재질로 되어 있으며, 구체적 종류에는 칼리타, 멜리타, 하리오, 고노, 융(Flannel) 등이 있다. 같은 원두를 추출하더라도 드리퍼 형태에 따라 맛이 달라지므로, 사용자의 드립 방식에 맞는 드리퍼를 선택하는 것이 중요하다.

• **드리퍼 리브**(Dripper rib) : 드리퍼 내부의 요철에 물을 부었을 때 커피 내부의 공기가 원활히 배출되도록 하는 통로로, 리브가 촘촘하고 높을수록 커피액이 아래로 잘 배출된다.

• **드립추출**(Drip brewing) : 커피가루에 뜨거운 물을 부어 통과시키면서 추출하는 방식이다.

• **드립트레이**(Drip tray) : 에스프레소 머신에서 떨어지는 물이나 커피 추출액 등을 받아 흘려보내는 배수 받침대이다.

ㄹ

- **라떼아트**(Latte art) : 바리스타가 에스프레소를 기본으로 하는 음료에 여러 디자인을 하는 것으로, 우유의 흐름을 조절하여 에스프레소에 담는 방법과 우유 거품 등 다른 도구를 사용하여 만드는 방법이 있다.

- **라이트 로스트**(Light roast) : 로스팅 단계 분류에서의 라이트 로스트는 명도(L값)가 로스팅 단계 중 가장 크고(30.2) 맛과 향이 가장 약하며, 강한 신맛을 특징으로 한다. 일반적으로 라이트 로스트는 생두를 약한 불에서 볶는 것(약볶음)을 말하는데, 이렇게 볶으면 신맛이 강해지고 쓴맛은 줄어든다.

- **락토페린**(Lactoferrin) : 우유 속에 들어 있는 단백질 성분으로, 면역력을 높여 대장암 예방에 도움을 주며, 혈압 강하와 체중 및 내장 지방 감소에도 도움을 준다. 일반적으로 락토페린의 함유량은 우유보다 모유(초유)에 훨씬 많은데, 모유에는 락토페린의 양이 1.5% 함유되어 있는데 비해 우유에는 0.01%에 불과하다.

- **로부스타**(Robusta) : 카네포라종의 대표 품종으로, 아라비카와 더불어 전 세계적으로 가장 많이 소비되는 커피 품종이다. 커피나무가 콩고로 건너가 현지 풍토에 적응하며 품종이 새롭게 변한 커피는 로부스타(Robusta)종으로 발전하였다. 꽃잎 수가 5장 정도이며, 일반적으로 꽃잎의 향은 재스민향과 오렌지꽃향이 난다고 알려져 있지만 오렌지꽃향에 가깝다. 아라비카 커피에 비해 쓴맛이 강하며 카페인 함량도 많은 편이다. 로부스타 커피는 베트남이 최대 생산국의 지위를 보유하고 있다.

- **로스팅**(Roasting) : 커피의 생두에 열을 가해 팽창시킴으로써 물리적 · 화학적 변화를 일으켜 원두로 변화시키는 것을 말한다. 커피는 생산지와 품종, 재배 고도, 가공법, 보관 상태 등에 따라 다양한 향미를 지니는데, 로스팅 과정을 통해 수분이 증발해 콩의 색이 변하고 건조해져서 부서지기 쉬운 구조로 바뀌며, 원두에 포함된 많은 이산화탄소를 내보내고 커피 고유의 향미가 제대로 발산될 수 있다. 로스팅되는 동안 흡열반응과 발열반응이 나타나고, 이 과정에서 생두의 물리적 · 화학적 변화를 일으키게 된다.

- **롱베리**(Long berry) : 에티오피아의 하라섬에서 재배되는 모카하라는 건식법으로 생산되며, 크기에 따라 크고 길쭉한 롱베리(Long berry)와 숏베리(Short berry)로 나뉜다. 에티오피아를 대표하는 커피로는 이가체페(Yirgacheffe)가 있으며, 그밖에도 짐마(Djimmah), 시다모(Sidamo),

코케(Koke), 리무(Limu), 하라(Harrar) 등이 알려져 있다.

- **루이지 베제라**(Luigi Bezzera) : 1901년 이탈리아 밀라노 출신의 루이지 베제라가 증기압을 이용하여 커피를 추출하는 원시적 에스프레소 머신을 개발하여 최초로 특허를 출원하였다.

- **리베리카**(Liberica) : 커피나무가 리베리아 지방으로 전파되어 현지에 적응한 커피는 리베리카 종으로 발전하였다. 아라비카, 카네포라와 더불어 3대 품종으로 분류되며, 꽃잎 수가 7~9장이다. 리베리카는 아프리카의 라이베리아 등 서부지역에서 주로 생산되며, 생산량이 아주 적은 편이다. 열매가 다른 품종보다 크고 기후나 토양 등에도 잘 적응하며, 저지대에서도 잘 자란다. 생산량이 미미해 해외로 수출되기보다는 자국에서 주로 소비되는 편이다.

- **리오**(Rio) : 브라질의 맛에 의한 분류(향미 등급)의 경우 가장 우수한 등급부터 순서대로 나열하면, 'Strictly Soft – Soft – Softish – Hard – Riada – Rio – Rio Zona'가 된다.

- **린네**(C. Linnaeus) : 1753년 스웨덴의 식물학자 칼 폰 린네는 커피나무를 아프리카 원산의 꼭두서니과 코페아속에 속하는 다년생 쌍떡잎식물로 분류하였다. 코페아속 중 유코페아에 해당하는 커피나무는, 크게 아라비카와 카네포라, 리베리카의 3대 품종으로 분류되고 있다.

ㅁ

- **마라고지페**(Maragogype) : 1870년 브라질의 한 농장에서 발견된 티피카의 돌연변이종으로, 생두와 잎의 크기가 타 품종에 비해 매우 커 '코끼리 콩(Elephant bean)'으로 불리기도 한다. 생산성이 낮은 품종으로 재배도 많이 되지 않는 편이다.

- **마이야르 반응**(Maillard reaction) : 생두의 당분과 아미노산 성분이 열로 인해 결합하여 갈색으로 변하고 커피 고유의 맛과 향을 생성하는 반응을 말한다. 이는 생두를 로스팅할 때 생두에 포함되어 있는 미량의 아미노산이 환원당인 카르보닐기, 다당류와 작용하여 갈색의 중합체인 멜라노이딘(Melanoidine)을 만드는 반응으로, 아미노-카르보닐 반응이라고도 한다.

- **마타리**(Mattari) : 예멘의 대표적인 커피인 마타리(Matari) 또는 모카 마타리(Mocha Matari)는 자메이카의 '블루마운틴(Blue Mountain)', 하와이의 '하와이안 코나(Hawaiian Kona)'와 더불어 세계 3대 커피로 꼽힌다.

• **만델링**(Mandheling) : 인도네시아의 대표적인 커피로, 신맛과 쓴맛은 다소 약한편이고 단맛은 강한편이다.

• **메데인**(Medellin) : 콜롬비아의 커피 생산 지역이자, 커피 명칭이다. 콜롬비아의 주요 생산지로는 메데인 외에 마니살레스(Manizales), 아르메니아(Armenia), 산타마르타(Santa Marta), 부카라망가(Bucaramanga) 등이 있다.

• **멜라노이딘**(Melanoidine) : 커피를 로스팅할 때, 커피 원두에 들어있는 미량의 아미노산이 비환원당인 자당(sucrose)과 다당류등과 작용하여 갈색의 중합체인 멜라노이딘을 생성한다. 이 멜라노이딘에 의해 로스팅된 커피는 검붉은 짙은 갈색을 띄게 되고, 휘발성 방향족 화합물이 생성되어 커피의 맛과 향을 좋게 한다.

• **멜리타**(Melitta) : 필터 드립을 처음으로 시작한 사람은 독일의 멜리타 벤츠(Melitta Bentz) 부인으로, 1908년 멜리타 드리퍼를 개발하여 페이퍼 필터 드립의 시초가 되었다.

• **멸균시유**(Sterilized market milk) : 우유의 풍미와 조성분(특히 미량성분)의 함량에 큰 영향이 없이 모든 미생물을 멸균처리하여 상온에서 1개월 이상 저장이 가능하게 한 시유를 말한다.

• **모카**(Mocha) : 커피를 최초로 수출한 예멘의 항구 명칭이자, 예멘과 에티오피아에서 생산되는 최상급의 커피의 총칭에 해당한다. 초콜릿이나 초콜릿이 들어간 음료에 붙이는 명칭이기도 하다.

• **모카포트**(Mocha pot) : 증기압에 의해 물이 올라가는 관을 따라 상단으로 올라가 분쇄된 원두를 통과하면서 커피가 추출되는 기구로, '스토브 톱 에스프레소 메이커'라고도 한다. 모카포트는 1933년 이탈리아의 비알레띠(Bialetti)에 의해 개발된 것으로 알려져 있으며, 가정에서 손쉽게 에스프레소를 즐길 수 있도록 고안된 가정식 에스프레소 추출 기구이다.

• **모터펌프**(Motor pump) : 커피 머신의 압력 조절은 모터펌프의 압력조절 나사를 우측(압력을 높임) 또는 좌측(압력을 낮춤)으로 돌려 조절한다. 에스프레소 추출의 경우 다른 추출법보다 높은 압력(9±1bar)으로 빠른 시간에 커피를 추출하는데, 커피 머신의 압력이 높아지면 과소추출이 되고 낮아지면 과다추출이 될 수 있으므로, 항상 일정한 압력이 유지될 수 있도록 해야 한다.

• **몬순 커피**(Monsooned coffee) : 건식가공 커피를 습한 몬순 계절풍에 2~3주 정도 노출시켜 숙성하여 만든 인도산 커피로, 바디가 강하고 신맛이 약하며 원목향이나 짚풀향 같은 독특한 향을 가지고 있다. 잘 알려진 몬순 커피로는 인도 몬순 말라바르(Malabar) AA가 있다.

• **무균질 우유**(Nonhomogenized milk) : 우유 속 지방을 인위적으로 분해하지 않고 성분 그대로 상품화시킨 우유이다.

• **무기질**(Mineral) : 무기질은 칼슘과 나트륨, 인, 철분, 구리 등의 미량원소를 말한다. 무기질 중에는 칼슘과 인이 가장 중요한데, 우유는 칼슘과 인의 좋은 공급원이 된다. 우유에는 특히 칼슘이 많아, 칼슘과 인의 함량 비율인 '1:1' 정도이다. 커피에 함유된 무기질 성분 중 칼륨(K)이 약 40%로 가장 많다. 그밖에 인(P), 칼슘(Ca), 망간(Mn), 나트륨(Na) 등이 존재한다.

• **문도노보**(Mundo Novo) : 아라비카의 주요 품종 중 하나로 버번과 티피카 계열의 자연교배종이며, 1950년대 브라질에서 재배되기 시작하였다. 환경적응력이 좋고 신맛과 쓴맛이 균형을 이루는 장점이 있으나, 나무의 키가 크다는 단점도 지니고 있다. 대체로 버번과 티피카의 중간적 특성을 보인다.

• **물추출법**(Swiss Water Process) : 디카페인 커피 제조법 중 생두에 물을 통과시켜 카페인을 제거하는 것으로, 가장 많이 사용되는 방법이다. 커피의 수용성 성분 안에 포함된 카페인을 물에 녹는 성질을 이용해 제거하는 것으로, 추출속도가 빨라 카페인 순도가 높으며, 안전하고 경제적이며, 커피원두 본래의 맛과 향을 유지할 수 있는 장점이 있다.

• **미디엄 로스트**(Medium roast) : 커피콩을 중간으로 볶는 것을 말하며, 향기와 맛, 빛깔이 좋아 부드러운 맛을 느낄 수 있다. 중간 단맛과 신맛(또는 약한 신맛), 약한 쓴맛, 풍성한 향기가 특징이며, 1차 크랙이 시작되는 시점에 해당한다.

• **미리스트산**(Myristic acid) : 코코넛오일 및 기타 지방에서 얻어지는 고형 지방산을 말한다.

• **밀도**(Density) : 해발고도가 높은 곳에서 생산된 커피일수록 일교차에 따라 열매의 밀도가 단단해지고 더욱 풍부한 맛과 향을 가지기 때문에, 고지대 커피를 최우수 품종으로 평가한다.

ㅂ

- 바디(Body) : 기화되지 않고 물에 녹지 않는 성분으로, 물과 비교해서 입안에서 느껴지는 상대적인 감촉을 말한다. 입안에 있는 말초신경은 고형성분의 양에 따라 커피의 점도를 감지하며 지방 함량에 따라 미끈함을 감지하는데, 이러한 두 가지를 집합적으로 바디(Body)라 한다. 바디의 강도는 지방 함량에 따라 'Buttery 〉 Creamy 〉 Smooth 〉 Watery'로 표시하며, 고형성분의 양에 따라 'Thick 〉 Heavy 〉 Light 〉 Thin'으로 표시한다.

- 바리스타(Barista) : 바리스타는 이탈리아어로 '바(Bar) 안에 있는 사람'이라는 뜻으로, '바 맨(Bar man)'을 의미한다. 바리스타는 커피를 만드는 전문가를 가리키는 말로서, 단순히 에스프레소를 추출 · 제조하는 능력만을 소유한 사람이 아니라 완벽한 에스프레소 추출과 좋은 원두의 선택 능력, 커피 머신을 완벽하게 활용하는 능력, 고객의 입맛 최대한의 만족을 주는 능력 등을 모두 겸비해야 한다.

- 바바부단(Baba Budan) : 커피는 이슬람 수도승의 필수적 음료로 외부 반출이 엄격히 통제되었는데, 1600년경 인도 출신의 이슬람 승려 바바 부단이 메카에서 커피 씨앗을 행랑에 몰래 숨겨와 인도의 마이소어(Mysore) 지역에 커피를 심어 커피의 외부 반출이 이루어졌다.

- 발자크(Balzac) : 〈인간희극〉 등의 대작을 남긴 사실주의 문학의 거장으로, 평생 동안 5만 잔 이상, 하루에만 50잔 이상을 마신 커피애호가로 알려져 있다.

- 발효(Fermentation) : 식품에 미생물이 작용하여 식품의 성질을 변화시키는 현상으로, 그 변화가 인체에 유익한 경우를 말한다. 주로 당과 같은 탄수화물로부터 각종 유기산, 알코올 등이 생산되는 것을 말하는데, 치즈와 야쿠르트, 술, 식빵, 간장, 된장 등은 모두 발효의 원리를 이용한 식품들이다.

- 방습성(Moistureproofing) : 커피의 포장 재료가 갖추어야 할 조건으로는 보향성(保香性), 방기성(防氣性), 방습성(防濕性), 차광성(遮光性)의 4가지가 있는데, 방습성은 습기가 스며드는 것을 막는 성질을 말한다.

- 버번(Bourbon) : 아라비카 품종 중 하나로, 인도양의 부르봉 섬(레위니옹섬)에서 발견된 티피카의 돌연변이종이다. 생두 크기가 작고 둥글며, 향미가 우수한 편이다. 수확량이 티피카보다 20~30% 많지만 점차 수확량이 감소하고 있다.

- **베타-락토글로불린**(β-lactoglobulin) : 우유의 구성성분의 하나로 가열에 의해 변성되기 쉬우며, 우유를 40℃ 이상으로 가열하는 경우 생성되는 얇은 피막의 주요 성분이 된다. 우유를 가열하는 경우 베타-락토글로불린의 시스테인(Cysteine)으로부터 휘발성의 황화수소가 발생하며, 가열취와 이상취가 생성된다.

- **변질현상** : 식품의 변질은 바람직한 변질인 발효와 나쁜 방향의 변질인 부패(putrefaction)와 산패(rancidity), 변패(deterioration)가 있다. 단백질이 나쁘게 변질된 것을 '부패', 지방은 '산패', 그 외 탄수화물 등의 성분은 '변패'라고 한다.

- **보일러**(Boiler) : 에스프레소 머신의 주요 부품 중 하나로, 전기로 내장된 열선을 가열해 온수와 스팀을 공급하는 중요한 역할을 하는 장치이다. 본체는 열전도와 보온성이 좋은 동 재질로 되어 있으며, 내부는 부식을 방지하기 위해 니켈로 도금되어 있다. 보일러는 스팀을 생성하기 위해 보일러 용량의 70%까지 물이 차도록 설계되어 있다.

- **부카라망가**(Bucaramanga) : 콜롬비아의 주요 생산지는 마니살레스(Manizales), 아르메니아(Armenia), 메데인(Medellin), 산타마르타(Santa Marta), 부카라망가(Bucaramanga), 우일라(Huila) 등이 있다.

- **부티르산**(Butyric acid) : 각종 유지방의 지방산의 조성을 보면, 우유나 산양유 등에는 부티르산이나 카프론산과 같은 휘발성 단사슬지방산의 함량이 높고, 모유에서는 리놀산과 같은 긴사슬불포화지방산(VLCFA)이나 포화지방산에서도 라우르산의 함량이 높다.

- **분쇄**(Grinding) : 고체 상태의 물질을 파괴하여 지름의 감소와 표면적의 증대를 가져오는 것을 말한다. 커피를 추출 시 분쇄를 하는 이유는, 커피 입자를 잘게 부수어 물과 접촉하는 커피의 표면적을 넓힘으로써 커피의 고형성분이 물에 쉽게 용해되어 추출이 잘 되도록 하기 위해서이다.

- **분쇄기**(Grinder) : 그라인더는 분쇄 원리에 따라 충격식(Impact)과 간격식(Gap) 그라인더로 구분된다. 충격식에는 칼날형이 있으며, 간격식에는 코니컬형과 플랫형(평면형), 롤형이 있다.

- **불포화지방산** : 커피의 지질 성분의 하나인 지방산은 커피의 신맛을 결정하고, 공기에 닿으면 화학 반응을 일으켜 커피 맛을 변화시키는 성분이다. 지방산은 크게 포화지방산과 불포화지방산으로 구분할 수 있는데, 원두에 존재하는 지방산은 대부분 불포화지방산으로 로스

팅된 원두에 있는 광택이 바로 이 불포화지방산이다. 불포화지방산은 공기 중의 산소와 결합되어 산패되기 때문에 로스팅된 원두는 곧바로 추출하는 것이 좋다.

- **블랙빈**(Black bean) : 생두에 섞여 있는 결점두의 하나로 콩의 대부분이 검정색인 경우(풀 블랙빈)와 콩의 절반 미만이 검정색인 경우(파셜 블랙빈)가 있으며, 대체로 너무 늦게 수확하거나 흙과 접촉하여 발효되어 발생한다.

- **블렌딩**(Blending) : 서로 특성이 다른 2가지 이상의 커피를 혼합하여 새로운 향미를 가진 커피를 만드는 것으로, 상호 보완이 되는 커피를 혼합하여 맛과 향의 상승효과를 내는 과정이라 할 수 있다. 블렌딩을 잘 하기 위해서는 원산지별 커피의 특성을 잘 이해하고 있어야 한다.

- **블루마운틴**(Blue Mountain) : 자메이카의 대표적인 커피로, '하와이안 코나', 예멘의 '모카 마타리'와 함께 세계 3대 커피로 손꼽히고 있다.

ㅅ

- **사나니**(Sanani) : 예멘의 수도 사나 근처의 지역에서 생산된 커피로, 해발 1,000m~1,300m의 고지대에서 재배되며 10~12월경 수확하여 대부분 건식법으로 가공한다. 로스팅은 풀시티(Full City) 로스팅이 일반적이며, 예멘의 다른 커피들보다 신맛과 초콜릿 향, 단맛이 약하지만, 부드럽고 조화로운 향미를 가지고 있다.

- **사이펀**(Syphon) : 증기압과 진공 흡입 원리를 이용해 추출하는 진공식 추출 기구로, 원래의 명칭은 배큠 브루어(Vacuum Brewer)라고 한다. 사이펀은 유리로 된 상부 로트와 하부 플라스크로 구성되어 있는데, 상부 로트에는 여과 필터가 장착되어 있다. 하부 플라스크에 있는 물을 끓이기 위한 열원으로는 알코올램프, 할로겐램프, 가스스토브 등이 있다.

- **사이펀 추출**(Syphon brewing) : 용기의 물을 끓여 상부로 올려 커피가루와 섞은 후 증기압을 제거하고 추출액을 하부로 내려 보내는 방식의 추출을 말한다. 사이펀에서 사용되는 원두는 통상 중강배전 이상이며, 핸드 드립 분쇄도에 비해 약간 가늘게 한다.

- **사우어 빈**(Sour bean) : 발효된 콩을 말하며, 너무 익은 커피 체리 또는 땅에 떨어진 커피 체리

를 수확했거나 과(過)발효나 정제 과정에서 오염된 물의 사용으로 발생한다. 대부분이 붉은 빛을 띠거나 황 · 갈색이다.

• **산토스**(Santos) : 브라질의 '산토스(Santos)'와 예멘의 '모카(Mocha)'는 커피를 수출하는 항구의 이름에서 유래한 커피의 명칭이다.

• **산패**(Rancidity) : 로스팅 이후 시간이 지남에 따라 커피의 향이 소실되고 맛이 변질되는 것을 커피의 산패(산화)라고 한다. 산패는 공기 중의 산소와 결합하여 유기물이 산화되어 유리지방산이 생성되면서 발생하며, 항산화 물질이 감소하고 향이 사라지면서 맛도 떨어지게 된다.

• **산화**(Oxidation) : 산소와 결합된 커피 내부의 성분이 변질되어 가는 것을 말하며, 커피의 신패는 '증발(Evaporation) → 반응(Reaction) → 산화(Oxidation)'의 3단계 과정을 거치면서 이루어진다.

• **살균법** : 우유는 위생적인 이용과 보존을 위해 보통 가열 처리하는 살균 또는 멸균처리 과정을 거친다. 열처리 살균을 통해 해로운 세균을 제거하는 것은 가장 경제적이고 효과적인 방법이므로, 대부분의 유가공업체에서 활용하고 있다. 구체적인 살균법으로는 저온 장시간 살균법(LTLT)과 고온 단시간 살균법(HTST), 고온 순간 살균법(Flash pasteurization), 초고온 순간 살균법(UHT)이 있다.

• **살균우유**(pasteurized milk) : 순간적 살균으로 해로운 유산균과 지방분해 효소를 완전히 사멸시킨 우유이다. 커피에 사용하기 좋은 우유는 UHT 방법으로 살균한 우유로, 우유를 데웠을 때 고소한 맛과 단맛이 강하다.

• **생두**(Green bean) : 커피열매(커피체리)의 정제된 씨앗인 생두(커피콩)를 말하며, 그린커피(green coffee)라고도 한다. 일반적으로 한 커피열매 안에는 생두 두 개가 들어 있으나, 간혹 하나만 들어 있거나(피베리), 세 개 이상 들어 있는 경우도 있다.

• **샤워스크린**(Shower screen) : 에스프레소 머신의 부품 중 하나로 디스퍼전 스크린(Dispersion Screen)이라고도 하며, 샤워 홀더(디퓨저)를 통과한 물을 미세한 스크린 망으로 여러 갈래의 물줄기로 분사시키는 역할을 한다. 포터필터에 담긴 원두와 닿는 부분으로, 매일 세척 상태를 확인하고 기름때와 찌꺼기가 끼지 않도록 자주 청소해 주어야 한다.

- **선별**(Grading) : 건조가 끝난 생두는 크기와 밀도, 수분함유율, 색깔에 따라 등급이 나누어진(선별 과정) 후 포장된다. 생두가 균일하지 않은 경우 로스팅이 제대로 되지 않기 때문에, 이를 감안한 구매자의 요구에 따라 선별 과정이 이루어진다.

- **선입선출법**(FIFO, First-in First-out) : 먼저 구입한 물품을 항상 먼저 사용할 수 있도록 하는 방법으로, 부패나 변질 우려가 있는 제품의 사용 방법으로 주로 활용된다.

- **세균성이질**(Bacillary dysentery) : 식품위생법상 영업에 종사하지 못하는 질병에는 콜레라와 장티푸스, 파라티푸스, 세균성 이질, 장출혈성 대장균 감염증, A형간염 등과 결핵이 있다. 다만, 결핵의 경우 비감염성인 경우 이 질병에서 제외된다.

- **센터 컷**(Center cut) : 생두 가운데 있는 S자 형태의 홈을 말한다.

- **소믈리에**(Sommelier) : 레스토랑이나 바에서 근무하며 와인(주류)에 대한 전문적 이해와 식견을 갖고 있는 사람을 말한다.

- **솔레노이드 밸브**(Solenoid valve) : 물의 흐름을 통제하는 에스프레소 머신의 부품으로, 보일러에 유입되는 찬물과 보일러에서 데워진 온수의 추출을 조절하는 역할을 한다. 그룹헤드에 부착된 3극 솔레노이드 밸브는 커피 추출에 사용되는 물의 흐름을 통제한다.

- **수프레모**(Supremo) : 생두 등급은 크기에 따라 수프레모(Supremo)와 엑셀소(Excelso)로 분류된다. 콜롬비아의 후안 발데스 커피는 마일드 커피의 대명사로 평가받는 콜롬비아 커피 중에서도 프리미엄 커피 브랜드로 인정되고 있는데, 이는 수프레모(Supremo) 등급을 받은 최상급의 생두만을 사용한다고 알려져 있다.

- **스모크 커피**(Smoked coffee) : 과테말라는 국토의 대부분이 미네랄이 풍부한 화산재 토양으로 이루어져 있는데, 화산에서 내뿜는 질소로 인해 연기가 타는 듯한 스모크향이 커피에 흡입되어 스모크 커피의 대명사로 알려져 있다.

- **스탠더드 레시피**(Standard recipe) : 표준조리법(기본 조리법) 또는 표준제조법이라고 하며, 원가계산을 위한 기초를 제공하고 품질과 맛을 유지하며 노무비를 절감하기 위한 목적으로 설정한다.

• **스티밍**(Steaming) : 우유 스티밍(Milk Steaming)이란 에스프레소 머신의 보일러에서 만들어진 수증기를 이용해 우유를 데우고 거품을 만드는 것을 말한다. 우유 거품을 만드는 과정은, 보일러에서 만들어진 수증기가 스팀 노즐을 통해 분출되면서 주변의 공기가 유입되고, 그 공기가 피처 안의 우유와 결합하면서 거품이 만들어진다.

• **스팀 노즐**(Steam nozzle) : 우유 거품을 만들기 위해 우유에 스팀 노즐을 담글 때는, 우유를 잘 생성하기 위해서는 노즐의 깊게 담그는 것보다 깊이를 적절히 조절해야 한다. 스팀 노즐이 우유 표면보다 위쪽에 두는 경우 거품 생성이 잘 되지 않는다. 거품이 형성되면 노즐을 피처 벽 쪽으로 이동시켜 혼합한다.

• **스팀 피처**(Steam pitcher) : 뜨거운 증기로 우유를 데우거나 우유 거품을 만드는 데 사용되는 주전자 모양의 용기를 말한다. 스팀 피처의 재료로는, 열전도율이 좋아 열을 빨리 흡수하여 우유 온도가 상승하는 속도를 늦춰주는 스테인레스가 주로 사용된다.

• **스페셜티 등급**(Specialty grade) : SCAA(미국스페셜티커피협회)의 커피 분류 중 최상의 품질 등급에 해당하는 것이다. SCAA의 분류법은 커피를 스페셜티 그레이드와 프리미엄 그레이드의 두 가지로 분류하며, 분류 기준에 의해 결점계수를 환산하여 분류하게 된다. 스페셜티 그레이드가 되기 위해서는 프라이머리 디펙트가 한 개도 허용되지 않으며, 생두 350g 중 디펙트 점수가 5점 이내여야 한다. 또한 원두 100g에 퀘이커(Quaker)가 한 개도 허용되지 않으며(0개), 커핑 점수는 80점 이상이어야 한다.

• **습식법**(Wet method/Washed processing) : 체리 수확 후에 무거운 체리(싱커)와 가벼운 체리(플로터)로 분리한 다음 펄프를 벗겨내 제거하는 펄핑(Pulping)을 하고, 파치먼트에 붙어 있는 점액질을 발효 과정을 통해 제거한 후 파치먼트 상태로 건조시키는 가공법을 말한다. 습식법으로 가공된 커피를 '워시드 커피' 또는 '마일드 커피'라고 한다.

• **시트르산**(Citric acid) : 신맛을 내는 유기산으로, 구연산이라고도 하며 식물의 씨나 과즙 속에 유리상태의 산 형태로 존재한다.

ㅇ

- **아라비카**(Arabica) : 커피나무의 3대 원종에는 코페아 아라비카, 카네포라, 리베리카가 있으며, 현재는 아라비카와 카네포라의 대표 품종인 로부스타의 두 종류만 주로 재배되고 있다. 아라비카(Arabica)는 로부스타 등 다른 품종에 비해 향이 뛰어나고 단맛, 신맛 등을 특징적으로 지니고 있다.

- **아로마**(Aroma) : 가스 상태로 방출되는 천연 화합물로, 후각 작용에 의해 인식되고 후각 세포에 의해 기억되는 향기나 향을 의미한다. 향을 맡는 단계에 따른 분류(인식 순서에 따른 분류)에 따를 때 아로마는 추출 커피의 표면에서 느껴지는 향을 말하며, 주요 향기로는 프루티(Fruity), 허벌(Herbal), 너트 라이크(Nutty-like)가 있다.

- **아이리쉬 커피**(Irish Coffee) : 위스키가 첨가된 대표적인 커피 메뉴이다.

- **아인슈패너**(Einspanner) : 비엔나 커피(Vienna Coffee)라고도 하며 아메리카노에 휘핑크림을 얹어 만들며, 오스트리아에서 '아인스패너'라고 한다. 핸드 드립 또는 프렌치 프레스로 진하게 뽑은 커피 위에 크림을 올려서 만들기도 한다.

- **아킬레 가지아**(Achille Gaggia) : 가지아는 1946년 스프링으로 동력을 전달하는 피스톤 방식의 머신을 발명하여, 훨씬 강력한 압력으로 커피를 생산하게 되었다. 9기압 이상의 압력에서 추출된 커피에서 우연히 '크레마(Crema)'라 불리는 커피 거품이 생성된 것을 발견하고 이를 천연 커피 크림이라 광고하기도 했다.

- **안티구아**(Antigua) : 과테말라의 안티구아는 커피의 주요 생산지로, 화산재 토양과 기후 조건이 커피 생산에 최적의 여건을 갖춘 곳으로 알려져 있다. 그밖에 코반, 우에우에테낭고, 아카테낭고, 산마르코스 등도 커피 산지로 유명하다. 과테말라는 태평양 연안 지역에서 주로 생산하며, 우기와 건기의 구분이 뚜렷하여 커피 수확이 용이하다.

- **알파-락트알부민**(α-lactalbumin) : 우유의 유청단백질은 카세인을 제외한 단백질로서 알파-락트알부민과 베타-락토글로불린이 주요 성분인데, 알파-락트알부민은 칼슘의 흡수를 촉진하는 것으로 알려져 있다.

- **압축포장방식**(Compression Packaging) : 커피의 포장 방법 중 포장 내부의 가스를 빨아들여 순간적으로 압축 밀봉하는 포장 방법을 말한다.

• **야곱**(Jacob) : 1650년 영국 옥스퍼드에 유태인 야곱에 의해 최초의 커피하우스가 개장하였고, 1652년에 런던에 커피하우스가 개장하였다.

• **에스프레소**(Espresso) : '에스프레소(Espresso)'라는 단어는 이탈리아어로 '빠르다'라는 의미이며, 에스프레소(에스프레소 커피)는 자동 또는 반자동 에스프레소 머신으로 빠르게(30초 안에) 커피의 모든 맛을 추출한 커피를 말한다. 즉, 밀가루 분말처럼 곱게 간 커피 원두를 뜨거운 물에, 높은 압력으로, 짧고 강하게 추출한 커피라 할 수 있다. 통상 중력의 8~10배의 압력을 가하므로 수용성 성분 외에 비수용성 성분도 함께 추출된다.

• **에스프레소 머신** : 커피를 추출하는 머신으로, 구조와 작동 방법에 따라 수동 머신과 반자동 머신, 자동 머신, 완전 자동 머신으로 구분된다.

• **에티오피아**(Ethioipia) : 아라비카종의 원산지이자 아프리카 최대의 커피 생산국으로, 생산량의 절반이 해발 1,500m 이상의 고지대에서 10월~3월에 생산된다. 에티오피아 커피는 특유의 향(풍부한 꽃향과 허브향, 감귤계 과일향 등)을 가지고 있으며, 뛰어난 신맛 등 독특한 맛을 가진 것으로 알려져 있다. 화려한 맛과 향이 특징적이어서 '커피의 귀부인'으로 불리기도 한다. 커피 가공법으로 건식법과 습식법이 함께 사용되고 있다.

• **엑셀소**(Excelso) : 콜롬비아의 생두 등급은 크기에 따라 수프레모(Supremo)와 엑셀소(Excelso)로 분류된다.

• **엘리펀트 빈**(Elephant bean) : 1870년 브라질의 한 농장에서 발견된 마라고지페는, 생두와 잎의 크기가 타 품종에 비해 매우 커 '코끼리 콩(Elephant bean)'으로 불리기도 한다.

• **연수기**(Water softener) : 경수를 연수(염류 함량이 적은 물)로 만들어 주는 기기(설비)이다. 에스프레소 머신에 수도관을 직접 연결할 경우 수돗물에 함유된 칼슘이 내부 벽과 히터 표면에 융착되어 고장을 초래하거나 관을 막아 성능 저하를 초래 할 수 있는데, 이를 방지하기 위해 에스프레소 전용 연수기를 설치한다. 연수기는 물속의 광물질을 걸러내는 장치이므로 주기적으로 필터를 갈아주고 청소해 주어야 하는데, 청소에 소금이 이용되기도 한다.

• **온스**(Ounce) : 질량 또는 부피의 단위로, 1온스는 대략 29.5㎖(cc)에 해당한다. 에스프레소는 25~30초 내에 30㎖(30cc) 정도를 추출하는데, 이는 대략 1온스(oz)에 해당한다.

• **올드 크롭**(Old crop) : Old Crop(아주 오래된 커피)은 수확 후 2년 이상이 지난 생두를 말하며, 수분함량이 9% 이하로 적정 수분함량(12~13%)에서 많이 벗어난 커피이다. 향미나 수분, 유지 성분이 매우 약하며, 로스팅 시 열전도도 아주 느리다. 색깔은 갈색이며, 건초나 볏짚 향이 나는 특징이 있다.

• **용매 추출법**(Solvent process) : 커피에서 카페인을 제거하는 방식은 크게 용매를 사용하여 직접 추출 · 제거하는 방식과 물 등을 사용하여 간접적으로 추출 · 제거하는 방식으로 나눌 수 있다. 용매추출법은 용매를 사용하여 카페인을 직접적으로 제거하는 방법으로, 가장 일반적이고 전통적인 방식에 해당한다. 용매로는 벤젠, 클로로포름, 트리클로로에틸렌, 디클로로메탄(염화메틸렌), 에틸아세테이트 등이 사용된다.

• **용해**(Dissolve) : 커피 추출의 과정은 '침투, 용해, 분리'의 세 과정을 거친다. 즉, 분쇄된 커피 원두에 물을 부으면 커피 입자 속으로 물이 침투하게 되고, 커피 성분 중 물에 녹는 가용성 성분이 용해되어 커피 입자 밖으로 용출되며, 용출된 성분을 물을 이용해 뽑아내는 분리 과정을 거치게 된다.

• **우유 지방구** : 우유의 지방은 우유의 맛을 결정하며, 영양학적으로는 에너지와 지용성 비타민, 필수 지방산을 포함하는 중요한 성분이다. 우유의 지방 성분으로는 글리세라이드, 인지질, 스테롤, 지용성 비타민, 유리지방산 등이 있으며, 이 성분은 대부분 우유 지방구(脂肪球)에 존재한다. 우유는 우유의 지방구 크기를 소화되기 쉽게 잘게 부수는 균질화 과정을 거친 균질우유와 이 과정을 거치지 않은 무균질 우유로 구분하기도 하는데, 균질화 과정을 거치는 경우 지방구가 미세하게 작아져 소화율이 높아지게 되고, 크림 라인이 형성되는 것을 방지할 수 있으며, 흰색에 가까운 우윳빛을 나타내게 된다.

• **원두**(Roasted bean) : 커피나무의 열매를 로스팅한 후 아직 분쇄하지 않은 상태를 말한다.

• **유기농 커피**(Organic coffee) : 일반적으로 화학성분의 비료를 뿌리지 않고 유기비료로 키운 땅에서 재배되는 커피를 말한다. 지속가능 커피는 재배농가의 삶의 질을 개선하고 수질과 토양, 생물의 다양성을 보호하며, 장기적 관점에서 안정적으로 커피를 생산하도록 돕기 위한 커피 인증프로그램을 말하는데, 여기에는 공정무역 커피, 유기농 커피, 버드 프렌들리 커피 등의 인증이 있다.

- **유기산**(Organic acid) : 커피의 신맛을 결정하는 성분이며, 아로마와 커피 추출액의 쓴맛과 도 관련이 있다. 커피 속의 유기산에는 구연산인 시트르산(Citric acid), 사과산인 말산(Malic acid), 주석산인 타타르산(Tartaric acid), 아세트산(Acetic acid) 등이 있다. 아라비카가 로부스타보다 유기산이 많아 아라비카의 신맛이 더 강하다.

- **유당** : 우유에 포함되어 있는 당질의 대부분(99.8%)은 유당인데, 유당은 포유동물 특유의 당질로서 우유에 감미를 부여하지만 자당에 비해 단맛이 훨씬 약하다(자당의 약 16% 수준).

- **유당불내증** : 소장의 점막상피세포의 외측막에 락타아제가 결손되면 유당의 분해 · 흡수가 되지 않아 장을 자극하여 통증과 설사가 유발될 수 있는데, 이러한 현상을 유당불내증(Lactose intolerance)이라 한다.

- **유청단백질** : 우유의 단백질은 약 80%가 카세인이라는 단백질로 구성되며, 나머지는 유청단백질로 되어 있다. 유청단백질은 산에 의해 침전하지 않지만, 열에 의해 응고되는 열 응고성(열불안정성) 단백질이자 가용성 단백질이다.

- **융 필터**(Cotton flannel filter) : 융 드립은 천의 섬유조직을 커피의 필터(융 필터)로 사용하는 방식이다. 융 추출을 거친 커피는 바디를 구성하는 오일 성분이나 불용성 고형성분이 쉽게 통과되어 그대로 추출되므로, 바디가 묵직하고 커피 맛이 풍부하고 진하면서도 부드러운 것으로 알려져 있다.

- **은피**(Silver skin) : 커피열매(커피체리)의 파치먼트 내부에서 생두에 부착되어 있는 얇은 반투명의 껍질(막)을 말한다. 커피콩의 실버스킨(은피)의 60% 정도가 식이섬유이며, 그 중 수용성 식이섬유가 14% 정도를 차지하고 있다.

- **이브릭**(Ibrik), **체즈베**(Cezve) : 터키식 커피 추출 기구 중 가장 널리 사용되는 것은 이브릭과 체즈베이다. 이는 가장 오래된 커피 추출법으로, 동이나 철로 만들어진 작은 용기에 곱고 미세한 커피를 담은 후 물을 붓고 불 위에서 달여 추출하는 방법이다.

- **이산화탄소**(CO_2) : 로스팅 과정에서 원두에서 가장 많이 발생하는 가스 성분은 이산화탄소이다. 로스팅을 통해 원두에 포함된 많은 이산화탄소가 밖으로 배출되면서 커피 고유의 맛과 향이 제대로 발산될 수 있다.

• **이탈리안 로스트**(Italian Roast) : 일반적인 로스팅 8단계 분류법 중 마지막 단계로, 맛이 아주 강하고 탄맛이 나며 쓴맛이 매우 강하다. 원두 세포벽의 파괴와 함께 갇혀있던 오일이 흘러나와 표면으로 스며드는 현상을 원두의 스펀지화라고 하는데, 이는 이탈리안 로스트 단계에서 발생한다.

• **일조시간**(Sunshine duration) : 커피 재배를 위해서는 햇볕 조건도 적절해야 하는데, 적절한 일조량은 연 2,000~2,200시간 정도이다.

ㅈ, ㅊ

• **자당**(Sucrose) : 탄수화물은 커피 성분 중 가장 큰 비중을 차지하고 있다(전체 생두의 60% 정도). 자당은 갈변반응을 통해 원두가 갈색을 띠게 하며, 플레이버와 아로마 물질을 형성하고 향기를 생성하는 역할을 한다. 자당은 로스팅 후 거의 대부분 소실된다.

• **자외선 살균** : 살균력이 강한 자외선(2,600Å 정도)을 인공적으로 방출해 소독하는 것으로, 세균의 세포내 DNA(핵산)를 변화시켜 증식능력을 잃게 하거나 신진대사의 장해를 초래해 세균을 사멸하는 것을 말한다. 자외선 살균은 거의 모든 균종에 효과가 있으며, 살균력은 균 종류에 따라 다르고, 같은 세균이라도 조도와 습도, 거리에 따라 효과에 차이가 있다.

• **자연 건조법**(Natural processing) : 커피 가공법 중 건식법은 수확한 체리를 별도의 과정을 거치지 않고 바로 건조시키는 자연 건조법과, 세척 건조법로 구분하기도 한다.

• **저온장시간살균법** : 이중 솥의 중간에 열수나 증기를 통하게 하여 우유를 가열 살균하는 방법으로, LTLT 살균법 또는 파스퇴르 살균법이라고도 한다. 일반적으로 62~65℃에서 30분간 가열 처리하며, 살균 중 가열 효과를 균일하게 하기 위해 교반기를 부착해 사용한다.

• **저지방유**(Low fat milk) : 지방 함유량을 2% 이내로 줄인 우유를 말하며, 혈중 콜레스테롤 수치가 높은 사람이 우유를 마시는 경우 지방을 제거한 탈지유나 저지방 우유를 먹는 것이 좋은 방법이 된다.

• 전유(Whole milk) : 탈지유와 달리 지방을 제거하지 않은 원래의 우유를 말한다.

• 종이 필터(페이퍼 필터) : 페이퍼 필터 드립은 여과 필터에 분쇄된 원두를 넣고 뜨거운 물을 부어 커피를 추출하는 방법으로, 독일의 멜리타 벤츠(Melitta Bentz) 부인이 1908년 멜리타 드리퍼를 개발하여 그 시초가 되었다. 플라스틱이나 도기, 유리, 동 등의 재질로 된 드리퍼(Driper) 위에 분쇄 커피가 담긴 페이퍼 필터를 올려놓은 다음 드립용 주전자를 이용해 물을 부어 커피를 추출한다. 드리퍼의 모양에 따라 종이 필터 모양이 다르며, 재질에 따라 천연 펄프지와 표백지가 사용된다.

• 진공포장방식(Vacuum packaging) : 커피의 포장 방법 중 진공포장은 포장용기 내부의 잔존 산소량을 10% 이하가 되도록 한 다음 밀봉하는 방법으로, 분쇄된 커피 원두에 많이 사용되는 포장 방법이다.

• 초고온순간살균법(UHT) : 130~150℃에서 2초 내외(1~5초)로 순간 살균하는 방법으로, 우유의 대량 생산과 살균 효과의 극대화에 유용하여 현재 세계적으로 많이 이용하고 있는 살균법이다. 우유를 80~83℃에서 몇 분(2~6분)간 예열한 다음, 여러 개의 열교환기를 통과하는 과정에서 순간적으로 살균하는데, 가열에 의해 단백질이 타서 고소한 맛이 나며, 미생물이 완전히 사멸하는 이상적인 멸균 방법에 해당한다.

• 초임계추출법 : 높은 압력으로 수사상태가 된 이산화탄소(CO_2)를 생두에 침투시켜 카페인을 제거하는 방법으로, 유해물질 잔류문제가 없고 카페인의 선택적 추출이 가능하나 설비에 따른 비용이 많이 든다.

• 촉각(Mouthfeel) : 음식이나 음료를 섭취하면서 또는 섭취한 후 입안에서 물리적으로 느끼는 촉감을 말한다. 이러한 촉감으로 느끼는 맛에는 매운맛과 바디감, 떫은맛의 3가지가 있다.

• 추출(Brewing, Extraction) : 커피 추출이란 분쇄된 커피 입자에 물을 섞어 커피의 고형성분을 뽑아내는 것을 말하며, 넓은 의미로 'Brewing'이라고 하며, 좁은 의미로는 'Extraction'이라고도 한다.

ㅋ

- **카네포라**(Canephora) : 코페아속 중 유코페아에 해당하는 커피나무는 크게 아라비카와 카네포라, 리베리카의 3대 품종으로 분류된다. '카네포라'라는 명칭보다는 대표 품종인 '로부스타'를 더 많이 사용하므로, 일반적으로 '로부스타'라고 하면 카네포라종을 대표하거나 혹은 대체하는 명칭으로 본다.

- **카세인**(Casein) : 우유의 단백질은 약 80%가 카세인이라는 단백질로 구성되며, 나머지는 유청단백질로 되어 있다. 카세인은 여러 가지 단백질의 집합체로서, 칼슘, 인, 구연산 등과 결합한 형태로 존재하고 있으며, 산에 의해 쉽게 응고되는 성질을 지닌다.

- **카투라**(Cattura) : 브라질에서 발견된 버번의 돌연변이종으로, 브라질보다는 콜롬비아, 코스타리카에서 생산되고 있다. 콩의 크기가 작고 녹병에 강하며, 나무의 키가 작고 수확량이 많아 생산성이 높은 품종이다. 맛은 신맛이 좋으며, 품질이 대체로 우수하다.

- **카투아이**(Catuai) : 문도노보와 카투라의 인공교배종으로, 나무의 키가 작고 생산성이 높다는 장점이 있다. 병충해와 강풍에도 강해 매년 생산이 가능하나, 경제적 수명(생산 기간)이 타 품종보다 10년 정도 짧다는 단점도 가지고 있다.

- **카티모르**(Catimor) : HdT(티모르, Hibrido de Timor)와 카투라의 인공교배종으로, 생두의 크기가 크고, 나무의 크기가 비교적 작아 다수확과 조기수확이 가능한 품종이다.

- **카페 로얄**(Caffe Royale) : 프랑스의 나폴레옹이 좋아했다는 환상적인 분위기의 커피로, 커피를 넣은 컵에 로얄 스푼을 걸치고 각설탕을 스푼 위에 올려놓은 뒤, 그 위로 브랜디를 붓고 불을 붙여 환상적인 연출이 가능하다.

- **카페라떼**(Caffè latte) : 에스프레소에 데운 스팀우유(70℃ 내외)와 거품이 섞인 커피로, 우유를 넣고 거품을 따로 넣는 것보다는 적정 비율로 섞어 한 번에 넣어야 맛이 더 좋다. 우유는 지방이 많은 제품보다는 담백한 맛을 내는 우유가 더 좋다. 카페라떼는 카푸치노보다 좀 더 많은 우유에, 거품은 거의 없거나 아주 조금만 넣는다.

- **카페모카**(Caffè mocha) : 에스프레소에 초콜릿 소스나 파우더 또는 초콜릿 시럽과 데운 우유를 넣어 섞은 후, 휘핑크림을 얹고 초콜릿 시럽과 가루로 장식을 한 메뉴이다. 초콜릿 향과 부드럽고 달콤한 맛을 즐길 수 있는 메뉴이며, 초콜릿 시럽을 넣는 경우는 소스나 파우더를 넣은 것보다 감칠맛이 떨어진다.

• **카페인**(Caffeine) : 커피나무와 차, 구아바, 코코아 등의 열매나 잎, 씨앗에 함유된 알칼로이드의 일종으로, 식물이 해충으로부터 자신을 보호하기 위해 함유하고 있는 성분이다. 카페인이 포함된 대표적인 식품으로 커피와 콜라, 초콜릿 등을 들 수 있으며, 커피 한 잔에는 약 100mg 정도의 카페인이 포함되어 있는 것으로 알려져 있다. 일반적으로 로부스타종이 아라비카종보다 카페인 함량이 더 많다.

• **카푸치노**(Cappuccino) : 에스프레소에 우유와 거품이 조화를 이루는 커피 메뉴로, 150~200㎖의 잔에 제공된다. 카페라떼와의 차이는 우유와 거품의 양이 다르다는 것인데, 카푸치노는 우유를 덜 넣는 대신 고운 거품을 많이 넣어 주며(50% 정도), 카페라떼보다 커피의 맛이 훨씬 강하다. 기호에 따라 시나몬이나 코코아 파우더를 뿌려 마시기도 한다.

• **칼디**(Kaldi) : 칼디의 전설은 커피의 기원에 대한 전설 중 하나이다. 에티오피아의 목동 칼디가 염소들이 빨간 열매를 따먹고 흥분하는 모습을 본 후 이를 수도승에게 알리게 되었고, 수도승은 그 열매의 맛을 본 후 정신이 맑아지고 졸음이 달아난다는 것을 경험하게 되었다. 이후 커피 열매는 수도승들이 애용하게 되면서 이슬람 사원을 중심으로 커피의 소비가 급속히 확대되었다.

• **캐러멜화**(Caramelization) : 캐러멜화 반응은 당(설탕) 성분을 오래 끓일 때 열분해나 산화과정을 거쳐 갈색으로 변화하여 캐러멜화 되는 반응을 말한다. 이는 슈가 브라운(Sugar Brown) 반응이라고도 하며, 원두의 색과 향에 큰 영향을 미친다. 화학적 변화로 발생하는 반응 중 커피의 향미를 결정하는 반응으로는 캐러멜화 반응과 마이야르 반응이 있는데, 이 두 반응이 적절하게 발생할 경우 로스팅이 잘 된 것으로 평가된다.

• **커피벨트**(Coffee belt) : 커피 벨트 또는 커피 존(Coffee zone)이란 커피가 주로 생산되는 남위 25도에서 북위 25도 사이의 열대와 아열대 지역에 위치하는 국가를 세계지도상에 표시한 것으로, 하나의 벨트 모양을 이루며 가로로 펼쳐진 것을 말한다. 이 중 특히 커피의 주요 생산 지역은 남위 18도에서 북위 18도 사이에 위치하고 있다.

• **커피체리**(Coffee cherry) : 커피꽃이 떨어지고 나면 열매를 맺게 되는데, 커피나무의 열매는 처음에 녹색이었다가 점차 노란색, 붉은색으로 변하며, 다 익은 붉은색의 열매는 체리와 비슷하다고 하여 커피체리라 부르기도 한다. 열매의 길이는 15~18mm 정도이며, 바깥쪽부터 '겉껍질(외과피) – 펄프(과육) – 점액질 – 파치먼트(내과피) – 실버스킨(은피) – 생두(그린빈)'의 형태로 구성되어 있다.

• **커핑**(Cupping) : 커피의 커핑은 후각, 미각, 촉각을 이용하여 커피 샘플의 맛과 향의 특성을 체계적이고 객관적으로 평가하는 것을 말한다. 커핑은 분쇄된 커피 원두에 물을 부어 맛과 향을 측정하는 방식으로 진행되며, 향기의 종류와 강도, 신맛, 바디, 밸런스, 애프터테이스트, 결점 등 다양한 분야를 평가하게 된다. 이러한 커핑 작업을 전문적으로 수행하는 사람을 '커퍼(Cupper)'라고 한다.

• **케냐**(Kenya) : 케냐의 커피 재배는 에티오피아와 달리 늦게 시작되었다. 아라비카종만 생산되고 있으며, 해발고도 1,500m 이상의 고원지대인 니에리(Nyeri), 메루(Meru), 무랑가(Muranga) 등에서 6월~12월 사이에 주로 생산된다. 다양한 과일향과 감귤류의 가볍지 않은 산미가 일품으로 꼽히며, 단맛과 케냐 특유의 풍부한 바디감이 특징적이다. 주요 재배 품종으로는 KL28, KL34 등이 있다. 생두의 등급은 'AA, AB(또는 A, B), C'의 순으로 분류되며, 크기가 클수록 높은 등급을 부여한다.

• **코나**(Kona) : 하와이는 1825년경부터 커피 경작을 시작했으며, 미국 영토 중 유일하게 커피 재배가 가능한 지역이다. 빅아일랜드의 코나 지역에서 재배되는 '하와이안 코나'라는 커피가 유명한데, 이 지역은 북동 무역풍이 부는 열대성 기후의 화산지대로, 강수량이 풍부하여 커피 재배에 적합한 조건을 갖추고 있다. 폴리싱 과정을 거치기 때문에 생두가 매끈하면서도 짙은 녹색을 띤다. 생두는 크기에 따라 등급을 매기며, 등급이 높은 것부터 'Extra Fancy – Fancy – Caracoli No.1 – Prime'의 순서가 된다.

• **코스타리카 SHB** : 커피 생두가 생산된 지역의 고도에 따라 분류할 때, 가장 높은 등급의 생두를 말한다. 코스타리카와 과테말라는 최상급이 SHB(Strictly Hard Bean)이며, 멕시코와 온두라스, 엘살바도르는 최상급이 SHG(Strictly High Grown)이다. SHB와 SHG는 해발 고도가 1,500m 이상에서 생산된 커피 생두이며, HB와 HG는 1,000m~1,500m에서 생산된 커피 생두에 해당한다.

• **콘파냐**(Con panna) : 에스프레소 콘파냐는 에스프레소에 휘핑크림을 넣어 부드러움과 단맛을 동시에 추가한 메뉴이다. 휘핑크림이 부드러울수록 에스프레소 샷과 잘 어울리며, 휘핑크림을 먼저 잔에 넣고 샷을 넣어주면 크레마가 살아 있어 맛이 좋다.

• **퀸산**(Quinic acid) : 커피맛을 구성하는 네 가지 기본 맛 중 쓴맛의 원인 물질의 하나이다. 클로로겐의 분해 생성물로, 부분적인 커피 쓴맛에 관여한다.

• **크레마**(Crema) : 크레마는 에스프레소의 머신에서 고압으로 추출되는 황토색 또는 갈색의 미세한 거품이자 커피 크림이다. 크레마는 커피의 아교질과 지방 성분, 향 성분이 결합하여 생성되는데, 커피의 분쇄도와 로스팅 정도, 신선도, 숙성도, 원두의 양, 탬핑, 물 온도와 양, 추출 시간, 압력 등에 따라 약간의 차이가 있다. 크레마는 에스프레소 위에서 단열층 역할을 해 커피가 빨리 식는 것을 막아주며, 에스프레소의 풍부하고 강한 향을 지속시켜 주는 효과가 있다. 대체로 크레마 양이 많을수록 커피가 신선하다고 할 수 있다.

• **클로로겐산**(Chlorogenic acid) : 폴리페놀 형태의 페놀화합물에 속하며 유기산 중 가장 많은 성분이다. 커피 맛을 구성하는 4가지 기본 맛 중 신맛의 원인 물질(구성 성분)이며, 일반적으로 아라비카종보다 로부스타종에 더 많이 함유되어 있다.

• **킬리만자로**(Kilimanjaro) : 탄자니아(Tanzania)의 대표적인 커피이다. 탄자니아는 북쪽 지역의 화산지대와 서쪽 지역의 고원지대에서 커피가 대부분 생산되는데, 주로 아라비카종이 생산되며 로부스타종도 소량 생산되고 있다. 탄자니아 커피는 캐러멜과 초콜릿 향, 너트 향이 잘 어우러져 적당한 신맛을 지닌 것으로 알려져 있다. 대부분의 지역에서 워시드 방식으로 가공하고 있으며, 빅토리아 호수 근처에서 내추럴 방식으로 가공하는 커피는 좋은 단맛과 무게감을 지니고 있다.

ㅌ

• **타타르산**(Tartaric acid) : 주석산이라고 하며, 시럽이나 주스 등을 만들 때 널리 사용된다. 신맛을 내는 유기산에는 옥살산, 말산(사과산), 시트르산(구연산), 타타르산(주석산, 다이옥시석신산)이 있다.

• **탈곡**(Milling) : 껍질이나 파치먼트, 실버스킨(은피)을 제거하는 과정을 말한다. 내추럴 커피의 체리 껍질(또는 껍질과 파치먼트)을 제거하는 것을 '허스킹(Husking)'이라 하고, 워시드 커피의 파치먼트를 벗겨내는 것을 '헐링(Hulling)'이라고 하며, 실버스킨을 제거하는 것을 '폴리싱(Polishing)'(광택작업)이라 한다.

• **탈지유**(Skimmed milk) : 우유에서 지방이 풍부한 부분을 크림이라고 하며 나머지 부분을 탈지유라 한다. 탈지우유(Nonfat milk)는 주로 우유에서 지방을 떼어 내서 지방 함유량을 0.1% 이내로 줄인 우유를 의미한다.

• **탬핑**(Tamping) : 탬퍼를 이용해 분쇄 커피를 다져주는 것으로, 커피의 수평과 균일한 밀도 유지를 통해 물이 일정하게 통과할 수 있도록 하기 위해 탬핑을 해주어야 한다. 1차와 2차 탬핑으로 나누기도 하나 한 번만 시행하기도 하는데, 1차 탬핑은 살짝 눌러 2차 탬핑을 위한 준비를 해주고, 2차 탬핑은 약 15~20kg의 압력으로 강하게 다져준다.

• **터키식 커피**(Turkish coffee) : 터키식 커피는 작은 용기에 곱고 미세한 커피를 담은 후 물을 부어 불 위에서 달여 추출하는 달임 방식의 추출법이다. 터키식 커피 추출 기구 중 가장 널리 사용되는 것으로는 이브릭(Ibrik)과 체즈베(Cezve)가 있다.

• **트리고넬린**(Trigonelline) : 쓴맛을 내는 구성 성분으로, 카페인의 약 25% 정도의 쓴맛을 낸다. 열에 불안정하므로 로스팅이 진행됨에 따라 급속히 감소하는 성질을 지닌다(50~80%가 분해되어 비휘발성 성분으로 바뀜).

• **티피카**(Typica) : 아라비카 원종에 가장 가까운 품종으로, 네덜란드에 의해 예멘에서 아시아로 유입된 후 1720년대 카리브해 지역과 라틴아메리카 지역으로 전파되었으며, 현재는 중남미와 아시아에서 주로 재배되고 있다. 대표적인 티피카 계통의 품종으로는 블루마운틴, 하와이 코나 등이 있다. 티피카는 생두의 길이가 긴 편이고, 작은 타원형 모양을 하고 있다. 좋은 향과 신맛을 가지고 있으나, 녹병 등 병충해에 약한 편이며, 격년으로 생산이 이루어져 생산성이 낮은 품종이다.

ㅍ

• **파치먼트**(Parchment) : 생두를 감싸고 있는 딱딱한 껍질을 말하며, 점액질로 싸여 있다. 내과피(내피, endocarp)라고도 한다.

• **패스트 크롭**(Past crop)(오래된 커피) : 수확 후 1~2년 이내의 생두를 말하며, 적정 수분함유율에 미달하는 커피이다(수분함량이 11% 이하). 향미와 수분, 유지 성분이 약하며, 로스팅 시 열전도가 느린 편이다. 색깔은 초록 내지 옅은 갈색이다.

• **패킹**(팩킹, Packing) : 적당량의 분쇄된 커피를 필터홀더에 담는 일련의 과정을 말한다. 패킹과 관련되는 과정으로는 도징, 레벨링, 탬핑, 태핑이 있다.

• **퍼컬레이터**(Percolator) : 미국 서부 개척시대부터 사용된 커피 추출 기구이다. 대류를 막는 추출 유닛과 불에 닿는 용기로 구성되며, 용기의 물을 끓이면 대류에 의해 추출 유닛관 사이로 물이 역류해 올라가 원두를 통과한 후 다시 용기 아래로 내려간다. 분쇄된 원두를 담는 통은 유닛의 상단이나 중간에 붙어 있어 커피가루가 물과 직접 접촉하지는 않는다. 추출액이 순환하여 계속 원두를 지나치며 추출을 반복하는 구조이므로, 추출액 농도가 용기의 커피 농도와 같아지면 더 이상 추출이 진행되지 않는다. 따라서 일정 수준 이상으로 농도를 짙게 할 수 없다는 단점을 지닌다.

• **폴리페놀**(Polyphenol) : 커피의 폴리페놀 성분이 철분의 체내 흡수를 방해하므로 과다 섭취는 피하는 것이 좋다. 철분은 조혈에 필요한 성분으로, 부족 시 빈혈과 집중력 · 사고능력의 저하를 초래한다.

• **풀 시티 로스트**(Full city roast) : 생두의 로스팅 단계의 하나로 바디감이 절정에 이르고 중후함과 향기가 좋으며, 쓴맛이 강해지고 신맛은 약하다는 특징을 지닌다. 풀 시티 로스트 단계의 경우 일반적으로 2차 크랙이 일어난 직후 또는 2차 크랙의 정점에 해당하는 단계이다.

• **프렌치 로스트**(French roast) : 생두의 로스팅 단계 중, 프렌치 로스트는 강한 쓴맛과 다소 약한 단맛(쓴맛과 단맛이 조화를 이룸), 약한 신맛이 특징적이며, 커피의 오일이 돌기 시작하는 단계이다. 바디와 향은 로스팅이 진행될수록 강해지다가 다크 또는 프렌치 로스트 단계가 되면 감소한다.

• **프렌치 프레스**(French press) : 유리로 된 용기(비커)와 플런저(Plunger)가 달린 뚜껑으로 구성되며, 비커 안에 굵게 분쇄한 커피를 담고 뜨거운 물을 부어 일정 시간(3~4분) 우려낸 후 플런저를 눌러 커피를 추출한다. 프렌치 프레스는 우려내기 방식과 가압추출 방식이 혼합된 것으로, 다양한 향미와 오일 성분을 추출하므로 바디감이 강한 커피를 추출할 수 있다. 반면, 깔끔하지 않고 텁텁한 맛이 나므로 전체적인 향미는 다소 떨어진다는 것이 단점이다.

• **프리미엄 등급**(Premium grade) : SCAA의 분류법은 스페셜티 커피의 분류에 사용되는 것으로, 커피를 스페셜티 그레이드와 프리미엄 그레이드의 두 가지로 분류하며, 분류 기준에 의해 결점계수를 환산하여 분류하게 된다. 프리미엄 그레이드가 되기 위해서는 프라이머리 디펙트(Category 1 Defects)가 허용되며, 디펙트 점수가 8점 이내여야 한다. 퀘이커(Quaker)의 경우는 3개까지 허용된다.

- **피베리**(Peaberry) : 커피체리 안에 한 개의 생두(둥근 형태의 생두)가 자리 잡고 있는 것을 말하며, 카라콜(caracol) 또는 카라콜리(caracoli)라고도 한다. 보통의 커피체리 안에는 납작한 한 쪽과 반대쪽의 둥근 형태의 생두 2개가 마주하여 자리 잡고 있는 형태를 띤다. 여기서 한 쪽이 납작한 형태의 생두를 플랫 빈(flat bean)이라 한다. 피베리의 발생원인으로는 유전적인 결함이나 수정자체가 불완전하게 이루어진 경우, 영양 불균형, 기타 환경적 조건 등이 있는데, 한때는 미성숙두 또는 결점두로 취급되기도 하였으나 오늘날에는 그 희소성으로 인해 일반 생두에 비해 더 비싼 가격에 거래되고 있다.

ㅎ

- **핸드 피킹**(Hand picking) : 커피체리를 수확하는 방법은 크게 사람 손으로 직접 수확하는 방법과 기계로 수확하는 방법으로 구분할 수 있으며, 사람에 의한 수확은 다시 핸드 피킹과 스트리핑(Stripping)으로 구분할 수 있다. 핸드 피킹은 여러 번에 걸쳐 잘 익은 커피체리만을 골라 수확하는 방법으로, 셀렉티브 피킹(Selective Picking)이라고도 한다. 여러 번에 걸쳐 선별적으로 수확하므로 인건비 부담이 크나, 커피 품질이 좋고 균일한 커피 생산이 가능한 장점이 있다.

- **향미**(Flavor) : 커피를 마실 때 느낄 수 있는 커피의 향기와 맛의 복합적인 느낌을 향미(플레이버)라 한다.

- **호퍼**(Hopper) : 로스팅 머신에서 계량한 생두를 투입하거나 담아 두는 부분으로, 주로 깔때기 모양의 통(용기) 형태를 띠고 있다. 마개가 있어 생두를 미리 넣고 예열온도가 될 때까지 대기할 수 있다. 투입 전에 너무 오래 두면 생두가 건조해질 수 있으므로, 적절한 온도가 되면 바로 투입하는 것이 좋다. 호퍼는 일체형과 분리형이 있으며, 분리형의 경우 호퍼를 다른 용도로 활용할 수 있다. 그라인더의 호퍼는 분쇄할 원두를 담는 통으로, 용량은 1~2kg 정도이다. 커피 오일이나 찌꺼기가 묻을 수 있으므로, 주기적으로 청소해 주어야 한다.

- **홀빈**(Whole bean) : 주로 분쇄하지 않은 상태의 원두(Roasted bean)를 의미한다.

- **후안 발데스**(Juan Valdez) : 콜롬비아의 후안 발데스 커피는, 마일드 커피의 대명사로 평가받는 콜롬비아 커피 중에서도 우수한 원두와 세계 최고 수준의 로스팅 기술로 완성된 프리미엄 커피 브랜드로 인정되고 있다. 수프레모(Supremo) 등급을 받은 최상급의 생두만을 사용한다고 알려져 있다.